绿豆免疫活性肽制备
关键技术及应用

刁静静　陈洪生　李朝阳　著

U0216898

中国纺织出版社有限公司

内 容 提 要

本书以绿豆肽为原料,研究绿豆肽结构与其免疫活性的关系,找出具备较高免疫活性的绿豆肽分子量、氨基酸序列及关键组分;探讨绿豆肽在机体中发挥非特异性免疫的作用机制;并将其应用于免疫低下、急性肺损伤小鼠模型,探讨其在机体中的免疫调节作用,从而为绿豆肽的高值化利用提供了理论应用基础。

本书适合粮食加工专业、食品专业的学生作为参考书,也可供相关领域的科研人员阅读。

图书在版编目（CIP）数据

绿豆免疫活性肽制备关键技术及应用/刁静静，陈洪生，李朝阳著. --北京：中国纺织出版社有限公司，2020.7

ISBN 978-7-5180-7551-5

Ⅰ．①绿… Ⅱ．①刁…②陈…③李… Ⅲ．①绿豆—免疫活性—肽—制备—研究 Ⅳ．①S522.01

中国版本图书馆 CIP 数据核字（2020）第 112128 号

策划编辑：范雨昕　　责任编辑：朱利锋　　责任校对：楼旭红
责任印制：何 建

中国纺织出版社有限公司出版发行
地址：北京市朝阳区百子湾东里 A407 号楼　邮政编码：100124
销售电话：010—67004422　传真：010—87155801
http://www.c-textilep.com
中国纺织出版社天猫旗舰店
官方微博 http://weibo.com/2119887771
北京玺诚印务有限公司印刷　各地新华书店经销
2020 年 7 月第 1 版第 1 次印刷
开本：710×1000　1/16　印张：18.5
字数：303 千字　定价：98.00 元

前　言

本书基于蛋白肽易吸收、生物活性强、安全性高、无毒副作用的产品特性，目前消费者对营养保健食品的需求及绿豆产业发展的需求，以我国淀粉加工产业中的副产物绿豆蛋白粉为原料，分别介绍了绿豆的研究现状，绿豆肽的功能活性与结构的相互作用和绿豆肽的应用现状。在此基础上对绿豆肽的制备技术、高值化利用进行了深入探讨，以期为绿豆产业的发展提供理论支撑。

本书主要论述了绿豆肽的制备、分级、免疫功能、构效关系、免疫活性作用机制及其在生产中的应用。希望本书的出版可以让更多的科研人员进一步认识绿豆的营养功效，了解绿豆蛋白的深加工利用技术及应用现状与趋势，继而与各自的科研领域相结合，将绿豆淀粉生产中的副产物蛋白粉进行高值化利用，并将其应用于食品、医药、动物饲料等领域，显著提高我国农林副产品、化工、医药产品的档次和国际竞争力，促使行业的优化升级，促进国家经济与社会发展。

全书共六章，第一章主要对绿豆生物活性肽的研究现状与应用前景进行了分析；第二章论述了绿豆免疫活性肽的制备关键技术与高活性免疫肽的分离纯化技术；第三章论述了绿豆肽的免疫调节作用；第四章论述了绿豆免疫活性肽的分级及结构鉴定；第五章论述了绿豆免疫活性肽的作用机制；第六章论述了绿豆免疫活性肽的应用研究。

全书由黑龙江八一农垦大学的刁静静、李朝阳、陈洪生合著而成，刁静静完成第一章和第六章，李朝阳完成第二章和第五章，陈洪生完成第三章和第四章。本书的出版得到国家自然科学基金面上项目"从巨噬细胞 TLR1 信号传导通路探讨绿豆肽免疫调节机制"、国家重点研发计划项目"杂粮活性组分在加工过程中的调控与活性保持技术与应用"、国家重点研发计划战略性国际科技创新合

1

作重点专项项目"杂粮食品精细化加工关键技术合作研究及应用示范"的资助，以及黑龙江八一垦大学农业部农产品加工质量监督检验测试中心(大庆)博士后工作站的支持。本书在成书过程中得到黑龙江八一农垦大学张丽萍、曹龙奎的大力支持，在此表示由衷的感谢，并对参与研究项目的黑龙江八一农垦大学的郭增旺、王凯凯、于笛、周伟、李良玉等科研人员表示衷心的感谢。

　　由于作者水平有限，受研究方法和条件的局限，书中难免会出现疏漏或者不当的观点和叙述，愿各位同仁和广大读者在阅读过程中，能够给予更多的指导，并提出宝贵的意见。我们衷心希望本书的出版可以为相关科研人员、企业人员和高校师生提供参考。最后，再次感谢在本书编辑与出版过程中对我们的工作给予倾情支持和帮助的人们！

作者

2019 年 12 月于大庆

目　　录

第一章 概述

第一节 绿豆肽的研究进展

绿豆,豇豆属(Vigna radiate L.),是一种富含蛋白质、淀粉、各种矿物质、维生素以及人体必需的氨基酸的优质粮作物。绿豆加工主要用其淀粉,而淀粉加工后的副产物多被用作饲料或者作为废弃物直接排放,其中含有 19.5% ~ 33.1%的蛋白质,造成了绿豆资源的浪费(Zhang,2013;Anwar,2007)。绿豆蛋白质的功效高于其他豆类,是优质的蛋白质资源(刘咏,2008)。前人的一些研究表明,绿豆蛋白可与有机磷农药、重金属化合物结合,可排除机体内的毒性;可保护胃肠黏膜,还具有调节机体免疫力的作用,绿豆蛋白的功能性已逐渐被证实。蛋白质在进入机体后,经水解消化后的产物才能被机体所吸收,且现代生物代谢研究发现,蛋白质被机体消化为肽类、氨基酸后,其中一些小分子肽可与氨基酸一起被机体吸收(庞广昌,2013)。

自 1979 年 Christine Z 等研究发现采用胃蛋白酶酶解小麦谷蛋白和酪蛋白获得阿片样活性肽以来,众多研究者已成功验证了肽的多项功能作用,尤其是对人体的生理调节作用。早期的学者研究发现,一些食源性蛋白质包括动物蛋白、大豆蛋白、豌豆蛋白等,经生物酶法处理得到的肽类物质多具如调节胃肠道菌群、调节免疫功能、辅助降血压等功能(Zambrowicz,2013;De,2012)。以往的研究多集中在蛋白肽在抗氧化、降血压等方面的作用及作用机理,尤其是动物蛋白肽的研究较多,包括海参肽、血清肽等。而对于植物蛋白肽的研究多集中在大豆蛋白肽、豌豆蛋白肽。绿豆肽的生物活性功能这几年逐渐受到研究者的关注,研究发现绿豆肽具有增强免疫力、抗氧化、辅助降血压、调节免疫、辅助降低血脂等功效(姜晓光,2006;汪少芸,2005;Wu,2015)。但是对于肽具有不同功能活性的理论结果及研究水平呈现出多样化的状态,例如,对于辅助降血压功能肽的研究结果是建立在动物模型和临床试验的基础上;而对具有抗氧化、调节免疫作用的功能肽的研究结果则是建立在体外检测和细胞水平上;另外还有一些肽的功能研究缺乏体内和体外试验的相关性研究。这主要与活性多肽的消化代谢有关,肽在进入胃肠后又进一步被消化,使其不能或者不可能达到靶器官发挥其生理效应(Hernández-Ledesma,2014)。因此只是做体外检测和细胞的水平试验,或者是动物模型和临床试验,这些结果仍不能完全揭示出蛋白肽是如何发挥其功能作用的,因而蛋白肽的作用机理有待进一步深入研究。

世界健康卫生组织报告全球每年约有 3600 万人死于心血管疾病、糖尿病、癌症和慢性呼吸道疾病等非传染性疾病,不健康的饮食是引发非传染性疾病产生的主要因素之一(WHO,2011)。1979 年,人们首次从食源性蛋白中发现了生物活性肽(Kumar,2019),在此后的几十年间,人们逐渐对食源性蛋白肽生物活性的研究产生了极大的兴趣,目前已研究证实的食源性蛋白肽有玉米抗氧化肽(刁静静,2011)、玉米醒酒肽(黄敏,2012)、乳蛋白辅助降低血压和胆固醇肽(张金凤,2013)、大豆辅助降低胆固醇肽(周志红,2005)、乳蛋白增强免疫力肽等。绿豆肽(mung bean protein hydrolysates,MBPH)是绿豆蛋白的酶解产物,分子量分布一般为 1.2~0.1kDa,其氨基酸的组成主要有蛋氨酸、色氨酸、酪氨酸和精氨酸。近年来的研究发现,绿豆肽不仅能提高缺氧耐受力,还能提高人体的免疫力(汪少芸,2004;张竞竞,2008),另外还具有抗氧化、辅助降低血压等功效。

一、绿豆生物活性肽的制备

绿豆肽是介于蛋白质和氨基酸的一种中间产物,容易被人体消化。绿豆肽的制备方法很多,主要有酸解法、酶解法、微生物发酵法、化学合成法等,各主要提取方法的比较和评价见表 1-1。现应用较为广泛的绿豆肽制备方法是酶解法。

表 1-1　绿豆多肽的制备方法

制备方法	制备原理	优点	缺点
酸解法	在酸碱条件下,蛋白质水解成小分子肽和氨基酸	工艺简单	结构发生改变,分离提纯难度大,副反应多
酶解法	蛋白酶水解蛋白质生成生物活性肽	产物性能稳定、安全性高	绿豆肽有苦味
微生物发酵法	利用微生物生产的蛋白酶水解蛋白质制备生物活性肽	微生物来源丰富,分泌的水解酶不用分离可直接用于酶解,生产成本较低	对人体无毒无害的菌种不多,产物复杂、不可控
化学合成法	通过氨基酸脱水缩合形成酰胺键制备多肽	产物易分离,且产率高	难合成分子量大的多肽,耗时长,纯度低

蛋白酶的选择及其酶解条件对绿豆多肽的制备以及生物活性有着重要的影响。采用中性蛋白酶、碱性蛋白酶、木瓜蛋白酶在各自最适条件下对绿豆蛋白进行酶解,以酶解液的酶解度和可溶性氮的含量为参考指标,对酶进行筛选,结果表明,采用碱性蛋白酶进行水解,绿豆蛋白的水解度最高;以羟自由基的清除能力作为参考指标,结果表明,中性蛋白酶对羟自由基的清除率最高。酶的水解条件依赖于所选酶的种类,每种酶都有其合适的水解条件,酶种类不同,酶的切断位点不同,得到的肽段不同,其生物活性也不同。通过比较发现,可以发现,化学合成法制备活性肽的产物单一且产量较高,但因化学合成法技术要求较高,目前在国内基本很少使用此法制备绿豆肽。随着我国科技的发展,化学合成法技术难题将被攻克,此法有望取代现在广泛使用的酶解法。

二、绿豆多肽的理化功能特性

(一)高营养性及良好的消化吸收性

蛋白质属于大分子物质,不能直接被人体吸收,摄入机体后需要在胃肠道内各种消化酶的作用下酶解成小分子肽和氨基酸后再被小肠吸收。绿豆蛋白的营养价值丰富,但是并不适应于消化能力低的人群。绿豆肽和绿豆蛋白的氨基酸组成成分类似,但是比绿豆蛋白更容易被人体消化吸收。因此,绿豆多肽可以适用于病患和消化系统能力较弱的婴幼儿人群等。因绿豆肽具有高营养特性和良好的吸收特性,还可以将其作为能量补充剂用于重体力和运动员在剧烈运动后的体能恢复(张树华,2014)。

(二)低抗原性

抗原性是指当机体被抗原刺激后而诱发免疫反应的能力,抗原性的高低和其分子量呈正比例关系。而植物蛋白质的分子量一般都在6kDa以上,如果蛋白质的稳定性较高且不易被人体消化,就容易诱发机体发生免疫反应。通过免疫检测发现,绿豆蛋白具有极强的抗原性,而绿豆肽的抗原性仅是绿豆蛋白的0.1%~1%,这使绿豆肽具有更广阔的应用空间,能作为一种安全的蛋白补充剂提供给易食物过敏的患者和免疫能力低下的婴儿等。

(三)高溶解性和吸水性

蛋白质的四级空间结构主要靠疏水作用力,但是在水解后空间结构遭到破坏,亲水性基团暴露出来,从而导致绿豆肽的溶解性和吸水性均比绿豆蛋白的高。pH在等电点附近时,绿豆蛋白会形成絮状沉淀物而从溶液中析出。无论溶液的pH条件如何,绿豆多肽都能表现出极佳的溶解性能。绿豆蛋白受热后因蛋白变性而容易形成胶状悬浮物,而绿豆多肽的溶解性受外界温度变化影响较小。随着溶液pH的增大,绿豆多肽的吸水性也逐渐增大,但绿豆多肽的吸水性能受溶液pH的变化影响较小。在30~100℃的温度变化范围内,绿豆蛋白的吸水性随着温度的升高而下降,但绿豆多肽的吸水性随着温度的升高而升高。这表明绿豆肽具有更佳的溶解性和吸水性,从而使其在食品和饮料领域中的应用更加广泛。

三、绿豆肽生物活性的研究进展

(一)抗氧化活性

机体的氧化损伤是引发心血管疾病、癌症和炎症性疾病的主要因素之一,这与机体内的自由基水平失衡有关,过量的自由基对机体产生氧化性损伤。天然抗氧化剂可预防机体的氧化损伤。研究发现,食源性蛋白肽具有较好的抗氧化功能,且无毒副作用。李琴(2013)和何倩(2011)等的研究证实,绿豆肽具有抗氧化作用。李琴等采用中性蛋白酶酶解绿豆蛋白制备得到绿豆肽,与维生素C(VC)和2,6-二叔了基又押酚(butylatedhydroxytoluene,BHT)等抗氧化剂进行清除羟自由基的研究,得出绿豆肽的羟自由基清除能力高于BHT,低于VC;何倩等分别测定碱性蛋白酶酶解得到的绿豆多肽的还原能力、羟自由基的捕获能力、超氧阴离子捕获能力和抗脂质过氧化能力,证实绿豆多肽具有较好的抗氧化能力。到目前为止,对于绿豆抗氧化肽的研究多集中在体外试验。由于这些试验的分析条件与机体内的生理条件还存在一定的差距,因此还需要进行体内试验以进一步证实其活性。另外,对于绿豆抗氧化肽的研究还侧重于其分离纯化方面的研究,张海生等采用超滤法和Sephadex G-25凝胶色谱对绿豆抗氧化肽进行分离纯化,纯化后产物的抗氧化活性较纯化前提高了约2倍。

(二)辅助降低血压活性

高血压是一种主要的心血管疾病,血管紧张素转化酶(Angiontens Converting Enzyme,ACE)是血压调节中起关键作用的酶,抑制体内ACE一直以来被认为治疗高血压的主要途径。近年来,对于食源性蛋白肽的体内和体外研究表明,蛋白肽具有辅助降低血压的作用,该功能已逐步被大家所证实。Li等的研究证实,绿豆分离蛋白的碱性蛋白酶酶解产物具有ACE抑制活性,并采用层析柱和反相高效液相色谱纯化得到三个具有ACE抑制活性的多肽段(2006)。Ligh等(2006)分别采用不同蛋白酶水解绿豆蛋白得到不同水解度的水解液,研究发现,碱性蛋白酶水解液的血管紧张素转化酶(ACE)抑制活性最高,半抑制浓度(IC_{50})为0.64mg/mL;在此基础上将水解液进行动物试验,经口服喂药试验后发现自发性高血压小鼠的心脏收缩压有明显的下降。李庆波等(2014)采用碱性蛋白酶酶解绿豆蛋白,经体外试验证实,绿豆蛋白肽具有ACE抑制活性,并将绿豆肽利用模拟移动床色谱进行分离纯化,得到高活性的绿豆ACE抑制肽。龚琴等(2011)利用绿豆粉丝废水中的蛋白为原料,采用生物酶法制备得到具有 ACE 抑制活性的肽,并采用膜分离和大孔吸附树脂分离技术对 ACE 抑制肽进行纯化,得到 ACE 抑制率为 91.23% 的绿豆肽。

(三)免疫调节活性

提高机体的免疫力,增强机体免疫功能是预防各种疾病发生以及患者康复的关键因素(郑睿行,2008)。最新研究发现,蛋白质酶解产生的肽类物质具有特殊的生理调节功能,食源性蛋白肽具有免疫调节作用,而且食物蛋白是生物活性肽的重要来源,采用生物酶解技术可将蛋白质分子中隐藏的具有不同生物学活性的氨基酸序列释放出来,从而赋予产品新的功能特性。乳蛋白肽是继吗啡活性肽发现之后首次从食源性蛋白中获得并证明其生理活性功能的肽类物质。到目前为止,对于食源性免疫调节肽的研究多集中在动物蛋白,植物源蛋白肽也具有免疫调节作用,但相对较少。郭健(2010)、汪少芸(2004)和张竞竞(2008)等的研究证实绿豆肽具有免疫调节作用,这些研究分别从动物模型和细胞水平证实了绿豆肽可提高机体的免疫力和免疫调节作用。

(四)抗炎作用

王桂云等(2009)分别采用卡拉胶、巴豆油、芥末诱导大小鼠炎症模型,研究绿豆红花水煎剂的抗炎镇痛作用,发现无论灌胃或腹腔注射对炎症模型的影响均明显高于对照组,说明水煎剂具有抗炎作用,但其有效成分尚未确定,需要进一步的研究证实。Zhang 等(2013)采用绿豆丙酮提取物为研究对象,观察其对脂多糖(LPS)刺激的小鼠巨噬细胞中 IL-1β、IL-6、COX-2 mRNA 表达的影响,结果发现,不同来源的绿豆对 IL-1β、IL-6、COX-2 mRNA 的表达均有不同程度的抑制作用,由此可推测绿豆中的某一成分可能具有抗炎作用。Zhu 等(2012)探究了绿豆皮提取物(MBC)在体内体外对核糖体蛋白(HMGB1)的抑制能力及治疗潜力,发现 MBC 在巨噬细胞培养中剂量依赖性地减弱了 LPS 诱导的 HMGB1 和几种趋化因子的释放,此外,还发现 MBC 能够将动物存活率由29.4%提高到70%。实验结果说明,MBC 可能通过刺激自噬性 HMGB1 的降解而对致死性脓毒症具有保护作用。Norlaily Mohd Ali 等(2014)对发芽绿豆(GMB)和发酵绿豆(FMB)的抗炎和镇痛活性进行了抑制炎症介质 NO 和抑制小鼠耳水肿及对疼痛刺激反应的研究。结果表明,GMB 和 FMB 水提物均表现出较强的抗炎、镇痛作用,且呈剂量依赖性。综上可知,绿豆无论是在体外实验还是体内实验,都具有一定的抗炎效果,为全面深入研究绿豆的抗炎作用提供了基础。

(五)抑菌作用

绿豆属于药食同源的杂粮作物,绿豆种子中含有一种特殊的植物蛋白,能抵抗黄瓜灰霉、棉花立枯、花生褐斑等植物致病菌(Ye,2000),但其具体成分尚未有定论。吴金鸿(2004)使用硫氨酸分级沉淀、离子分级色谱等技术,从绿豆中分离纯化出抗菌肽——非特异性脂转移蛋白(分子量为 9292.97Da),十二烷基磺钠聚丙烯酰胺凝胶(SDS-PAGE)电泳结果表明其对真菌菜豆根腐病菌、棉花枯萎病菌、瓜果腐霉病菌、水稻白绢病菌等均具有明显的抑菌效果。汪少芸等(2006)采用沉降、色谱等方法,从绿豆中分离纯化出非特异性脂转移蛋白,并首次探究其对金黄色葡萄球菌的抑菌机理,推测非特异性脂转移蛋白是通过其自身作用于细菌细胞壁,使其破裂,进入细胞后与细菌质膜结合,导致细菌失去膜势,最终由于不能够维持正常的渗透压而死亡。田海娟等(2014)采用超高压辅助物理法制备绿豆蛋白,并对活性蛋白进行了抑菌性试验测定,实验结果表明,用超高压技术提取绿豆活性蛋白具有时间短、提取率高的优点;同时,发现其能够明显地抑制金黄色葡萄球菌的生长。李梅青等(2016)分离纯化出分子量为 29.7~33.8kDa 的绿豆蛋白,发现该蛋白对棉枯萎病菌、玉米纹枯病菌的生长具有抑制作用,但与抗真菌活性相比,对金黄色葡萄球菌的抑制相对较弱。从以上实验结果可以看出,绿豆蛋白和绿豆肽均具有抗菌作用,能有效抑制多种菌株生长。

(六)其他作用

绿豆蛋白及多肽除了具有以上几项生物活性外,还具有促发酵、解酒、抗癌等作用。何倩(2011)在制备酸奶过程中添加了绿豆肽,通过测定 pH、酸度、发酵时间等发现,绿豆肽不但能够缩短发酵时间,还能促进乳酸菌产酸。此外,采用 GC—MS 对酸奶的风味物质进行分析发现,绿豆肽能够促进风味物质(2,3-丁二酮、2-丁酮、乙酸)的产生,结果进一步表明绿豆肽具有促进发酵的作用。

李萌(2015)以水解度为指标,采用双酶水解法制备绿豆肽,水解液经过超滤后,分离出 3 个不同分子量组分,并且研究不同组分绿豆肽对乙醇脱氢酶(Alcohol dehydrogenase,ADH)活性的影响。在体外实验中发现分子量<1kDa 组分的绿豆肽对 ADH 活性激活作用最强;在小鼠实验中,绿豆肽对小鼠肝脏中 ADH 有显著激活作用,且呈现明显的剂量关系。实验结果表明,绿豆肽具有一定的解酒作用,并且能够缓解酒精对肝脏造成的危害。李梅青等(2018)通过建立 H22 鼠肝癌荷瘤小鼠模型,研究绿豆活性肽对肝癌的抑制作用,同时初步探究了其作用机制。研究结果显示,绿豆肽具有抗癌作用,并且发现绿豆活性肽高剂量组(1600mg/kg)效果最佳,抑瘤率达 32.6%。分析其抑制肿瘤的作用,可能是通过调节免疫功能、抑制端粒酶(TE)活性、调控肿瘤细胞 Bax 及 Bcl-2 的表达来实现的。

从前人的研究结果可以看出,绿豆肽作为一种食源性生物活性肽,深受国内外研究学者的重视,越来越多的功能性成分被逐渐开发出来,但是其具体的作用机制还不完善,并且还有尚未被开发论证的功能性成分,因此还需要进一步研究,以便于更好地开发利用绿豆资源。

四、绿豆生物活性肽的构效关系

食源性生物活性肽以其较高的消化性、营养性和生理效果,逐渐受到国内外研究者的广泛关注。而且食源性生物活性肽的来源广泛,成本低,因此在功能保健食品的开发与研究方面具有广阔的市场前景和应用空间(李琳,2006)。但是,蛋白酶解后会得到肽段长短不一、氨基酸组成和序列不同的多肽,而且生物活性功能也不尽相同,这点引起了研究者对生物活性肽与其结构之间关系的研究兴趣。绿豆高蛋白、低脂肪,是以健康食品而被广泛食用的豆类。随着绿豆产业化利用率的提高,绿豆蛋白的深加工已受到研究者的青睐,分别制备出绿豆抗氧化肽、抗高血压肽、免疫调节肽,但到目前为止肽的生物活性功能和结构间的关系还尚未明晰,不过在某些功能活性方面已表现出与其他肽类普遍的结构特点。

（一）绿豆肽抗氧化活性与其结构的关系

脂质过氧化不仅是食品工业中存在的主要问题，而且也关乎人们的身体健康（Shahidi，1997），这是由于脂质的氧化会引起食品中蛋白质等成分的氧化，氧化后会产生一系列毒素，影响食品安全和品质。机体在过氧化条件下，产生的活性氧基因（ROS）与心脏病、中风、动脉硬化、糖尿病、癌症等疾病紧密相关，因此为了防止食品氧化和机体氧化反应的发生，一般情况下会采用抗氧化剂（Viljanen，2004）。通常抗氧化剂是通过释放氢原子或电子与油脂自动氧化反应产生的过氧化物结合，或者是清除单线态氧、钝化金属氧化催化剂阻止食品脂肪氧化反应的发生，从而增加食品脂质体系的稳定性（Rajaram，2010）。目前在食品工业和制药工业中多采用二丁基羟基甲苯（BHT）、丁基羟基茴香醚（BHA）、叔丁基对苯二酚（TBHQ）和没食子酸丙酯（PG）等合成抗氧化剂阻止氧化反应的发生。然而，这些合成抗氧化剂具有潜在的危害，因而在食品、药品领域的使用有严格的限制（Mathew，2015），因此急需要寻求安全性高的天然抗氧剂（Bernardini，2011）。

近年来的大量研究表明，食物蛋白来源的多肽具有抗氧化能力，且对其抗氧化作用模式进行了研究。绿豆蛋白酶解产物也具有较好的抗氧化能力，结合其他蛋白来源抗氧化肽的作用模式得出结论，绿豆蛋白肽的抗氧化作用模式多表现为四种形式（图1-1），首先与其自身的结构有关，它能在脂肪滴外边形成一层包膜，阻隔脂肪滴与氧气的接触，从而达到抗氧化的效果（Kong，2006）；抗氧化肽可与体系内的 Cu^{2+}、Fe^{2+} 等催化氧化反应发生的金属离子结合达到抗氧化的目的（Liu，2014）；油脂的氧化是脂肪酸和空气中的氧在室温下，未经任何直接光照，未加任何添加剂等条件下的完全自发的氧化反应，随着反应的进行，其中间状态及初级产物又能加快其反应速率，故又成为自动催化氧化。即脂肪酸（RH）经氧化反应形成 R·，蛋白水解物的抗氧化机理是水解后形成的蛋白残基—COOH 中的 H 作为供体与脂肪酸氧化后的 R·相互结合，形成新的 RH，水解后的两个蛋白残基相互结合，从而阻止氧化反应的发生（张丽萍，2012）。李琴（2013）等的研究也证实绿豆肽能清除羟自由基和超氧自由基，并具有还原能力等。在机体中，自由基在体内积累过多，过剩的自由基就会使类脂质中的不饱和脂肪酸发生过氧化,从而破坏细胞的膜结构,使膜功能失常,导致细胞死亡。彭新颜(2008)等研究表明,食物蛋白源肽具有显著增强抗氧化能力的作用,且其作用较为全面,其可提高机体中总抗氧化能力(Total Antioxidant Capacity,TAOC)、过氧化氢酶(Catalase,CAT)、谷胱甘肽氧化酶(Glutathione peroxidase,GSH-Px)、超氧化物歧化酶(Superoxide Dismutase,SOD)的活力,降低丙二醛(Malondialdehyde,MDA)含量,从而起到延缓衰老的作用;另外,肽还可能通过增强机体清除氧自由基的能力和抗氧化功能,减轻自由基的损伤效应,减少脂质过氧化反应的发生和脂质过氧化产物的生成,维持细胞内环境的稳定,从而起到保护细胞、延缓衰老的作用。

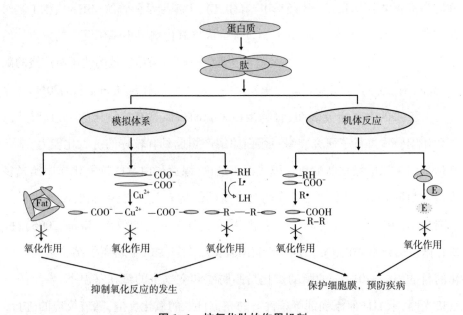

图1-1 抗氧化肽的作用机制

(二)绿豆抗高血压肽活性与其结构的关系

食源性辅助降血压肽具有天然、安全的特点,这是合成类药物所不具有的优势,而且食源性抗高血压肽的来源广泛、成本低廉、无副作用,目前已被制成药品用于病人的治疗中,如日本产的 Casein DP Peptio Drink(Jimsheena,2010)、荷兰产的 C12 Peption(Miguel,2009)。一般来说,降血压药物的作用是由于它跟机体内 ACE 活性部位结合,从而抑制了 Ang Ⅰ 转换为 Ang Ⅱ,同时抑制缓激肽的降解(图 1-2)。ACE 活性中心的三个结合位点具有较强的疏水性,底物 C 末端三个氨基酸残基或抑制剂的相应基团能分别与这三个结合位点作用,且 ACE 分子末端带有正电荷,能与底物 C 末端羧基的负电荷形成离子键。X—H 是 ACE 活性中心的活性部位,当此部位被抑制剂结合就会使 ACE 失活,由此可得出降血压肽能否与 ACE 结合产生降血压作用与其结构相关(韩佳冬,2012)。由目前对降血压肽构效关系的研究发现,降血压肽的活性主要取决于底物 C 末端和 N 末端氨基酸的变化,当底物 C 末端氨基酸为具有环状结构的氨基酸时,肽与 ACE 结合能力强。当 N 端为疏水性氨基酸时,ACE 抑制活性相对较高。李庆波(2014)等研究也证实当底物 C 末端氨基酸为环状氨基酸时绿豆 ACE 抑制肽的活性较高。Li 等的研究也表明,当 N 端为疏水性氨基酸时,绿豆蛋白的碱性蛋白酶酶解产物具有较高的 ACE 抑制活性。

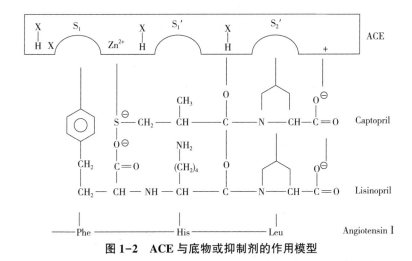

图 1-2　ACE 与底物或抑制剂的作用模型

图中 S_1、S_1' 和 S_2' 是 ACE 活性中心的三个结合位点;X—H 是 ACE 活性中心的活性部位

(三)绿豆免疫调节肽活性与其结构的关系

据研究发现,免疫活性肽可通过促进免疫细胞增殖、提高巨噬细胞活性、增强自噬细胞机能、促进细胞因子生成等提高机体免疫力(Fitzgerald,2006;Horiguchi,2005)。免疫活性肽最早是从人乳蛋白中分离得到的,经研究证实,

该肽具有调节和增强人体细胞免疫功能的作用。自此之后研究者对玉米蛋白、谷类蛋白、豆类蛋白等原料的酶解产物的免疫活性进行了研究。分别得到了具有不同免疫调节功能的多肽。目前研究者对于免疫活性肽的构效关系以及作用机制进行了一系列研究。在开展研究的同时,研究者对于生物活性肽的吸收机制进行了研究,发现小肽不必分解成单个氨基酸就可以完整肽段的形式被机体吸收,然后进入循环系统与靶位点结合,从而发挥其生理功能(Brandsch,2003);而分子量在10kDa以上的物质能够引起机体免疫排斥反应。该结论的得出说明,免疫活性肽不仅可增强机体的免疫活性,而且不会引起机体的免疫排斥反应。酶法生产的免疫活性肽由于酶的选择、酶解程度等不同,制备得到的产物也不同,肽段长短、分子量大小各异,且免疫又涉及机体的体液、组织和器官、各免疫细胞之间的多种信号分子的信息传递等,这也导致不同免疫活性肽的作用方式不同。郭健等的研究发现,绿豆多肽能提高小鼠淋巴细胞增殖能力、脾脏生成抗体细胞数及巨噬细胞吞噬能力;Wang等(2015)报道大豆蛋白肽可提高小鼠NK细胞活性,增强绵羊红细胞诱导的迟发型变态反应。这些研究都从不同角度证明了食源性多肽的生物活性,这些结果是通过肽对细胞和动物模型的免疫作用得到的。而对于免疫活性肽与其结构间的关系的研究还不是很明了,还需进一步研究。Gülfem等(2012)的研究发现,β-乳清蛋白多肽的功能特性与分子大小、氨基酸组成及肽的疏水性/亲水性、电性等理化性质有关。卢珍华等(2005)采用木瓜蛋白酶酶解绿豆蛋白得到分子量在1000Da以下的可溶性绿豆肽。潘自皓等(2008)的研究采用Flavourzyme蛋白酶酶解绿豆蛋白得到溶解性高、风味良好的绿豆肽,其可作为功能制品添加在饲料制品中。

五、绿豆生物活性肽的应用

食源性蛋白肽具有提高动物机体免疫活性等多种生物学功能,且其资源广、成本低、安全性高,日益受到研究者的重视(王层飞,2008)。有研究发现,将食源性蛋白肽添加在饲料中可促进动物的生长发育,提高肉、蛋、奶的质量;可加快微生物繁殖速度;可显著提高瘤胃中纤维素分解菌的繁殖量,从而提高奶牛的产奶量和肉牛的生长速度。小分子肽提高机体的营养吸收和动物的生长性能,已成为各国专家的研究热点(廖海艳,2008)。绿豆蛋白肽作为一种新型的生物活性肽,随着对其功能特性、机制等研究的深入,其功效的发挥机制也将日益明了,将为畜牧工作者更好地应用绿豆肽奠定理论基础,使绿豆生物活性肽依据其生物学功能在畜牧领域发挥很好的作用。

(一)饲料生产领域中的应用

蛋白质酶解产生的生物活性肽,吸收快且加快蛋白质的合成,而且能被机体直接吸收,参与机体生理活动和代谢调节,从而提高动物机体的生产性能。Parisini 等(1989)的研究发现,在猪饲料中添加肽类物质可提高猪的日增质量、蛋白质利用率和饲料转化率。陈栋梁等(2003)的研究证实,食源性蛋白肽能提高大鼠的基础代谢水平,促进能量代谢,有效降低皮下脂肪,这可增加畜禽的瘦肉率,提高肉制品的品质。另外,在动物饲喂过程中,往往在饲料中添加抗生素来预防疾病,提高畜禽的生产性能,但此种做法的直接结果是导致肉、乳中会残留抗生素,进而降低产品的安全性。而且近年来随着食品安全法规的日益完善,对抗生素的使用有了更严格的规定,因此非常需要可代替抗生素的安全性产品。研究发现,蛋白肽具有抗菌的优点,将抗菌肽用于动物饲喂中,既可替代抗生素又可促进畜禽的快速增长,极具开发潜力。研究发现,一定量的蛋白肽可刺激机体胃肠道黏膜发育,刺激和诱导酶活性上升,进而可促进动物生长。还可促进胃肠道菌群生长,改善肠道健康状况。抗氧化肽可促进分解过氧化物,降低自氧化速度,从而作为畜禽饲料中的天然防腐剂(刘斌,2013)。另外,食源性蛋白肽可明显提高蛋鸡的产蛋率和饲料转化率;对于水产品而言,小分子肽还可以促进鱼苗的生长,提高存活率,促进虾苗的生长。

(二)食品领域中的应用

在食品加工领域,由于合成的化学添加剂存在潜在的生物学毒性,因此对天然防腐剂和改善食品品质的添加剂的需求日益增加(王晶,2009)。食源性蛋白肽溶解性好,可改善食品风味,具有较好的乳化性和起泡性,李琳等(2006)报道,蛋白质经部分水解后不但可增加蛋白的水溶性,而且在一定程度上可提高物质的乳化性和起泡性。另外,肽还具有抗氧化、抑菌、消化快等生物学功能,因此目前已被应用于食品加工领域替代某些具有潜在危害的化学添加剂,如抗氧化肽可以作为合成抗氧化剂的替代品应用于食品储藏中(Najafian,2012),抗菌肽可以作为防腐剂用于食品保鲜中(Gill,1996);大豆肽、面筋蛋白肽、乳清肽等还可以作为饮料的乳化剂和稳定剂(Wang,2008)。研究发现,绿豆肽可清除超氧阴离子、OH·、DPPH 自由基等,这类自由基的形成会导致细胞膜结构破坏和细胞的损伤,绿豆肽清除自由基的能力可防止和减轻自由基对机体和食品的伤害(Mine,2010)。而且绿豆肽也具有很好的溶解性,能促进肠道有益菌的生长,因此可作为功能性食品或食品添加剂。

(三)医学领域中的应用

世界卫生组织报道,心血管疾病、糖尿病等慢性疾病多是由于吸烟、运动少、过度饮酒和不健康的饮食导致的,其中不健康的饮食是导致这类疾病产生的主要风险因素之一。近几十年的研究发现,食物源蛋白质酶解得到的肽类物质具有一定的生物功能特性,如抗衰老、抗癌症、抗龋齿、抗糖尿病、抗高血压、抗菌、抗氧化应激、抗炎症、降低胆固醇、促进生长、免疫调节、金属螯合、自由基清除、调节体内血糖和胰岛素的平衡等。目前食物源蛋白质的生物活性肽已在许多动物实验和临床实验中得到证实,如具有降低胆固醇作用的活性肽作用于机体后,只对胆固醇高的人有作用,对正常人无影响。还有某些生物活性蛋白肽已被证实可抗菌、抗病毒,从而提高机体的免疫功能。另外,从蛋白质的吸收机制可以看出,在机体中多肽(尤其是二肽、三肽)的吸收速度和效率要高于蛋白质和氨基酸,而且肽类物质不仅能提供人体必需的蛋白营养,还可以有效降低血液中胆固醇和甘油三酯的含量,加快体内耗能,燃烧脂肪,防止肥胖。研究发现,绿豆肽具有降血压、免疫调节等生物学功能,尽管这些功能的效果不如合成药物,但是生物活性肽作为一种食源性物质,其不会在体内积累有毒物质,因为这类物质除提供生物活性外,还会随着机体的新陈代谢而排出体外。因此,随着对绿豆肽功能特性机制和构效关系研究的逐步清晰,其将在改善人们机体健康、预防和治疗疾病等医学领域发挥重大功效。

第二节　食源性免疫活性肽的研究进展

近年来,随着对动植物源蛋白质的深入研究,发现来源于植物或动物的食源性活性肽在被应用于功能食品时,能够表现出增强机体防御、预防疾病、促进健康以及能够调节生理节律等作用。其中免疫活性肽主要是指对人体免疫系统具有调节作用的肽段(程媛,2015)。这类生物活性肽通常可以由食源性蛋白质水解得到,例如小麦蛋白、玉米蛋白、大豆蛋白、酪蛋白、乳铁蛋白、鱼类蛋白和贝类蛋白等。这类食源性蛋白分子中隐藏的具有生物学活性的氨基酸序列,经适宜的蛋白酶酶解后可被释放出来,从而具有一定的免疫功能。

一、动植物源蛋白肽的研究现状

(一)动物源免疫活性肽

早在1981年,Jolles等通过使用胰蛋白酶对人乳蛋白进行水解,得到了能刺激巨噬细胞吞噬绵羊红细胞的免疫活性六肽,是较早报道的生物活性肽。动物蛋白含量丰富,是生物活性肽的主要来源之一,主要蕴含于动物肉、奶、蛋中以及海洋中的鱼贝类蛋白中。有研究从羊骨胶原蛋白的木瓜蛋白酶水解物中,获得了具有免疫调节活性的肽(杨华,2008),而刘隆兴等(2013)从羊胎盘中分离纯化得到了具有免疫活性的小分子肽。孙妍(2008)利用一种荧光假单胞菌蛋白酶(PFP)水解脱脂牛乳,进而对水解产物的发现,其能够促进小鼠疫器官的进一步发育、增强巨噬细胞的吞噬功能、增加抗体的生成以及迟发性变态反应,提高小鼠免疫功能。此外,从鹿茸血蛋白酶解液中分离、纯化得到的小分子肽,经液质联用仪分析其结构可得三个主要的组分:Leu—Tyr(LY)或者 Ile—Tyr(IY),Try—Gln(WQ),Leu(Ile)—Ala—Phe—Ala(LAFA 或 IAFA)或 Leu(或Ile)—Ala—Ala—Phe(LAAF 或 IAAF),这三种肽的氨基酸的末端为疏水性的,并且都具有一定的免疫活性(马立琴,2008)。

对乳源活性肽的研究也相当活跃,研究以胃蛋白酶、胰蛋白酶、木瓜蛋白酶、碱性蛋白酶酶解牛酪蛋白得到的产物,能够提高伴刀豆球蛋白激活的离体小鼠脾淋巴细胞培养液中白介素(IL)-2水平(Mao,2005)。除此之外,来源于乳清蛋白的酶解物甚至能够影响生长乃至某些细胞因子的产生和分泌。海洋中包含全球近一半的物种,海洋生物中蕴含着丰富的蛋白质资源,迄今为止,已从海洋鱼类、贝类、软体动物以及海洋副产物中发现了多种生物活性肽,这些肽具有辅助降血压、抗菌、抗氧化、辅助降低胆固醇和降血脂等功效,在海洋生物中当然也发现了具有免疫调节功能活性肽的存在。鳕鱼免疫活性肽的研究结果显示,其能显著提高正常小鼠的淋巴细胞转化活性、迟发型变态反应和单核巨噬细胞的吞噬能力,而对免疫器官指数和血清溶血素等指标的影响较小(侯虎,2011)。对马氏珠母贝寡肽的体内免疫活性研究表明,其能够显著提高小鼠淋巴细胞的转化能力和体液免疫水平,同时极显著地增强经抗原诱导的小鼠免疫应答能力(邓志程,2015)。黄鳍金枪鱼头经蛋白酶酶解得到的产物,能显著提高小鼠胸腺指数、脾脏指数、廓清指数,显著促进小鼠脾细胞抗体形成功能,提高骨髓细胞DNA含量,从而反应出其具有增强小鼠免疫功能的作用(杨萍,2009)。免疫活性肽发挥生物学功效主要依赖于其氨基酸组成、结构和排列顺序,肽的疏水性、肽链长度以及所包含的微量元素等也对其活性具有重要的作用。

(二)植物源免疫活性肽

小麦、玉米、大米和大豆等经济作物中含有丰富的植物蛋白,此类蛋白质含量丰富的植物往往是生物活性肽的重要来源。例如,研究以Alcalase碱性蛋白酶水解小麦分离蛋白制备的小麦肽,对小鼠脾脏具有显著刺激效果,使脾细胞增殖(张亚飞,2006)。用小麦肽灌胃小鼠试验的研究发现,其显著提高腹腔巨噬细胞的吞噬能力和抗体生成细胞的含量,可以恢复环磷酰胺处理的免疫低下小鼠HC50和脾细胞增殖(代卉,2009)。胰蛋白酶(Trypsin)可作为制备大米免疫活性肽的最适水解酶,水解产物可以有效促进RAW264.7巨噬细胞的增殖(王璐,2015)。大豆中蛋白质含量较高相对较高,并且其蛋白质的氨基酸消化率也较高,人们对大豆蛋白及其水解肽做了大量的研究。研究发现,大豆肽不仅能显著提高正常小鼠免疫功能,也能显著提高环磷酰胺致免疫低下小鼠模型的脏器指数,促进抗体生成,提高脾脏淋巴细胞转化率。而通过使用大豆蛋白、酪蛋白、大豆多肽饲喂大鼠,发现大豆多肽组能够显著提高巨噬细胞的吞噬活性,促进巨噬细胞的有丝分裂,增强巨噬细胞对绵羊红细胞的吞噬作用(国明明,2007)。国外有研究报道,分离并纯化大豆蛋白的水解物得到了一种分子量为1157u的小分子抗癌活性肽(Yamauehi,1993;Kim,2000)。在Tsuruki(2003)的一项研究中发现,从大豆中获得的具有免疫调节作用的生物活性肽,能够提高嗜中性白细胞的吞噬作用。另外在大米蛋白(Takahashi,1994)、小麦蛋白(Horiguchi,2005)、豌豆蛋白(Ndiaye,2012)、菜籽蛋白(龚吉军,2013)、玉米蛋白(栾新红,2010)、绿豆蛋白等多种植物蛋白中也发现了具有免疫调节作用的活性肽。植物当中的蛋白质资源丰富,水解得到的肽具有安全性高、相对易得和可控性强等优点,因此有关植物源蛋白肽的研究也相当活跃。

二、免疫活性肽的研究进展

随着对免疫活性肽越来越深入的研究,其在人类健康、疾病预防和治疗中的地位不容忽视。现代文明不断发展,人类生活节奏和压力日益加大,"富贵病"患者增加,人体免疫力下降,因此功能性食品也越来越受到人们的青睐。免疫活性肽是一类能促进和激活人体免疫能力的小分子活性肽,随着人们对免疫活性肽研究的关注和深入,其发挥免疫功效的机理和结构与功能的关系将被揭开。免疫活性肽在一定程度上可以增强机体的免疫能力,增强巨噬细胞的吞噬能力及淋巴细胞的增殖等多种生理功能,而且还具有稳定性强、分子量小、生物活性高和抗原性弱等特点。目前已经在临床上将免疫活性肽研发成免疫调节剂,用于治疗免疫缺陷疾病或者是自身免疫性疾病等(Toopcham,2017;Nongonierma,2018),因而具有广阔的应用前景。

(一)免疫调节系统

免疫系统是由细胞、组织和器官组成的网络,其作用是消除潜在的有害物质,如细菌、病毒、真菌、原生动物,并阻止癌细胞的生长。免疫系统包括先天免疫和获得性免疫两大类。先天免疫也被称为天然免疫或固有免疫,是非特异性免疫。巨噬细胞、多形核白细胞、树突状细胞和自然杀伤细胞等在天然免疫中发挥重要作用,其中巨噬细胞和中性粒细胞在吞噬过程中起重要作用;NK 细胞对肿瘤细胞和非特异性病毒感染细胞具有重要作用。获得性免疫又称特异性免疫,其对外来抗原具有高度特异性。获得性免疫分为细胞免疫和抗体免疫两种类型。体液免疫包括 B 淋巴细胞,这种淋巴细胞在与特异性抗原相互作用后可产生抗体。细胞免疫由效应 T 淋巴细胞组成,分泌免疫调节因子,如细胞因子,并介导抗原呈递相互作用后的细胞免疫反应细胞(APSs)。T 淋巴细胞分为三个亚群:即辅助性 T 细胞(Th 细胞)、细胞毒性 T 细胞(Tc 细胞)和调节 T 细胞(Treg 细胞)。Tc 细胞表达一种表面受体,簇状分化$(CD)_8^+$,并识别内源性抗原相关与一类主要组织兼容性复合体(MHC)和杀死癌症细胞和被病毒感染的细胞。而这些细胞显示一个表面标记,CD_4^+和识别外源性抗原与 MHC 复合 II 级。Th 细胞分泌细胞因子,如干扰素-γ(IFN-γ),白介素(IL)-2、IL-4、IL-5、IL-6、IL-10、IL-13、IL-25,帮助激活 B 细胞、T 细胞以及其他免疫细胞参与机体的免疫反应(Nijkamp &Parnham,2011)。Treg 细胞主要是抑制其他 T 细胞的免疫反应,并通过保持自我耐受来预防自身免疫性疾病。

(二)免疫活性肽与免疫系统

1. 免疫活性肽对免疫器官发育的保护作用

中枢免疫器官又称为一级免疫器官,是指能产生免疫细胞并诱导其分化成熟的器官,其特点是在胚胎早期出现,具有诱导淋巴细胞增殖分化为免疫活性细胞的功能。当中枢免疫器官发生病变时,可造成淋巴细胞不能正常发育、分化,导致机体免疫能力低下甚至免疫丧失。外周免疫器官又称二级免疫器官,富含巨噬细胞、淋巴细胞和树突状细胞,是免疫细胞定居、增殖和对抗原产生免疫应答的场所。因此,免疫器官是机体发生免疫反应的重要物质基础,其状态的好坏直接影响特异性免疫和非特异性免疫。国明明等(2007)研究发现,大豆肽能显著提高环磷酰胺导致的免疫能力低下小鼠的免疫器官指数,对免疫器官具有一定的保护作用。蒋培红等(2007)研究发现,小肽能显著促进獭兔免疫器官的发育和提高獭兔的屠宰性能。吕锦芳等(2006)研究结果表明,肌肽能提高胸腺、脾脏和法式囊的器官指数。这些研究表明,免疫活性肽对免疫器官的发育具有一定的保护作用。

2. 免疫活性肽对免疫细胞的激活作用

凡能参与免疫应答的细胞均称为免疫细胞。依据其功能差异,可以分为三类:

(1)抗原特异性淋巴细胞,只有接受抗原刺激才能发生分化增殖,进而产生特异性免疫应答,主要为 T 淋巴细胞和 B 淋巴细胞;

(2)单核巨噬细胞,在免疫应答中起呈递抗原促进淋巴细胞活性等;

(3)以其他形式进行免疫应答反应或与免疫应答有关的细胞,如红细胞和粒细胞等。

研究表明,免疫活性肽能激活巨噬细胞增殖、吞噬及分泌能力,增强淋巴细胞增殖、分化能力,调节血液系统的白细胞、红细胞水平。王鹏等(2018)研究表明,榛仁活性多肽具有较好的免疫调节能力,能显著提高小鼠 RAW264.7 巨噬细胞的吞噬能力和促进脾淋巴细胞增殖。龚吉军等(2013)研究发现,油茶多肽能对环磷酰胺诱导的免疫能力低下小鼠的免疫能力有恢复作用,能增强小鼠巨噬细胞吞噬能力,降低耳肿胀度,恢复其免疫功能。纪丽娜等(2012)研究发现,金枪鱼头酶解物中 200~800Da 的肽能显著促进巨噬细胞增殖和吞噬能力。傅炜昕等(2008)研究发现,分子量在 13kDa 以下的地龙肽能显著提高巨噬细胞和 NK 细胞活性并提高杀伤率。周涌等(2012)研究发现,通过 NK 细胞增殖、变态反应实验考察林蛙皮生物活性肽的免疫活性,林蛙皮活性肽能显著促进 NK 细胞的免疫活性,且活性为 77.4%。谢永玲等(2009)研究发现,海参肽对小鼠巨噬细胞、淋巴细胞、NK 细胞活性均有明显的增强作用。卢连华等(2014)研究发现,中、高剂量大豆肽粉能提高环磷酰胺模型大鼠 NK 细胞活性,高剂量大豆肽粉能明显增加模型大鼠白细胞总数。这些研究表明,免疫活性肽对免疫细胞的激活具有一定的促进作用。

3. 免疫活性肽对免疫活性物质的调节作用

免疫活性物质是指参与免疫应答的相关物质,如抗体、补体和细胞因子等。抗体主要存在于动物血液、淋巴液和组织液中,在抗原物质刺激下其可产生一种具有与该抗原发生特异性结合反应的免疫球蛋白,是构成机体体液免疫的主要物质。补体是指正常人和动物血清中含有的非特异性杀菌物质。细胞因子能与靶细胞上的受体相互作用,导致靶细胞膜上的黏附分子和趋化因子受体的表达发生变化,从而促使细胞转移。细胞因子还能向免疫细胞传递信号以增强或降低靶向酶活性或改变其转录程序,从而调节其效应功能。Javier Rodriguez-Carrio 等(2014)研究表明,β-乳球蛋白的水解产物能刺激 Th1 应答,并且能诱导单核巨噬细胞分泌干扰素。Mbg K 等(2017)研究发现,乳清蛋白的水解肽调节诱导原代巨噬细胞 IL-10、TNF-α 的分泌和表达。这些研究表明,免疫活性肽能通过免疫细胞调节机体免疫活性物质的分泌和表达,从而影响整个免疫系统的功能,发挥增强机体免疫能力的活性。

机体免疫应答是非常复杂且精密的调控系统,涉及机体器官、组织和体液的相互作用,且各免疫细胞之间还将直接或间接地依靠多种信号分子进行信息传递,并且不同免疫活性肽的作用机制均不相同,这使得免疫活性肽对免疫系统的调节作用机制的研究变得更加复杂。但最近的研究表明,食源性免疫活性肽对特异性和非特异性免疫应答均能发挥免疫调节作用,比如促进免疫器官的发育,增强巨噬细胞的吞噬能力,刺激淋巴细胞增殖,诱导或调节细胞因子和抗体的产生,改善机体对入侵病原体的防御能力和抑制宿主细胞对脂多糖(LPS)的促炎反应等。因此,通过研究免疫活性肽的作用机制,并揭示免疫活性肽结构、功能和活性之间的相互作用关系,可为免疫活性肽功能保健性食品的研究、开发与应用提供重要的理论依据。

(三)免疫活性肽与急性肺损伤

1. 急性肺损伤概述

急性肺损伤(Acute lung injury,ALI)和急性呼吸窘迫综合征(Acute respiratory distress syndrome,ARDS)是指心源性以外的各种肺内外致病因素引起的肺泡上皮细胞及毛细血管内皮细胞损伤,造成弥漫性肺间质及肺泡水肿,最终导致急性、进行性、缺氧性急性呼吸功能不全或衰竭(施展,2016)。ALI/ARDS 的主要特征是炎症介质的强烈应答,导致肺组织破坏,中性粒细胞浸润以及促炎性细胞因子的释放,包括肿瘤坏死因子-α(Tumor necrosis factor,TNF-α)、白介素-1β(Interleukin-1β,IL-1β)、白介素-6(Interleukin-6,IL-6)等(Matthay,2005)。

在过去的几十年中,尽管对 ALI/ARDS 的病理生物学的见解越来越多,但 ALI/ARDS 的发病率和死亡率仍然较高(死亡率高达40%),对于诱发的原因更是知之甚少(Ware,2012;Aman,2011)。目前,在临床治疗中主要采用机械治疗和药物治疗的手段。根据 ALI/ARDS 的发病机理,治疗的药物主要分为以下几类:

(1)舒血管药:主要有一氧化氮(NO)和前列腺素两种。NO 能够改善肺通气和肺血流灌注比,但是不能降低临床患者发病的死亡率,并且 NO 的吸入量控制不稳定时会给患者带来肺水肿、血小板抑制、肾功能受损等副作用。因此,在临床治疗中不适宜选取 NO 作为临床常用治疗药物(Afshari,2011)。前列腺素作为一种内源性血管扩张剂,给药方便,代谢产物对患者本身造成的危害较小,可以作为 NO 的替代药品,但是存在价格昂贵的缺点,同样不适用于临床广泛推广使用。

(2)表面活性剂:通过Ⅱ型细胞分泌的肺部表面活性剂,主要成分是相关脂蛋白和脂质。表面活性剂可以降低肺泡表面张力、维持肺泡结构稳定、预防水肿、促进纤维毛运动、抵抗炎症因子的出现。临床试验研究证明,表面活性剂能够有效地改善儿童急性肺损伤患者肺部换气情况,但是对成年患者的治疗效果却不明显。此外,表面活性剂剂型属于悬浮液,表面活性不足,最佳作用时间及最佳剂量仍在不断地探索中,因此,医护人员在使用表面活性剂治疗时要谨慎使用。

(3)抗氧化剂:自由基是指在体内具有高反应性、对人体危害较大的未成对电子的基因。N-乙酰半胱氨酸、半胱氨酸是谷胱甘肽的前体物质,作为抗氧化剂可以降低急性肺损伤患者体内谷胱甘肽水平,但是治疗效果不理想。同时,己酮可可碱作为免疫调节剂,利索茶碱作为抗氧化剂也不具备良好的治疗效果。

(4)受体激动剂:β_2 受体激动剂能够调控肺泡上皮细胞中 Na^+ 的转运,扩张 ALI 患者的肺部血管,从而改善肺泡通气,促使肺泡表面活性剂的分泌增强,最终清除肺部水肿。临床研究中,受体激动剂的使用可以增加肺顺应性,改善肺部通气,在急性肺损伤的治疗中具有潜在的治疗效果(Pinheiro,2016)。

(5)抗炎药:在免疫调节系统中,皮质类固醇具有广泛的药理学作用。但对于急性肺损伤初期的患者,服用较高剂量的皮质类固醇药物可能会导致不良反应事件发生概率的增加,或者促使患者的死亡率升高(Thompson,2010),所以,在临床治疗中不建议广泛使用。

(6)干细胞治疗:采用干细胞治疗可以促使急性肺损伤患者营养因子的分泌量升高,能够调节局部炎症和修复肺部损伤。目前,已有研究人员通过人体肺实验模型证实了干细胞治疗的潜在价值。将干细胞注入患者气管后,肺泡膜的通透性明显降低,炎症能够得到有效抑制,同时还能够提高患者抵抗大肠杆菌入侵的能力(Lee,2013)。

目前,急性肺损伤作为一种肺部疾病,诸多因素都会导致这种疾病的发生,而临床上多数是靠药物来缓解病情,尚无特效药和特效疗法,如果单靠药物在发病后再去治疗势必会对机体造成不良影响,因此,研制一种具有保护肺组织的保健性食品或者特异性强的药物对于预防急性肺损伤的发生具有重要意义。已有研究显示,大豆、豌豆、羽扇豆等的蛋白水解产物具有调节炎症的潜力。Vernaza 等发现,利用大豆制备的蛋白质水解产物能够显著减弱 LPS 诱导的巨噬细胞 RAW264.7 中炎性标志物如 NO、iNOS 和 PGE2 的产生。Millan-Linares 等发现羽扇豆的蛋白质水解产物可以减弱 THP-1 巨噬细胞中促炎性细胞因子 IL-1β、IL-6、TNF-α 和 NO 的产生。Ndiaye 等发现,来源于黄豌豆种子的蛋白质水解产物通过抑制活化的巨噬细胞中 NO、TNF-α 和 IL-6 的产生来发挥其抗炎作用。绿豆蛋白的水解产物绿豆肽含有多种活性物质。

2. 急性肺损伤的发病原因

由于引发 ALI/ARDS 疾病的病因有很多,1992 年,欧美联席会(AECC)将致病因素主要分为直接性因素和间接性因素两种,直接性肺损伤因素主要包括肺炎、吸入性肺损伤(胃内容物、溺水、有毒气体)、肺挫伤、弥漫性肺炎等;间接性肺损伤因素主要包括败血症、弥散性血管内凝血、药物过量、多处骨折、多次输血、体外循环、中毒、烧伤、急性胰腺炎、严重胸外损伤、肺栓塞以及妊娠并发症等。ALI/ARDS 的组织病理学主要包括以下几个阶段:具有中性粒细胞浸润的急性炎症阶段、具有透明膜的纤维增生阶段、具有不同程度的间质纤维化和分辨阶段。

目前,脂多糖(Lipopolysaccharide,LPS)已经被确定为诱发急性肺损伤的主要因素之一(Kawasaki,2000)。LPS 是革兰氏阴性菌细胞壁的主要成分,在急性肺损伤及急性呼吸窘迫综合征中起关键作用,是触发肺部炎症疾病发生及造成疾病的发病率和死亡率高的主要原因(Edward,2003)。其能够诱导大量中性粒细胞聚集于肺部,引发局部炎症反应。且这些活化的中性粒细胞迁移到肺部后可释放蛋白水解酶、细胞因子和趋化因子等,这些物质反过来能够引发炎症反应的发生(Miner-Williams 等,2014),导致机体损伤程度加重。

3. 参与 ALI/ARDS 的炎症细胞与炎症因子

全身白细胞活化是全身炎症反应综合征的直接后果,如果反应过度,可导致多器官障碍综合征和多器官衰竭。由于反应过度活跃,白细胞在一般循环中被激活,然后一些白细胞滞留在肺微循环中。随着病情的发展,白细胞迁移到肺间质,内皮渗透性增加从而导致组织水肿。肺中的白细胞对急性肺损伤的炎症反应和炎症过程具有重要作用,其中,主要参与炎症反应并发挥作用的是中性粒细胞和巨噬细胞。细胞因子在急性肺损伤中主要发挥聚集多形核白细胞的作用,目前认为导致急性肺损伤发生的主要原因是肺组织中抗炎性细胞因子和促炎性细胞因子比例失衡。

(1)巨噬细胞在急性肺损伤中的作用。肺巨噬细胞是具有广泛分化潜能的细胞,存在于肺间质和肺泡中或在炎性刺激下被器官募集,其具有识别病原体、引发宿主防御保护性炎症和来到气道的病原体的关键功能。已有研究表明,肺巨噬细胞是终止和消退炎症的主要协调者,能对外来入侵者形成第一道防线,清除和吞噬病原体并通过 Toll 样受体(TLRs)、NOD 样受体(NODs)和细胞内解旋酶感知微生物模式和其他模式受体。激活后,以 IRF-或 NF-κB 依赖性方式释放早期反应细胞因子,如 I 型 IFN、TNF-α、IL-1β。这些细胞因子刺激邻近的肺泡上皮细胞和组织驻留的巨噬细胞产生多种趋化因子,趋化因子反过来介导中性粒细胞的募集,随后,将巨噬细胞和淋巴细胞渗出感染部位,最终清除病原体。

(2)中性粒细胞在急性肺损伤中的作用。组织学上认为,肺微血管系统中的中性粒细胞过多的活化与积累、上皮细胞完整性的破坏和蛋白质泄露到肺泡腔中是肺部炎症疾病的主要特征。当机体出现炎症时,中性粒细胞是第一个被募集到炎症部位的白细胞。中性粒细胞对先天性免疫反应至关重要,它们的活化导致多种细胞毒性产物的释放,包括活性氧、抗微生物肽、多种蛋白水解酶和类十二烷酸。此外,中性粒细胞还可以释放生长因子、细胞因子和趋化因子,它们都可以增强炎症反应。因此,理论上认为中性粒细胞可能是 ALI 发病机制的核心。许多研究结果都支持这一观点。例如,在由 LPS 诱导的小鼠急性肺损伤模型中,给予小鼠中性粒细胞弹性蛋白酶的特异性抑制剂可以防止肺损伤的发展。

(3)细胞因子在急性肺损伤中的作用。细胞因子作为一种信号传递分子,是由炎性细胞(免疫细胞和某些非免疫细胞)在经过外界刺激后合成并分泌的一类具有多种生物学功能的小分子蛋白质,具有调节免疫应答、参与免疫细胞分化、介导炎性反应刺激造血功能、参与组织修复等功能。根据其在炎性反应中的作用,主要分为两大类,抗炎性细胞因子:IL-4、IL-10、IL-14;促炎性细胞因子:TNF-α、IL-1、IL-6、IL-8、INF-γ。

①TNF-α 与急性肺损伤。当机体发生急性肺损伤时,TNF-α 主要来源于肺巨噬细胞。TNF-α 可以激活中性粒细胞、血小板及内皮细胞等,并释放炎症介质形成级联反应,引发组织细胞损伤导致机体出现急性肺损伤。TNF-α 能刺

激血管内皮细胞,使其通透性增加,释放大量炎症因子,同时能抑制纤溶活性促使毛细血管抗凝功能降低,引发微血栓形成。TNF-α可提高中性粒细胞吞噬能力,促进中性粒细胞脱颗粒和释放溶酶体,使中性粒细胞呼吸爆发增强,产生大量的脂质代谢产物,引发微血栓,促使急性肺损伤病情加速发展。此外,TNF-α还可以与其他细胞因子共同介导炎症反应损伤机体组织。

②IL-1与急性肺损伤。IL-1是急性肺损伤发生初期由巨噬细胞分泌产生的一种细胞因子,大致分为IL-1α、IL-β、IL-1Ra三种。研究发现,IL-β同TNF-α一样,是前炎症因子,能够引发炎症级联反应。IL-β与TNF-α对炎性反应的产生存在协同作用,能够增加血管内皮通透性,诱导中性粒细胞迁移聚集,导致肺损伤加重。IL-β可以促使巨噬细胞和中性粒细胞的趋化反应增强,此外,IL-β还能够激活细胞(中性粒细胞、白细胞、内皮细胞)分泌黏附因子,诱导大量的炎性细胞因子聚集于肺部。

③IL-6与急性肺损伤。当机体受到外界刺激产生炎症反应时,IL-6可以由多种细胞释放(单核细胞、巨噬细胞、成纤维细胞、血管内皮细胞、T/B淋巴细胞、平滑肌细胞以及肿瘤细胞系)。除肿瘤细胞系以外,其他细胞只有在脂多糖/病毒/细胞因子(IL-1、TNF-α、INF、GM-CSF)等刺激下才能高度表达。IL-6可以激活中性粒细胞,释放一系列超氧化合物,损伤机体组织。研究发现,多数急性肺损伤患者的血液和肺部中IL-6含量均较高,研究结果表明,疾病的严重程度与IL-6的含量息息相关。因此,IL-6常被作为监测指标,用于评价患者患病的严重程度。

④IL-10与急性肺损伤。在机体内,IL-10主要来自于单核细胞、巨噬细胞、T/B淋巴细胞。在天然免疫中,IL-10属于负调节细胞因子,能够有效地抑制单核巨噬细胞产生TNF-α、IL-1、IL-6等细胞因子,并且能够抑制NF-κB的活化,在转录水平抑制细胞因子的合成。此外,IL-10在转录后的水平还可以抑制细胞产生促炎性细胞因子,促进抗炎因子的产生,从而产生拮抗炎症作用,对机体组织起到保护作用。

⑤INF-γ与急性肺损伤。干扰素-γ(Interferon-γ,INF-γ)是一种具有调节

细胞功能的小分子多肽,由 $CD_4^+/CD_8^+/CD_{25}^+/T$ 细胞和自然杀伤细胞分泌产生。INF-γ 能介导与肺脏生理相关的炎症反应,诱导巨噬细胞产生促炎性细胞因子 TNF-α、IL-1、IL-6 等,并能扩大炎症的级联反应。此外,INF-γ 还具有抑制肺纤维化的作用,可能通过调节前纤维化因子平衡来减轻对肺组织造成的损伤。

综合而言,当急性肺损伤发生时,大量的炎性细胞会侵入肺部,从而引起细胞因子、趋化因子以及炎症介质的释放。而大多数研究表明,ALI/ARDs 的发生是与多种炎症因子的相互作用密不可分的,因此,可以通过测定肺泡灌洗液中的细胞因子了解肺部的炎症情况,同时也能够为清晰地掌握 ALI/ARDs 的发生和发展机制提供线索。近年来的研究已表明,食源性蛋白肽具有一定的抗炎作用。因此根据急性肺损伤中涉及的细胞因子及细胞活力变化可以从另外一个角度反映食源性蛋白肽对机体免疫系统的改善作用。

(四)食源性蛋白肽的免疫活性评价方法

体外实验(细胞系)和体内实验(动物模型)是评价食源性肽免疫活性常用手段。目前,通常采用建立细胞系进行肽的体外免疫活性测定,常用的细胞系有 U937 细胞系(人类单核细胞模型)、THP-1 细胞系(人类单核细胞系)和 jurkat T 细胞系(人类 T 淋巴细胞模型),但使用较为广泛的是 RAW264.7 巨噬细胞系。在细胞实验中,采用不同浓度的免疫活性肽处理细胞,根据肽的活性和细胞类型选择不同的培养时间,在刺激结束后检测细胞和培养的各种指标,通过巨噬细胞的增殖吞噬能力、活性及分泌功能分析肽的免疫活性。巨噬细胞在特异性免疫中主要发挥免疫调节和抗原呈递功能并介导炎症反应,在非特异性免疫中主要通过吞噬作用杀灭或清除病原体及非我成分。因此,在肽的免疫活性实验中的检测指标通常有巨噬细胞形态、增殖能力、吞噬能力、胞内活性物质、酶活力和细胞因子分泌量等。常用的检测方法为:巨噬细胞的增殖能力采用 WST-法进行检测;吞噬能力采用轮廓清法和吞噬鸡红细胞法进行测定;细胞活性采用染色法对胞内糖原、核酸的代谢程度进行测定,试剂盒法对相关酶活性进行测定;细胞分泌能力主要是采用 Griess 法检测 NO 的分泌量、ELISA 法检测细胞因子的分泌量。细胞培养结束后,通过对巨噬细胞和培养上清液的上述指标的检测评价肽的免疫活性,从体外水平评估肽的免疫调节能力。

为了进一步证实肽的免疫活性,研究人员常采用动物实验进行机内免疫调节活性的探究。目前,大多数的食源性肽的免疫活性实验都是在小鼠模型中进行的。实验流程一般为:采用药物进行诱导制造相关免疫缺陷型模型小鼠,然后给予不同周期(如 3 天、7 天、14 天、28 天等)、不同浓度(如 0.005g/kg、0.01g/kg、0.05g/kg、0.10g/kg、0.25g/kg、0.50g/kg、1.0g/kg、1.5g/kg)的免疫活性肽,肽的给予时间周期和浓度由肽的原料和免疫活性所决定;当实验期结束后,称量体重,处死小鼠,收集不同组织器官(如血液、胸腺、脾脏等)进行病理学、免疫学指标等检测。常用的体内肽活性评价指标有:体重生长率、免疫器官指数、免疫器官病理学检测、免疫细胞活性增殖能力、淋巴细胞分化及亚群数量、免疫球蛋白等抗体的分泌量、细胞因子的分泌量等,这些指标已经被广泛应用于食源性免疫活性肽的免疫活性评价实验中。

(五)食源性生物活性肽的免疫调节活性及可能的作用机制

免疫系统对于机体防御病原体是至关重要的,但免疫系统又会受到压力、不健康的生活习惯、病原体和抗原等许多因素的影响(Segerstrom,2004)。免疫调节剂是通过增加、减少或修改机体的免疫反应来改变先天免疫和获得性免疫体系的一类物质,如环孢霉素、他克莫司、糖皮质激素、光敏植物素、马兜铃酸、普拉巴金和勒瓦米索等药物已成功地用于调节机体的免疫应答(Gertsch,2011)。但是由于该系列药物的毒副作用和高成本限制了其在患者中的使用。Wang 等的报道中指出,大多数免疫调节药物多不适用于作为预防性药物使用。Chalamaiah 等(2017)研究发现,膳食成分可以调节机体的免疫功能,尤其是从动植物源蛋白中发现的新的免疫调节肽,如乳清蛋白肽、蛋黄蛋白肽、鱼蛋白肽、大米蛋白肽和大豆蛋白肽等。

不同食物来源的蛋白肽对先天免疫和获得性免疫应答有不同的免疫调节作用,包括诱导或调节细胞因子和抗体的产生、刺激淋巴细胞增殖、增强巨噬细胞吞噬能力、增强自然硬膜杀伤细胞的活性、提高机体对入侵病原体的防御能力。抑制宿主细胞对脂多糖等细菌成分的炎性反应。最新的研究表明,食源性蛋白肽的免疫调节作用可能是由于食物来源的蛋白肽直接与免疫细胞表面受体结合介导的,从而激活细胞表面受体介导的相关信号通路,且这种免疫调节活性的能力与其氨基酸组成、序列等相关。

(1)食源性蛋白肽具有免疫调节活性与其肽段的氨基酸组成、序列、长度、电荷、疏水性和肽分子结构有关。具有免疫调节作用的食物源蛋白肽具有较短的残基(2~10个)和疏水性,免疫调节肽的常见残基是疏水氨基酸,如甘氨酸(Gly)、缬氨酸(Val)、亮氨酸(Leu)、脯氨酸(Pro)、苯丙氨酸(Phe)、谷氨酸(Glu)、酪氨酸(Tyr)等。研究表明,拥有疏水性氨基酸、谷氨酸、酪氨酸、色氨酸、半胱氨酸、天冬酰胺和天冬氨酸等残基的蛋白肽具有较强的免疫调节活性(Xu,2019;He,2015;Hou,2012;Kim,2013;Lee,2012;Vo,2013)。Vogel 等的研究结果表明,食源性蛋白肽的免疫调节功能和抗炎作用与肽的正电荷密切相关(Vogel,2002)。

(2)免疫调节肽具有多种靶细胞,包括单核细胞、巨噬细胞、NK 细胞、肥大细胞、T 和 B 淋巴细胞、CD_4^+ 和 CD_8^+T 细胞、$CD_{49}b^+$、$CD_{11}b^+$ 和 CD_{56}^+ 细胞(Chalamaiah,2018)。但是对于食源性蛋白肽的免疫调节机制还不是很清楚,目前的研究发现,免疫调节活动的发生机制主要是通过激活巨噬细胞(Ahn,2015),增强吞噬能力,增加白细胞数,增强诱导免疫调节剂如细胞因子、NO 和免疫球蛋白(Chalamaiah,2018);刺激 NK 细胞以及脾细胞、CD_4^+、CD_8^+、$CD_{11}b^+$、CD_{56}^+ 细胞,激活转录因子核 factor-κB(NF-κB)和有丝分裂原激活蛋白激酶(MAPK)相关通路(Cian,2012;Duarte,2006),从而抑制机体的炎症反应(Egusa,2009;Huang,2014;Karnjanapratum,2016;Li,2016;Lozano-Ojalvo,2016;Morris,2007;Pan,2013)。Sung 等(2012)的研究发现,鱼蛋白水解物的抗炎作用是通过下调 COX-2、iNOS 以及细胞外信号调节激酶(ERK)1/2 和 NF-κB 来发挥其效果的。Yimit 等(2012)的研究发现,口服8g 大豆肽可显著增加宿主血清中的 $CD_{11}b^+$(巨噬细胞和树突细胞的表面抗原)和 CD_{56}^+(NK 细胞的表面抗原)。

(3)巨噬细胞是重要的免疫细胞,通过分泌促炎细胞因子、趋化因子、NO、

PGE 2 以及炎症蛋白的表达来调节炎症和宿主防御(Abarikwu,2014)。巨噬细胞的过度激活具有破坏性作用,如感染性休克,可导致多器官功能障碍综合征和死亡(Valledor,2010),而且连续的炎症反应会导致慢性炎症的发展,如类风湿关节炎、牛皮癣和炎症性肠病。因此,调控巨噬细胞的活性对于预防机体的慢性疾病具有实际意义。食品中分离得到的生物活性肽已被国内外研究者发现具有免疫调节和免疫抑制等功效(Dia,2014;Marcone,2015),而且由于其易吸收、无免疫原性等良好的功能特性而引起国内外学者的广泛关注(Miner-Williams,2014)。巨噬细胞作为先天免疫应答的重要组成部分,是机体的主要免疫细胞,在机体抵抗外界刺激(如入侵病原体和细菌感染)和免疫抑制方面发挥着重要作用,巨噬细胞可以通过其膜结合表面受体或模式识别受体(PRRs)识别病原体,包括 Toll 样受体(TLRs)、受体激酶和 c 型凝集素受体(CLRs)。刺激启动转录因子的激活,如核转录因子-κB(NF-κB)和丝裂原活化蛋白激酶(MAPK),然后调节巨噬细胞的活动和功能,导致细胞因子和趋化因子的分泌和在炎症介质中的过量产生(Chawla,2011;Ginhoux,2014;Kawai,2010;Lester,2014;Takano,2015)。Cian 等(2012)的研究发现,phorphyra columbina 水解物的免疫调节机制是通过激活 NF-κB 通路、p38 和 JNK 通路上调大鼠巨噬细胞中的 IL-10,从而达到提高机体免疫活性的能力。Kim 等(2013)的研究发现,高分子量的贻贝蛋白水解物对 LPS 诱导的 RAW264.7 细胞有显著的抗炎效果,且这种抗炎作用经由 NF-κB 和 MAPK 通路调控。

尽管对于食源性蛋白肽在体内外的免疫调节活性已在多种细胞和动物模型中得到了广泛的研究,但是目前的研究仍存在一定的不足:首先,食源性蛋白肽的免疫调节活性缺乏后续的研究,如大多数多肽或者水解物都在体外进行了免疫调节能力的研究,只有少部分的多肽在体内得到进一步研究;其次,从目前的研究发现,食源性活性肽已被证实在健康机体中具有一定的生物活性,但只有少数食源性蛋白肽在疾病模型中拥有潜在的疗效;最后,目前已报道的具有免疫调节能力的食源性蛋白肽较多,但是已被鉴定出的活性肽结构还很有限。

参考文献

[1]ZHANG X W,SHANG P P,QIN F,et al. Chemical composition and antioxidative and anti-inflammatory properties of ten commercial mung bean samples[J]. LWT-Food Science and Technology,2013,54:171-178.

[2]庞广昌,陈庆森,胡志和,等. 生物活性肽的研究进展理论基础与展望[J]. 食品科学,2013,34(9):375-391.

[3]ZAMBROWICZ A,TIMMER M,POLANOWSKI A,et al. Manufacturing of peptides exhibiting biological activity[J]. Amino Acids,2013,44:315-320.

[4] DE MEJIA E,MARTINEZ C,FERNANDEZ D,et al. Bioavailability and safety of food peptides[M]. Boca Raton:CRC Press,2012.

[5]WU H,RUI X,LI W,et al. Mung bean(Vigna radiata)as probiotic food through fermentation with Lactobacillus plantarum B1-6[J]. LWT-Food Science and Technology,2015:1-7.

[6]HERNÁNDEZ-LEDESMA B,GARCÍA Nebot M J,Fernández-Tomé S,et al. Dairy protein hydrolysates:Peptides for health benefits[J]. International dairy journal. 2014,38:82-100.

[7]World Health Organization:Global Status Report on Noncommunicable Diseases WHO,2011.

[8]KUMAR E A,SONJA K,DWYER K M,et al. In vivo,endogenous proteolysis yielding beta-casein derived bioactive beta-casomorphin peptides in the human breast milk for infant nutrition[J]. Nutrition,2019,57:259-267.

[9]LI G H,WAN J Z,LE G W,et al. Novel angiotensin I-converting enzyme inhibitory peptides isolated from alcalase hydrolysate of mung bean protein[J]. J. Pept Sci. ,2006,12:509-514.

[10]SHAHIDI F. Natural antioxidants:Chemistry,health effects,and applications [J]. Natural Antioxidants Chemistry Health Effects & Appliacations,1997.

[11]RAJARAM D A,NAZEER R A. Antioxidant properies of protein hydroly-sates obtained from marin fishes Lepturacanthus savala and Sphyraena barracuda[J]. Int J Biotechnol Biochem,2010,6:435-444.

[12]MATHEW S,ZAKARIA Z A,MUSA N F. Antioxidant property and chemi-cal profile of pyroligneous acid from pineapple plant waste biomass[J]. Process Bio-chemistry,2015,50(11):1985-1992.

[13]BERNARDINI R D,HARNEDY P,DECLAN Bolton D,et al. Antioxidant and antimicrobial peptidic hydrolysates from muscle protein sources and by-prod-ucts:review[J]. Food Chem,2011,124:1296-1307.

[14]LIU P,ZHAO M,CAO Y,et al. Purification and Identification of Anti-Ox-idant Soybean Peptides by Consecutive Chromatography and Electrospray Ionization-Mass Spectrometry[J]. Rejuvenation Research,2014,17(2):209-211.

[15]JIMSHEENA V K,LALITHA R G. Arachin derived peptides as selective angiotensin I-converting enzyme(ACE)inhibitors:Structure-activity relationship. [J]. Peptides,2010,31(6):1165-1176.

[16]WANG W,YANG Q,SUN Z,et al. Editorial:Advance of Interactions Be-tween Exogenous Natural Bioactive Peptides and Intestinal Barrier and Immune Re-sponses[J]. Current Protein & Peptide Science,2015,16(5):297-343.

[17]GÜLFEM UNAL A,SIBEL Akalın. Antioxidant and angiotensin-converting enzyme inhibitory activity of yoghurt fortified with sodium calcium caseinate or whey protein concentrate[J]. Dairy Science & Technology,2012,92(6):627-639.

[18]THEODORIDOU K,YU P Q. Application potential of ATR-FT/IR molec-ular spectroscopy in animal nutrition:revelation of protein molecular structures of canola meal and presscake,as affected by heat-processing methods,in relationship with their protein digestive behavior and utilization for dairy cattle[J]. Journal of Ag-riculture and Food Chemistry,2013,61(23):5449-5458.

[19]ZHANG X W,YU P Q. Using ATR-FT/IR molecular spectroscopy to de-

tect effects of blend DDGS inclusion level on the molecular structure spectral and metabolic characteristics of the proteins in hulless barley[J]. Spectrochimica Acta Part A:Molecular and Biomolecular Spectroscopy,2012,95:53-63.

[20]LI Yanmei,XIANG Qi,ZHANG Qihao,et al. Overview on the recent study of antimicrobial peptides:Origins,functions,relative mechanisms and application[J]. Peptides,2012,37:207-215.

[21]NAJAFIAN L,BABJI A S. A review of fish-derived antioxidant and anti-microbial peptides: Their production, assessment, and applications [J]. Peptides, 2012,(33)178-185.

[22]MANSO M A,R. LópezFandiño. Angiotensin I converting enzyme-inhibito-ry activity of bovine,ovine,and caprine kappa-casein macropeptides and their tryptic hydrolysates[J]. Journal of Food Protection,2003,66(9):1686.

[23]LI-CHAN E C Y. Bioactive peptides and protein hydrolysates:research trends and challenges for application as nutraceuticals and functional food ingredients [J]. Current Opinion in Food Science,2015,1:28-37.

[24]MAO X Y,NAN Q X,LI Y H. Effects of different casein-derived peptides and their separated fractions on mouse cell immunity[J]. Milchwissenschaft,2005, 60(1):10-14.

[25]YAMAUEHI F, SUETSUNA K. Immunological Effectsof Dietary Peptide Derived from Soybean Protein[J]. Journal of Nutritional Biochemistry,1993,4(8): 450-457.

[26]KIM S E,KIM H H,KIM J Y,et al. Anticancer activity of hydrophobic peptides from soyproteins[J]. Biofactors,2000,12(1):151-155.

[27]TAKAHASHI M,MORIGUCHI S, YOSHIKAWA M. Isolation and charac-terization of oryzatensin:a novel bioactive peptide with ileumcontracting and immuno-modulating activities derived from rice albumin[J]. Biochem. Mol Biol Int,1994,33: 1151-1158.

［28］NDIAYE F，VUONG T. Antioxidant，anti－inflammatory and immunomodulatory properties of an enzymatic protein hydrolysate from yellow field pea seeds［J］. Eur. J. Nutr. 2012，51（1）：29-37.

［29］Rodríguezcarrio J，Fernández A，RIERA F A，et al. Immunomodulatory activities of whey β－lactoglobulin tryptic－digested fractions［J］. International Dairy Journal，2014，34（1）：65-73.

［30］MBG K，DEKKERS R，GROS M，et al. Toll－like receptor mediated activation is possibly involved in immunoregulating properties of cow's milk hydrolysates［J］. Plos One，2017，12（6）：e0178191.

［31］GERTSCH J，VIVEROS－PAREDES J M，TAYLOR P. Plant immunostimulants－scientific paradigm or myth? ［J］. Journal of Ethnopharmacology，2011，136，385-391.

［32］CHALAMAIAH M，WU J. Anti－inflammatory capacity of hen egg yolk livetins fraction（α，β & γ livetins）and its enzymatic hydrolysates in lipo－polysaccharide（LPS）induced RAW 264. 7 macrophages［J］. Food Research International，2017，100，449-459.

［33］XU Z，MAO T M，HUANG L，et al. Purification and identification immunomodulatory peptide from rice protein hydrolysates［J］. Food and Agricultural Immunology，2019，30（1）：150-162.

［34］HE X Q，CAO W H，PAN G K，et al. Enzymatic hydrolysis optimization of Paphia undulata and lymphocyte proliferation activity of the isolated peptide fractions［J］. Journal of the Science of Food and Agriculture，2015，95，1544-1553.

［35］HOU H，FAN Y，LI B，et al. Purification and identification of immunomodulating peptides from enzymatic hydrolysates of Alaska pollock frame［J］. Food chemistry，2012，134，821-828.

［36］KIM E K，KIM Y，HWANG J，et al. Purification of a novel nitric oxide inhibitory peptide derived from enzymatic hydrolysates of Mytilus coruscus［J］. Fish&

Shellfish Immunology,2013,34,1416-1420.

[37]LEE S,KIM E,KIM Y,et al. Purification and characterization of a nitric oxide inhibitory peptide from Ruditapes philippinarum[J]. Food and Chemical Toxicology,2012,50,1660-1666.

[38]VO T,RYU B,KIM S. Purification of novel anti-inflammatory peptides from enzymatic hydrolysate of the edible microalgal Spirulina maxima[J]. Journal of Functional Foods,2013,5,1336-1346.

[39]CHALAMAIAH M,YU W,WU J P. Immunomodulatory and anticancer protein hydrolysates (peptides) from food protein: A review[J]. Food Chemistry, 2018,245:205-222.

[40]AHN C B,CHO Y S,JE J Y. Purification and anti-inflammatory action of tripeptide from salmon pectoral fin by-product protein hydrolysate[J]. Food Chemistry,2015,168,151-156.

[41]CHALAMAIAH M,HEMALATHA R,JYOTHIRMAYI T,et al. Immunomodulatory effects of protein hydrolysates from rohu(Labeo rohita)egg in BALB/c mice [J]. Food Research International,2014,62,1054-1061.

[42]CIAN R E,LOPEZ-POSADAS R,DRAGO S R,et al. Porphyra columbina hydrolysate upregulates IL-10 production in rat macrophages and lymphocytes through an NF-κB,and p38 and JNK dependent mechanism[J]. Food Chemistry, 2012,134,1982-1990.

[43]HUANG D,YANG L,WANG C,et al. Immunostimulatory activity of protein hydrolysate from Oviductus Ranae on macrophage in vitro[J]. Evidence-Based Complementary and Alternative Medicine,2014,1-11.

[44]KARNJANAPRATUM S,O'CALLAGHAN Y C,Benjakul S,et al. Antioxidant,immunomodulatory and antiproliferative effects of gelatin hydrolysate from Unicorn leatherjacket skin[J]. Journal of the Science of Food and Agriculture,2016,96, 3220-3226.

［45］LI L L,LI B,JI H F,et al. Immunomodulatory activity of small molecular
（≤3kDa）Coix glutelin enzymatic hydrolysate［J］. CyTA-Journal of Food,2016:
1-8.

［46］LOZANO-OJALVO D,MOLINA E,LOPEZ-FANDINO R. Hydrolysates of
egg white proteins modulate T-and B-cell responses in mitogen-stimulated murine
cells［J］. Food and Function,2016,17,1048-1056.

［47］PAN D D,WU Z,LIU J,et al.Immunomodulatory and hypoallergenic
properties of milk protein hydrolysates in ICR mice［J］. Journal of Dairy Science,
2013,96,4958-4964.

［48］SUNG N Y,JUNG P M,Yoon M,et al. Anti-inflammatory effect of sweet-
fish-derived protein and its enzymatic hydrolysate on LPS-induced RAW264. 7 cells
via inhibition of NF-κB transcription［J］. Fisheries Science,2012,78,381-390.

［49］YIMIT D,HOXUR P,AMAT N,et al. Effects of soybean peptide on im-
mune function,brain function,and neurochemistry in healthy volunteers［J］. Nutrition,
2012,28,154-159.

［50］ABARIKWU S O. Kolaviron,a natural flavonoid from the seeds of Garcinia
kola,reduces LPS-induced inflammation in macrophages by combined inhibition of
IL-6 secretion,and inflammatory transcription factors,ERK1/2,NF-kappaB,p38,
Akt,p-c-JUN and JNK［J］. Biochimica et Biophysica Acta,2014,1840(7),2373-
2381.

［51］VALLEDOR A F,Comalada M,Santamaria-Babi L F,et al. Macrophage
proinflammatory activation and deactivation:a question of balance［J］. Advances in
Immunology,2010,108,1-20.

［52］DIA V P,BRINGE N A,MEJIA de E G. Peptides in pepsin-pancreatin
hydrolysates from commercially available soy products that inhibit lipopolysaccharide-
induced inflammation in macrophages［J］. Food Chem. ,2014,152,423-431.

［53］MARCONE K,HAUGHTON P J,SIMPSON O,et al. Milk-derived bioactive peptides inhibit human endothelial-monocyte interactions via PPAR-γ dependent regulation of NF-κB[J]. Journal of inflammation,2015,12(1):1.

[54]MINER-WILLIAMS, STEVENS W M B R, Moughan P. Are intact peptides absorbed from the healthy gut in the adult human? [J]. Journal of Nutrition Research Reviews,2014,27,308-329.

[55]GINHOUX F, JUNG S. Monocytes and macrophages:developmental pathways and tissue homeostasis[J]. Nat. Rev. Immunol. ,2014,14,392-404.

[56]KAWAI T, AKIRA S. The role of pattern-recognition receptors in innate immunity:update on Toll-like receptors[J]. Nat. Immunol. ,2010,11,373-384.

[57]LESTER S N, Li K. Toll-like receptors in antiviral innate immunity[J]. J. Mol. Biol. ,2014,426,1246-1264.

[58]TAKANO M, OHKUSA M, OTANI M, et al. Lipid A-activated inducible nitric oxide synthase expression via nuclear factor-κB in mouse choroid plexus cells [J]. Immunol. Lett. ,2015,167,57-62.

[59]ZHANG X, SHANG P, Qin F, et al. Chemical composition and antioxidative and anti-inflammatory properties of ten commercial mung bean samples[J]. LWT-Food Science and Technology,2013,54(1):171-178.

[60]ZHU S, LI W, LI J, et al. It is not just folklore:The aqueous extract of mung bean coat is protective against sepsis[J]. Evidence-Based Complementary and Alternative Medicine,2012,2012:1-10.

[61]ALI N M, YUSOF H M, YEAP S K, et al. Anti-Inflammatory and antinociceptive activities of untreated, germinated, and fermented mung bean aqueous extract[J]. Evidence-based Complementary and Alternative Medicine,2014,2014(12):350-507.

[62]李萌. 酶法制备绿豆多肽及其对乙醇脱氢酶活性影响研究[D]. 长春:吉林农业大学,2015.

[63]李梅青,王康,夏善伟,等. 绿豆活性肽对小鼠 H22 肝癌移植瘤的抑制作用[J]. 西北农林科技大学学报(自然科学版),2018,46(6):9-14.

第二章 绿豆肽的制备及分离纯化

第一节 绿豆渣的预处理与蛋白酶的筛选

绿豆是我国重要的杂粮作物之一,其主要成分是淀粉和蛋白质,其蛋白质是一种优良的植物蛋白资源,含量为 19%~30%,其氨基酸组成比较平衡,与联合国粮农组织/世界卫生组织(FAO/WHO)推荐模式较为接近。目前我国对于绿豆的深加工,主要是利用其中的淀粉制作粉丝,而对绿豆蛋白尚未能进行充分开发和利用,特别是制备淀粉后残渣中的蛋白质,一般都被用作饲料。据研究表明,目前,全球所面临的问题是随着蛋白质需求量的增加,许多优质的蛋白资源却不能被有效利用(Liasel,2000;Nolsøe,2009),因此,将这部分作为副产物的优质植物蛋白资源加工为高附加值产品的方法仍有待提高。研究表明,蛋白质的水解产物具有较高的生物活性,抗氧化性、降血压、降胆固醇、抗肿瘤等。例如,大豆蛋白酶解物在体外具有抗氧化能力(刘秀红,2009),玉米蛋白酶解产物具有较高的抗氧化能力(Kong,2006),乳清蛋白酶解产物(彭新颜,2010)、花生蛋白酶解产物、鳙鱼蛋白酶解产物具有清除自由基能力(郭兴凤,2005;李琳,2005)。而且以上研究均发现,食源性生物活性肽的功能特性与其结构存在一定的相关性,其分子量大小决定其蛋白肽的功能活性,但并不存在正相关,其中分子量在 1000Da 以下的肽产品具有较强的功能活性。因此,本研究为了得到高得率低分子量的绿豆肽,分别进行了不同酶、不同底物浓度、不同加酶量以及不同水解时间条件下,对水解度及肽得率的影响,最终确定了制备高得率绿豆肽的酶解条件。

一、实验材料与设备

（一）实验材料

绿豆蛋白粉（烟台东方蛋白有限公司）；碱性蛋白酶、中性蛋白酶、胰蛋白酶、风味蛋白酶、木瓜蛋白酶［诺维信公司（中国）］；氢氧化钠、三氯乙酸、硫酸铜、硫酸、硼酸等分析纯试剂。

（二）实验仪器设备

DK-S24 型电热恒温水浴锅（上海森信试验仪器有限公司）；LNK-871 型凯式定氮仪（江苏省宜兴市科教仪器研究所）；AL104 精密电子天平、DELTA 320 pH 计（梅特勒-托利多仪器有限公司）；LGJ-1 冷冻干燥机（上海医用分析仪器厂）。

二、实验方法

（一）酶解试验

将绿豆蛋白粉（绿豆蛋白含量为 80%），与适量的水混合，配制成底物浓度为 5% 的样品溶液，用 1mol/L 的 NaOH 调节溶液 pH（使之达到各种酶的最适 pH），加入一定量的蛋白酶（木瓜蛋白酶、碱性蛋白酶、胰蛋白酶、风味蛋白酶、中性蛋白酶），于一定温度水浴下振荡水解。反应过程中不断加入 1mol/L 的 NaOH，使 pH 保持恒定，记录耗碱量（mL），用于计算水解度（degree of hydrolysis,DH）。待水解结束后调节 pH 到 7.0，并在搅拌条件下迅速升温至 95℃，保持 10min 使酶灭活。

1. 不同蛋白水解酶对绿豆蛋白水解度的影响

将绿豆蛋白粉配制成 5% 浓度的样品溶液，分别加入不同蛋白酶（碱性蛋白酶、中性蛋白酶、风味蛋白酶、木瓜蛋白酶和胰蛋白酶），水解一定时间，测定水解度和肽得率，优选出制备高得率绿豆多肽的水解酶（表 2-1）。

表 2-1 绿豆蛋白水解酶的酶解条件

水解条件	酶的种类				
	木瓜蛋白酶	碱性蛋白酶	胰蛋白酶	风味蛋白酶	中性蛋白酶
温度/℃	60	60	50	50	50
反应 pH	7.0	8.5	9.0	7.0	7.5
[E]/[S]/%	3	3	3	3	3

2. 不同底物浓度对绿豆蛋白水解度的影响

分别配制 2%、5%、7% 三个绿豆蛋白浓度的水解浸,用碱性蛋白酶分别水解 1h、2h、3h、4h、5h、6h、7h,测定水解物的水解度及肽得率,优选出最适底物浓度。

3. 不同酶与底物浓度之比([E]/[S])对绿豆蛋白水解度的影响

以 [E]/[S] 为 2%、3%、4%、5% 五个比例水解一定时间,筛选出最适的 [E]/[S]。

(二)水解度的测定

水解度的测定采用 pH-Stat 法(Alder-Nissen,1986),水解度的计算公式如下:

$$DH = \frac{h}{h_{tot}} \times 100\%$$

$$h = B \times N_b \times 1/\alpha \times 1/MP$$

式中:h 为单位质量蛋白质中被水解的肽键的量(mmol/g);h_{tot} 为单位质量蛋白质中肽键的总量(mmol/g),蛋白 h_{tot} 为 7.8mmol/g;B 为水解过程中所消耗的碱量(mL);N_b 为碱液的浓度(mol/L);MP 为水解液中蛋白质的质量(g);$1/\alpha$ 为校正系数(碱性蛋白酶的 $1/\alpha=1.01$;中性蛋白酶的 $1/\alpha=1.40$;胰蛋白酶的 $1/\alpha=2.27$)。

(三)肽得率的测定

将上述配制水解液 4000g 离心 20min,澄清绿豆肽液,收集上清液。准确称取沉淀质量,并用微量凯氏定氮法测定其中蛋白质含量,计算绿豆肽得率(张毅,2009)。

$$肽得率 = 1 - \frac{沉淀物中的蛋白质含量 \times 沉淀物质量}{水解蛋白总质量} \times 100\%$$

(四)数据处理

所得数据均为三次重复实验的平均值,用 Statistix 8(分析软件,St Paul,

MN)进行数据分析,平均数之间显著性差异($P<0.05$)通过 Turkey HSD 进行,用 Sigmaplot 9.0 软件作图。

三、实验结果与分析

(一)不同酶对绿豆蛋白水解度及肽得率的影响

图 2-1 为采用木瓜蛋白酶、碱性蛋白酶、胰蛋白酶、风味蛋白酶和中性蛋白酶对绿豆蛋白的水解度曲线图。由图可知,绿豆蛋白的水解度随着水解时间的延长而增加,所有的反应曲线都显示在前 3h 变化显著($P<0.05$),碱性蛋白酶具有较高的水解度,而木瓜蛋白酶在 5h 内具有最低的水解度($P<0.05$),3h 后所有蛋白酶水解度都有所降低。这跟薛园园(2011)、李志平(2010)的研究结论一致。据 Guerard(2002)的研究推测,水解一段时间后反应速率的降低是由于在高水解度下水解物结构的形成限制了反应中的酶活力。另外,水解度变化缓慢还由于随着反应时间的延长底物浓度逐渐降低,酶活力也降低。由图可知,采用木瓜蛋白酶、碱性蛋白酶、胰蛋白酶、风味蛋白酶和中性蛋白酶等不同酶水解 5h 后绿豆蛋白的水解度分别为 7.61%,51.23%,50.3%,43.5%,31.24%。

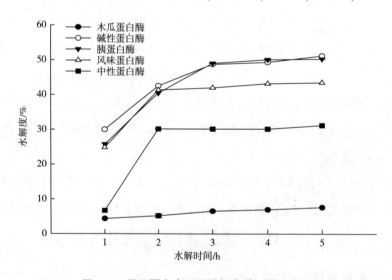

图 2-1　绿豆蛋白在不同酶解条件下的水解度

表 2-2 为绿豆蛋白在不同酶解条件下的肽得率结果。肽得率直接反映了蛋白的水解程度。从表可知,随着水解时间的延长绿豆蛋白的肽得率提高($P<0.05$),其中碱性蛋白酶的酶解产物具有最高的得率(67.44%),显著高于木瓜蛋白酶、中性蛋白酶的酶解产物($P<0.05$)。木瓜蛋白酶的酶解产物的得率最低(25.23%)。这个结果与 Shahidi(1995)和 Benjakul(1997)的研究结论一致。由图 2-1 和表 2-2 可知,绿豆蛋白经碱性蛋白酶水解后具有较高的水解度及肽得率,因此最终确定碱性蛋白酶为制备高得率绿豆肽的最佳水解酶。

表 2-2 绿豆蛋白在不同酶解条件下的肽得率

水解条件	肽得率/%				
	1h	2h	3h	4h	5h
木瓜蛋白酶	16.38±2.48[d]	20.48±0.25[d]	23.41±1.32[b]	24.72±0.35[b]	25.23±2.67[d]
碱性蛋白酶	42.52±1.38[a]	55.76±3.28[a]	61.65±1.48[bc]	66.47±1.78[cd]	67.44±1.68[b]
胰蛋白酶	39.56±1.46[ab]	52.32±2.67[b]	57.68±3.47[c]	60.67±2.21[d]	61.32±1.48[b]
风味蛋白酶	38.69±1.56[b]	53.28±1.37[c]	59.43±1.12[b]	62.55±1.53[c]	64.41±0.56[a]
中性蛋白酶	20.49±1.89[c]	42.14±0.32[d]	47.64±0.56[a]	54.68±0.17[a]	56.32±2.16[c]

注 a~d 分别表示同一处理组之间的差异显著性。

(二)不同底物浓度对绿豆蛋白水解度及肽得率的影响

图 2-2 为不同底物浓度的绿豆蛋白在不同水解时间下的水解度反应曲线。由图可知,将不同浓度的绿豆蛋白分别水解 4h 的条件下,水解度分别达到了49%,47.1%,42.3%,35.5%,不同底物浓度绿豆蛋白 3h 的水解度与 4h 的水解度差异不显著。但是不同浓度绿豆蛋白的水解度随着底物浓度的增加而降低,而且各个浓度间的水解度差异显著($P<0.05$)。

表 2-3 是不同底物浓度绿豆蛋白在不同时间条件下的肽得率结果。由表可知,绿豆肽的得率随着水解时间的延长迅速增加,3h 后的肽得率与 3h 前差异不显著。而且随着底物浓度的增加,肽得率也逐渐增加,但是 7%、10% 和 12%的差异不显著。这是因为随着底物浓度的增加,酶反应速率并不是直线增加,而是在高浓度时达到一个极限,这时所有的酶分子已被底物所饱和,即酶分

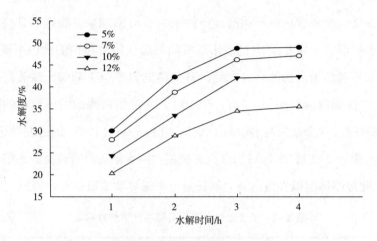

图2-2 不同底物浓度绿豆蛋白在不同水解时间条件下的水解度

子与底物结合的部位已被占据,反应速率不再增加(阚健全,2002)。因此综合图2-2和表2-3,最终确定底物浓度为7%、水解时间为3h,是制备高得率绿豆肽的最佳水解浓度和水解时间。

表2-3 不同底物浓度的绿豆蛋白在不同水解时间条件下的肽得率

底物浓度/%	肽得率/%			
	1h	2h	3h	4h
5	33.89±1.24[d]	40.48±1.20[a]	53.41±0.32[a]	53.89±1.18[a]
7	42.28±0.48[a]	52.76±2.18[c]	63.65±1.18[b]	64.28±1.84[b]
10	45.56±2.14[c]	55.92±1.67[b]	63.68±2.67[c]	65.56±1.62[ab]
12	48.69±1.16[b]	56.28±2.37[c]	64.43±3.32[d]	65.36±1.41[a]

注 a~d分别表示同一列处理组之间的差异显著性($P<0.5$)。

(三)不同加酶量对绿豆蛋白水解度和肽得率的影响

在底物浓度为7%,酶与底物浓度比分别为2%、3%、4%和5%,反应时间为4h的条件下,测定水解液的水解度及肽得率,以此来确定制备高得率绿豆肽的酶用量。由图2-3可知,在底物浓度确定的条件下,随着酶与底物浓度比的增加,水解度基本上呈直线增加的关系,但酶与底物浓度比分别为2%、3%和4%的酶解产物的水解度差异不显著,添加量为5%的水解度显著高于其余三个浓度条件下的水解度($P<0.05$)。

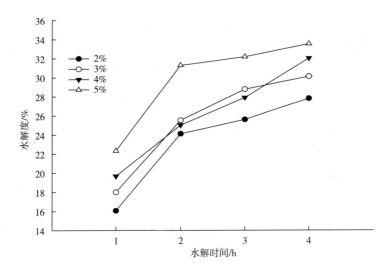

图 2-3 不同加酶量对绿豆蛋白水解度的影响曲线

由表 2-4 可知,肽得率随着加酶量的增加而增加,随着水解时间的增加而增加。酶与底物浓度比分别为 2%、3%、4% 和 5% 的绿豆肽 3h 时的得率分别为 57.16%、67.15%、69.43% 和 69.56%,其中添加量为 3%、4% 和 5% 时的肽得率差异不显著,而且与 4h 的酶解产物的肽得率相比差异不显著($P>0.05$)。这是由于酶具有专一性,在底物浓度一定的前提下,酶的作用位点是一定的,因此即使酶的添加量增加,对肽得率的影响也不显著。结合图 2-3 和表 2-4,以及节约成本的前提下,最终确定酶与底物浓度比为 3% 时为制备高得率绿豆肽的最佳酶添加量。

表 2-4 不同加酶量对豌豆肽得率的影响

加酶量/%	肽得率/%			
	1h	2h	3h	4h
2	39.52±0.25[a]	55.76±3.28[c]	57.16±0.48[a]	66.47±2.17[c]
3	42.28±0.98[ab]	58.32±2.67[b]	67.15±3.27[d]	69.62±0.41[a]
4	43.69±1.65[b]	56.73±1.64[a]	69.43±2.11[e]	70.66±3.51[d]
5	47.23±1.32b	63.85±2.23[b]	69.56±1.81[b]	71.85±1.78[b]

注 a~d 分别表示同一列处理组之间的差异显著($P<0.5$)。

四、小结

本试验通过使用木瓜蛋白酶、碱性蛋白酶、胰蛋白酶、风味蛋白酶和中性蛋白酶等分别水解绿豆蛋白,所得的水解度不同,而且以碱性蛋白酶的酶解产物的水解度及肽得率最高。通过不同水解时间、不同底物浓度及不同酶与底物浓度比的单因素试验,最后优选出制备高得率绿豆肽的水解工艺条件为:碱性蛋白酶,底物浓度7%,酶与底物浓度比为3%,水解时间3h,这时的水解物具有较高的水解度及肽得率。而且研究还表明,水解物的水解度与肽得率呈线性关系。

第二节　绿豆肽的结构鉴定和稳定性分析

绿豆肽所能发挥的免疫调节作用与其结构有着密切的联系,结构表征是研究化合物功能的基础。针对肽的结构表征方法主要有:十二烷基硫酸钠聚丙烯酰胺凝胶电泳(Sodium dodecylsulphate polyacrylamide gel electrophoresis,SDS-PAGE)、傅里叶变换红外光谱(Fourier Transform infrared spectroscopy,FTIR)、高效液相色谱(High Performance Liquid Chromatography,HPLC)、核磁共振(Nuclear Magnetic Resonance,NMR)等。此外,肽经过消化系统后到达靶点组织时其结构的完整性一定程度上决定了其能否发挥特定的生理药理活性。通常情况下,活性肽容易被小肠的刷状外缘细胞膜蛋白酶裂解而变成分子量更小的肽段,因此针对活性肽稳定性的研究逐渐受到人们的关注,主要包括研究在消化过程中对肽段完整性的保护,主要通过酯化修饰(化学方法)和微胶囊技术(物理方法)等来实现(于志鹏,2014)。

本试验研究以 Alcalase2.4L 碱性蛋白酶水解绿豆蛋白得到 MBPH,通过 LaemmLi-SDS-PAGE、HPLC、FTIR 和 NMR 技术进行表征,研究绿豆肽的分子量分布、疏水性、氨基酸顺序及结构特点,同时通过模拟体外消化试验,对绿豆肽的结构稳定性进行分析,为下一步探讨绿豆肽对巨噬细胞的激活机理提供理论基础。

一、实验材料与设备

(一)实验材料

实验所用试剂及生产公司见表2-5。

表2-5 主要试剂及其生产公司

试剂名称	生产公司	产地
绿豆肽(MBPH)	实验室自制	中国
乙腈	Hyclone	美国
三氟醋酸	双螺旋	中国
宽分子量标准蛋白	TAKARA	日本
胃蛋白酶	诺维信	中国
胰蛋白酶	诺维信	中国
Alcalase2.4L碱性蛋白酶	诺维信	中国

注 精密仪器用试剂为色谱纯,其他化学试剂均为分析纯,购于国药集团化学试剂有限公司。

(二)实验仪器与设备

实验所用的主要仪器设备见表2-6。

表2-6 实验所用主要仪器

所用仪器	仪器型号	产地	公司
质谱仪	Q Exactive	美国	Thermo Fisher
傅里叶变换红外光谱仪	Spectrum 65	美国	PerkinElmer
高效液相色谱仪	2695	美国	Waters
磁化水机	KWD-S101(KT)	韩国	GT
超声波处理仪	FS-450N	中国	上海斯祁科学仪器
自动凯氏定氮仪	SKDA-800	中国	上海沛欧

所用仪器	仪器型号	产地	公司
冷冻干燥机	55110-4L/55-9L	丹麦	labogene Coolsafe™
精密 pH 计	S40KCN	瑞士	梅特勒-托利多
恒温水浴锅	HHS21-4	中国	北京长安科学仪器厂
PowerPac™ 电泳仪电源	1658002	美国	BIO RAD
Mini-PROTEAN©电泳槽	1658001	美国	BIO RAD

二、实验方法

(一)绿豆肽的制备工艺

将净化水在 KWD-S101（KT）型磁化水机内磁化 24h 后，取 1L 加入盛有 100g 绿豆分离蛋白的烧杯中，在温度 45℃、功率为 225W 的超声波条件下处理 20min，该超声预处理条件可使绿豆可溶性蛋白含量达到 77.54%，加入 Alcalase 2.4L 碱性蛋白酶水解，按照王凯凯等（2015）的研究工艺及方法进行水解。记录水解 2h 后的水解度 DH。将水解产物装入孔径为 300Da 的透析袋进行脱盐，时间为 48h。对脱盐后的产物进行冷冻干燥，获得绿豆肽固体粉末。水解度测定采用 pH-stat 方法，具体操作见 Liu 等的文献（2008）。

(二)绿豆肽游离氨基酸组成分析

参照 GB/T 5009.124—2003 食品中氨基酸的测定方法，取一定质量的 MB-PH 样品加入 6mol/L HCL 中，110℃下水解 24h 过滤，蒸干得到的残余物溶解在 pH 为 2.2 的柠檬酸缓冲液中，使用氨基酸自动分析仪分析。

(三)电泳测定绿豆肽分子量分布

参照 Laemmli（1970）的研究方法，结合 BIO-RAD 仪器说明，略有调整，具体操作如下。

1. 试剂的配制

（1）30%Acr-Bis 溶液（$T=30\%$，$C=2.67\%$）：Acr 87.6g，Bis 2.4g，用去离子水溶解，定容至 300mL。

（2）1.5mol/L Tris-HCl 缓冲溶液（pH=8.8）：用 Tris 27.23g，用 80mL 去离子水溶解，用 6mol/L HCL 调 pH=8.8，定容至 150mL。

（3）0.5mol/L Tris-HCl 缓冲溶液（pH=6.8）：Tris 6g，用 60mL 去离子水溶解，用 6mol/L HCl 调 pH=6.8，定容至 100mL。

（4）样品缓冲溶液：去离子水 3.55mL，0.5mol/L Tris-HCl（pH=6.8）1.25mL，甘油 2.5mL，10%SDS 2.0mL，0.5%溴酚蓝溶液 0.2mL，定容至 9.5mL。

（5）电极缓冲溶液：Tris 30.3g，甘氨酸 144.0g，SDS 10.0g，定容至 1000mL。

（6）染色液：考马斯亮蓝 G250 1.25g，乙醇 250mL，乙酸 80mL，定容至 1000mL。

（7）脱色液：无水乙醇 245mL，冰乙酸 5mL，250mL 蒸馏水。

2. 凝胶的制备

（1）5%浓缩胶的制备：30%Acr-Bis 1.7mL，1.5mol/L Tris-HCl（pH=8.8）缓冲溶液 2.5mL，10% SDS 0.1mL，10% AP 50μL，TEMED 5μL，去离子水 5.7mL。

（2）15%分离胶的制备：30%Acr-Bis 5.0mL，1.5mol/L Tris-HCl（pH=8.8）缓冲溶液 2.5mL，10%SDS 0.1mL，10% AP 50μL，TEMED 10μL，去离子水 2.4mL。

3. 电泳

向 950μL 样品缓冲溶液中加入 β-巯基乙醇 50μL，与 1.5mg/mL 的样品溶液以 2∶1 的比例混合。用微量加样器上样 20μL。室温下样品在分离胶内迁移电压 80V，在浓缩胶内迁移电压 100V。用 0.125%考马斯亮蓝 G250 染色剂染色 40min 后，脱色至背景无色。

（四）傅里叶变换红外光谱测定 MBPH 结构

称取 MBPH 样品 2mg，溴化钾压片，用 Perkin Elmer Spectrum 65 型红外光谱仪进行全段扫描（400~4000cm^{-1}），分辨率设定为 4cm^{-1}，软件版本为 Spectrum10.4.1，进行红外光谱图的绘制和数据收集。

（五）质谱测定 MBPH 结构鉴定

1. 脱盐处理

称取 MBPH 样品 5mg，用 0.1%的 TFA 溶解 1mg/mL，分别取 2μg 肽段进行

脱盐处理。用 $100\mu L$ 的 0.1% 的 TFAT 溶解肽段,用 $100\mu L$ 的已活化 C_{18} 填料,然后用 $100\mu L$ 的 0.1% TFA 平衡 C_{18} 填料,将 $100\mu L$ 样本通过 C_{18} 填料,用 $100\mu L$ 的 0.1% TFA 洗 C_{18} 填料三次,然后用 70% 乙腈洗脱肽段,冻干样本。

2. 电喷雾电离(ESI)质谱鉴定

MBPH 经毛细管高效液相色谱脱盐及分离后用 Q Exactive 质谱仪(Thermo Fisher)进行质谱分析。检测方式:正离子。多肽及多肽碎片的质荷比按照下列方法采集:每次全扫描(full scan)后采集 10 个碎片图谱(MS_2 scan)。

3. ESI 质谱数据分析

原始文件(raw file)用 Mascot 2.2 软件搜索相应的数据库。最后得到鉴定的蛋白质结果。相关参数如下:

Enzyme = none, Missed cleavage = 2, Fixed modification: Carbamidomethyl(C), Variable modification: Oxidation(M)。

样品搜索使用 NCBI 数据库: NCBI Vigna 蛋白质库, Peptides tolerance: 20ppm, MS/MS tolerance: 0.1Da, Mascot 结果过滤参数为: peptides Score ≥ 10。

(六)MBPH 的结构稳定性测试

按照刘珊珊等(2014)的研究方法,并稍作修改。取 500mg MBPH 样品溶于浓度为 0.01mol/L 的 18mL 盐酸溶液中(pH = 2.0),加入胃蛋白酶(E/S = 0.5%)溶液 2mL。将溶液置于 37℃ 恒温水浴锅内,搅拌模拟胃消化 2h。待反应结束后取 10mL 溶液灭酶、脱盐、冷冻干燥备用。另取 10mL 溶液,加 0.9mol/L 的 $NaHCO_3$ 溶液将 pH 调节到 5.3,再用 2.0mol/L 的 NaOH 溶液将其 pH 调节到 7.5,加入胰蛋白酶和糜蛋白酶(E/S = 4%),37℃ 恒温水浴锅内搅拌模拟肠消化 4h 后,将溶液灭酶、脱盐、冷冻干燥备用。

分析柱采用 Tskgei G2000SWxL-7.8×300mm;流动相为乙腈:水:三氟乙酸(45:55:0.1);流速为 0.5mL/min;柱温为 30℃;检测波长为 280nm,进样 $10\mu L$。分子量标样为细胞色素 C(M_w = 12500),抑肽酶(M_w = 6500),杆菌酶(M_w = 1450),乙氨酸—乙氨酸—酪氨酸—精氨酸(M_w = 451),乙氨酸—乙氨酸—乙氨酸(M_w = 189)。

三、实验结果与分析

(一)绿豆肽氨基酸组成分析

表2-7为绿豆肽的游离氨基酸组成。MBPH的氨基酸分析结果表明,其含有17种氨基酸,其中谷氨酸含量最为丰富,达13.54%,其次是天门冬氨酸(7.95%)和赖氨酸(7.46%)。表2-7显示的必需氨基酸含量除蛋氨酸外均高于FAO推荐的成人标准,表明其营养价值是较高的。氨基酸按照其化学性质的不同主要可分为非极性氨基酸(疏水性氨基酸)、极性中性氨基酸、酸性氨基酸和碱性氨基酸(刘文颖,2014)。表2-8中结果显示,四种氨基酸所占比例分别为:非极性氨基酸28.37%、极性中性氨基酸15.03%、酸性氨基酸32.27%和碱性氨基酸24.33%。其中非极性氨基酸和碱性氨基酸共占52.70%,占比超过一半。氨基酸的排列顺序和种类、侧链氨基酸的特点和末端氨基酸种类与肽的生物活性存在重要关系(贾俊强,2009)。在肽的免疫学活性方面的研究发现,一些肽的免疫学活性与其包含丰富的疏水性氨基酸有关,由于疏水基团可以与细胞膜相互作用,从而能够促使其免疫活性增强,并且具有免疫活性的肽末端多是碱性的氨基酸(Mao,2004)。因此疏水性氨基酸和碱性氨基酸含量对判断其免疫活性具有重要的作用。

表2-7　MBPH氨基酸组成表

类型	氨基酸	含量/%	FAO/WHO拟定标准(成人)/[mg(gN)$^{-1}$]
必需氨基酸	苏氨酸(Thr)	1.93	0.9
	缬氨酸(Val)	2.84	1.3
	蛋氨酸(Met)	0.58	1.7
	异亮氨酸(Ile)	2.95	1.3
	亮氨酸(Leu)	3.95	1.9
	苯丙氨酸(Phe)	2.63	1.9
	赖氨酸(Lys)	7.46	1.6

类型	氨基酸	含量/%	FAO/WHO 拟定标准（成人）/[mg(gN)$^{-1}$]
半必需氨基酸	丝氨酸(Ser)	2.88	
	甘氨酸(Gly)	2.96	—
	精氨酸(Arg)	6.93	—
	酪氨酸(Tyr)	1.83	
	胱氨酸(Cys)	0.40	
非必需氨基酸	谷氨酸(Glu)	13.54	
	脯氨酸(Pro)	3.57	
	组氨酸(His)	1.82	
	丙氨酸(Ala)	2.38	
	天门冬氨酸(Asp)	7.95	

表 2-8　MBPH 中氨基酸分类及所占比例

样品	非极性氨基酸（疏水性氨基酸）/%	极性中性氨基酸/%	酸性氨基酸/%	碱性氨基酸/%
MBPH	28.37	15.03	32.27	24.33

（二）MBPH 分子量分布的电泳测定

采用 5% 的浓缩胶,15% 的分离胶对 MBPH 进行 SDS—PAGE 电泳分析,得到的 MBPH 电泳图谱如图 2-4 所示。聚丙烯酰胺凝胶电泳(SDS—PAGE)是用来测定蛋白质分子量的常用方法,有研究表明,蛋白质水解物的活性和营养价值与其肽段的分子量大小密切相关(邓成萍,2006;吕方,2008;孙强,2012),分子量分布可以反映蛋白质的水解程度及多肽含量分布。如图 2-4 显示 MBPH 的条带分布较广,从 29.0kDa 附近条带逐渐明显且集中,至 6.5kD 以下仍有较深的染色条带。说明本试验条件下酶解得到的 MBPH 的分子量较小,在 6.5kD 以下的肽含量丰富水解效果较好。研究表明,发挥生物效应的肽主要为低分子量的蛋白肽(马力芹,2008),提高蛋白质的水解度可以获得较低分子量的肽,以利于筛选纯化具备生物学活性的小分子肽。

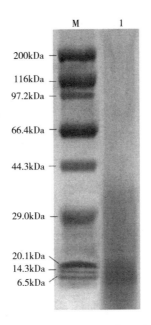

图 2-4　MBPH 的 SDS-PAGE 电泳图

（三）MBPH 结构的傅里叶红外光谱测定

图 2-5 是溴化钾压片的 MBPH 傅里叶变换红外光谱全段扫描结果图,峰位归属见表 2-9。

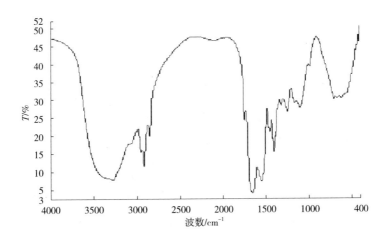

图 2-5　MBPH 的红外光谱分析

表 2-9　MBPH 的红外光谱峰位归属

峰位/cm^{-1}	吸收峰主要振动形式
3289.95	ν_{N-H},ν_{O-H},ν_{C-H}(不饱和)
2958.16	ν_{C-H}(饱和)
2926.87	
2854.81	
2111.31	$\nu_{C=C=C}$,$\nu_{C\equiv C}$,$\nu_{C\equiv N}$
1743.89	$\nu_{C=O}$,$\nu_{C=C}$,$\nu_{C=N}$
1654.30	
1548.33	
1453.95	δ_{C-H}
1400.09	
1385.77	
1315.31	
1241.86	ν_{C-O},ν_{C-C},ν_{C-N},各种弯曲振动
1159.58	
1090.25	
978.02	
701.4	
662.31	
621.65	
432.83	
413.24	
404.71	

红外光谱(IR)是一种分子吸收光谱,能够反应分子振动能级跃迁情况,分析可以获得化合物可能具有的官能团(郑穹,2009)。使用傅里叶红外光谱(FTIR)的分析方法,还能够保证 MBPH 的结构不被破坏。活性肽所能够表达的生物学活性与其结构密切相关,红外光谱对于各种氨基酸残基都适用,是研究活性肽二级结构的有力手段(于志鹏,2014)。如表 2-9 所示,分析红外光谱各峰位所代表的主要振动类型归属可知,MBPH 的结构中除含有酰胺基团的特

征吸收峰外,还可能含有 C =C,C ≡C,C ≡N,C =N,—COOH,—OH 等基团。

在使用红外光谱分析蛋白质二级结构时,可通过其酰胺 I 带和 III 带所显现的峰值来判断其具有的空间结构特征(张超,2009)。其中酰胺 I 带表示的是 C =O 的伸缩振动(1600~1700cm^{-1}),而酰胺 III 带则主要表示 C—N 和 C—O 的伸缩振动(1200~1330cm^{-1}),因此在该两段波数范围内存在的吸收峰,表明了蛋白质结构中存在的 α-螺旋、β-折叠和无规卷曲等主要结构。酰胺 I 带(1600~1700cm^{-1})的 C =O 和 N—H 之间的氢键性质决定其振动频率,1650~1658cm^{-1} 为 α-螺旋的特征吸收峰,1610~1640cm^{-1} 为 β-折叠的特征吸收峰,1660~1695cm^{-1} 为 β-转角的特征吸收峰,1640~1650cm^{-1} 为无规卷曲的特征吸收峰;酰胺 III 带(1200~1330cm^{-1})中 1290~1330cm^{-1} 为 α-螺旋的特征吸收峰,1220~1250cm^{-1} 为 β-折叠的特征吸收峰,1265~1295cm^{-1} 为 β-转角的特征吸收峰,1245~1270cm^{-1} 为无规卷曲的特征吸收峰;此外,酰胺 II 带的吸收峰则处于 1600~1500cm^{-1} 处,属于 N—H 的变形振动(Murariu,2009)。根据图 2-2 和表 2-5 提供的信息,按照表 2-10 的指认标准可知,1654.30cm^{-1} 处的强吸收峰,属于酰胺 I 带的 α-螺旋特征吸收峰;1548.33cm^{-1} 处的强吸收峰,归属于酰胺 II 带的 N—H 变形振动;1315.31cm^{-1} 处的强吸收峰,归属于酰胺 III 带的 α-螺旋特征吸收峰;1241.86cm^{-1} 处的强吸收峰则归属于酰胺 III 带的不规则卷曲。因此,可初步判断 MBPH 仍含有蛋白质二级结构中的 α-螺旋和不规则卷曲,而 β-折叠和 β-转角结构已被酶解而打开。活性肽的二级结构与其氨基酸组成存在一定关系,对活性肽的研究有重要的价值。通过对 MBPH 的空间结构的分析,能够反映出碱性蛋白酶的酶解效果,进而有利于了解 MBPH 存在的二级结构和功能的关系。

表 2-10 酰胺带 I 和酰胺 III 带各峰的指认标准

二级结构类型	酰胺 I 带波数/cm^{-1}	酰胺 III 带波数/cm^{-1}
α-螺旋	1650~1658	1290~1330
β-折叠	1610~1640	1220~1250
β-转角	1660~1695	1265~1295
不规则卷曲	1640~1650	1245~1270

（四）MBPH 结构的质谱测定

MBPH 经毛细管高效液相色谱如图 2-6 所示，Q Exactive 质谱仪的一级质谱结果如图 2-7 所示，二级质谱结果如图 2-8 所示。

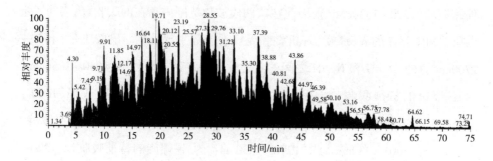

图 2-6　MBPH 的毛细管高效液相色谱图

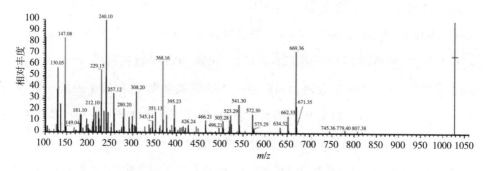

图 2-7　MBPH 的一级质谱图（MS）

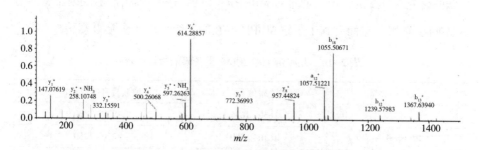

图 2-8　MBPH 的二级质谱匹配图（MS/MS）

图 2-6 所示 MBPH 的毛细管高效液相图色谱图表明,在 4～65min 有样品被洗脱,可用于下一步分析。MBPH 的二级质谱匹配图(MS/MS)显示匹配率较高,结果可信。MBPH 的分子量范围分布较广,混合物成分复杂,质谱分析搜库比较后,选择蛋白质匹配度大于 60 分的较高可信度的蛋白质共 24 种,MBPH 的大部分肽段都来自于匹配得到的这 24 种蛋白质,分子量最低为 26.8kDa,最高为 98.6kDa。选择匹配度大于 30 分的较高可信度肽段序列共得到 216 种,得到的肽段在鉴定出的蛋白质中存在相应的序列。一组顺序为 SIRDQIVK(丝氨酸—异亮氨酸—精氨酸—天冬氨酸—谷氨酰胺—异亮氨酸—缬氨酸—赖氨酸)的氨基酸序列不存在于鉴定出的 24 种蛋白质中。对于 MBPH 匹配到的如此多的蛋白质信息和肽段信息,需要通过生物信息学的方法进行比对和结构与活性关系的分析,同时在此基础上对绿豆肽进行分段处理,以筛选出具有免疫活性的肽段,分析其结构和免疫活性的关系。

(五)MBPH 的结构稳定性测试

体外模拟消化后的 MBPH,经 Waters Alliance 2695 高效液相系统检测,检测柱为 TskgeiG2000SWXL-7.8×300mm。原始数据由 Waters Empower 2 采集导出,经 Origin8.0 作图,结果如图 2-9 所示。表 2-11 所示为标准品保留时间对照表。

表 2-11　标准品保留时间对照表

序号	名称	保留时间/min
1	细胞色素 C($M_w = 12500$)	14.077
2	抑肽酶($M_w = 6500$)	18.651
3	杆菌肽($M_w = 1450$)	19.427
4	乙氨酰胺—乙氨酰胺—精氨酸($M_w = 451$)	20.898
5	乙氨酰胺—乙氨酰胺—乙氨酸($M_w = 189$)	22.282

结合表 2-11 和图 2-9 可知,MBPH 的主要出峰时间在 18～20min,分子量大多分布在 451～6500Da,同电泳分析结果相一致。MBPH 经体外模拟消化的结果显示,含量最高的肽段保留时间为 18.965min;在胃蛋白酶(pepsin)单独作

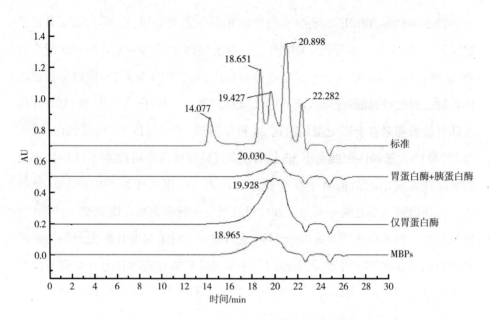

图 2-9　MBPH 体外模拟消化试验分子量变化曲线

用条件下,含量最高的肽段保留时间为 19.928min;胃蛋白酶和胰蛋白酶(trypsin)共同作用后,含量最高的肽段保留时间为 20.030min。因此,由 Alcalase 2.4L 碱性蛋白酶酶解绿豆蛋白得到的 MBPH,在模拟胃蛋白酶消化试验过程中,其分子量产生了变化,肽段被胃蛋白酶部分消化而分子量稍有降低。而在胃蛋白酶和胰蛋白酶分步作用下,其分子量分布稍有降低。胃蛋白酶的主要作用位点是苯丙氨酸和酪氨酸等疏水性氨基酸,胰蛋白酶的主要作用位点为精氨酸和赖氨酸。因此在具体研究发挥免疫活性的肽段结构时,分子中存在胃蛋白酶和胰蛋白酶作用位点的氨基酸结构需特别注意,其能够发挥免疫作用的前提是不被胃蛋白酶和胰蛋白酶酶作用而消化,此类结构或需借助包埋或酯化等手段加以保护和修饰以发挥生物学效用。

四、讨论

通过酶法水解蛋白质制备活性肽的方法,具有生产条件温和、水解过程易控等优点。分析活性肽结构的主要研究方法有电泳、红外光谱、高效液相色谱、液质联用等。本研究初步对 MBPH 的分子量分布、结构和稳定性进行了研究，然而由于 MBPH 包含的肽段较多，成分较为复杂，并未具体分析每一匹配肽段的结构和功能，需要进一步的分级分离，筛选免疫活性肽以鉴定不同分子量段的肽段氨基酸排列顺序。质谱获得的蛋白质及肽段比对结果，需要借助生物信息学的方法逐一比对分析其潜在的生物学活性。当前研究肽结构和功能关系的一个十分活跃的领域就是定量构效关系(Quantitative Structure Activity Relation-ship, QSAR) 建模法(Carbonaro, 2010)。活性肽的 QSAR, 指的就是通过数学建模的方法来表示活性肽类及其类似物的结构信息与生物活性的相互关系。因此引入 QSAR 的方法研究 MBPH 结构与活性的关系也是重要的研究方向。

五、小结

本试验对通过 Alcalase 2.4L 碱性蛋白酶水解绿豆蛋白得到的 MBPH 的结构进行分析，得出 MBPH 共包含 17 种氨基酸，非极性氨基酸 28.37%、极性中性氨基酸 15.03%、酸性氨基酸 32.27% 和碱性氨基酸 24.33%，免疫相关的非极性和碱性氨基酸含量较高；SDS—PAGE 和稳定性研究中的液相图谱显示其分子量在 6.5kDa 以下的 MBPH 含量丰富。红外结果显示，酶解得到的 MBPH 含有二级结构中的 α-螺旋和不规则卷曲，而 β-折叠和 β-转角结构已被酶解而打开；质谱得到 MBPH 包含 216 种肽段，主要归属于匹配度较高的 24 种蛋白质来源，还需进一步的分级分离与鉴定；胃蛋白酶和胰蛋白酶对 MBPH 有一定的消化作用，胃蛋白酶的作用更强一些，MBPH 的消化稳定性不强。

第三节 模拟移动床色谱分离纯化
绿豆生物活性肽技术研究

酶解制备得到的蛋白肽具有一定的生物活性，多以混合物的形式存在，要发挥其生物活性需要对其进行分离。当前对于肽的分离多采用膜分离和色谱层析分离,膜分离技术成本低,但可选择性差;色谱层析技术是一种高选择性的分离方式,但是造价昂贵(Ottens,2006)。模拟移动床技术(Simulated Moving Bed,SMB)是一种连续色谱,已广泛应用于石油化工、制糖、精细化工和手性药物分离等领域,该技术可提高原料处理能力、减少溶剂使用量,还可克服传统色谱中吸附剂造价高等缺点(郭小晓,2010)。本文采用SMB技术对绿豆蛋白水解物进行分离纯化,通过对SMB系统中进料流速、水洗一区流速、醇洗脱流速、水洗二区流速等操作参数的调整,优化出具有较高活性的绿豆活性肽。

一、实验材料与设备

(一)实验材料

绿豆蛋白粉(山东招远市温记食品有限公司);碱性蛋白酶(丹麦诺维信公司);大豆卵磷脂、抗坏血酸钠(Sigma公司);NaOH、HCl、乙醇、组氨酸、L-酪氨酸、酒石酸钾钠、硫酸铜、氯仿、亮氨酸—异亮氨酸—亮氨酸均为分析纯,甲醇、乙腈为色谱纯,购于天津市科密欧化学试剂有限公司。

(二)仪器与设备

数显恒温水浴锅(常州荣冠实验分析仪器厂);pH计(上海精科实业有限公司);模拟移动床色谱分离装置(黑龙江省农产品加工工程技术研究中心研制);反相高效液相色谱分析仪(安捷伦科技有限公司)。

二、实验方法

(一)绿豆肽的制备

参照Kong(2006)的方法,并略作修改。配制9%(质量浓度)的绿豆蛋白溶液,用1mol/L的NaOH调节溶液pH到8.0,加入1.5%(质量分数)的碱性蛋白酶,于50℃水浴下振荡水解,反应过程中不断加入1mol/L的NaOH,使pH保持恒定,待水解度达到23.2%时,调节pH到7.0,并在搅拌条件下迅速升温至

95℃,保持10min使酶灭活。将制备的绿豆肽冷藏备用。

(二)血管紧张肽Ⅰ转化酶抑制能力的测定

血管紧张肽Ⅰ转化酶(ACE)抑制能力的测定采用Cushman和Cheung的方法,并略作修改。40μL样品中加入0.1mol/L(pH=8.3)硼酸缓冲溶液100μL,含0.3mol/L NaCl和5mmol/L马尿酰—组氨酸—亮氨酸混合反应,在反应体系中加入2 mU ACE在37℃反应30min,加入150μL 1mol/L HCl终止反应。用1000μL乙酸乙酯提取体系生成的马尿酸,而后将乙酸乙酯烘干,将烘干后的马尿酸重新溶解在800μL的蒸馏水中,在228nm下进行测定。

(三)模拟移动床色谱分离绿豆生物活性肽

1. 模拟移动床色谱分离技术原理

模拟移动床色谱分离(SMB)的基本原理是利用待分离组分与固定相之间作用力的差异,在两相间经过反复的动态传递、分配及平衡,使待分离组分在固定相上的停留时间有所差异,从而实现工业化与连续化分离。

图2-10(a)所示为传统模拟移动床色谱分离原理,SMB多采用8个、12个、16个柱进行物质的分离,依照料液进出口设置要求,可将移动床分成四段,分别为吸附段、一精段、二精段、解吸段。

(1)吸附段:位于一精段和二精段之间,主要是进料,吸附能力强的组分在此段被吸附并随着柱的移动进入一精段区,吸附能力弱的组分随着洗脱剂的流动方向进入二精段区。

(2)一精段:加大分离组分间的作用时间及路径,提高分离纯度。

(3)二精段:吸附能力弱的组分在此段富集,并被解吸。

(4)解吸段:解吸剂在此段逆流进入分离体系中,将在此段富集的吸附能力强的组分解吸。

图2-10(b)是模拟移动床色谱分离的另一种形式,不同物质的分离工艺有所不同,这种形式同样分为四段,但各段之间不是闭合的,而是相互独立的,只有移动床的工作是连续的。依照料液进出口设置要求,移动床也分成四段,分别为:吸附段、一精段、二精段和解吸段。在吸附段是将原料泵入后

在此段完成吸附,随着柱子的切换,充满原料的柱子进入一精段区;在一精段区随着洗脱剂的泵入,吸附能力弱的物质将被洗脱剂解吸,而吸附能力较强的物质则随着柱子的移动方向进入二精段,在此段将吸附能力较强的组分解吸;将体系中需要分离的组分解吸后,为了保证下一轮吸附分离的精度,采用清洗剂在解吸段对柱子中的所有组分进行解吸,以保证进入吸附段分离柱中无杂质。

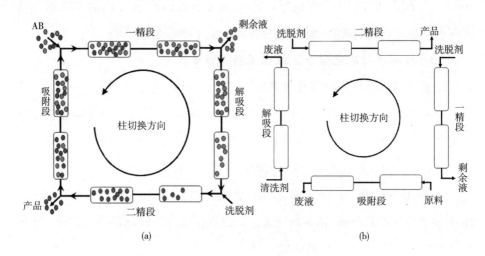

(a)　　　　　　　　　　　　　　　(b)

图 2-10　模拟移动床色谱分离原理

2. 模拟移动床色谱分离绿豆 ACE 抑制肽流程图

本研究前期已进行了吸附分离绿豆 ACE 抑制肽树脂(Amberlite 761)、洗脱剂、吸附量和解吸量等参数的测定,完成了绿豆 ACE 抑制肽高效液相色谱图的检测,并以此作为本试验的目标产物。本试验中采用图 2-10(b)中的分离形式,色谱分离柱是 500mm×16mm,数量为 20 根。具体分离工艺路线如图 2-11 所示,图中水洗一区说明在此段采用的洗脱剂为蒸馏水。由于本研究中所选树脂的分离性能及前期研究得出此区的分离产物为目标产物,因此将其分离产物称为产品。图中的再生区采用的洗脱剂是乙醇,是为了将分离柱中的其他组分进行解吸。随着柱子的切换,经醇解吸的色谱柱进入水洗二区,此区采用的洗脱剂为蒸馏水,为了不影响下一轮分离柱的吸附能力,在此区将色谱柱中的乙醇清洗掉。

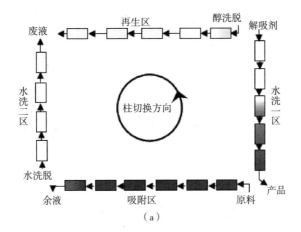

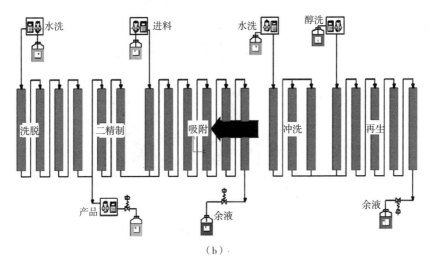

图 2-11　模拟移动床色谱分离绿豆 ACE 抑制肽的工艺设计

3. 模拟移动床色谱分离绿豆 ACE 抑制肽工艺参数的优化

本试验依据单柱的各步条件,以树脂的最大吸附量、各步溶剂最少用量及分离性能最大化为指标确定吸附分离系统的区域分配连接方式(表 2-12)及切换时间,切换时间 600s。图 2-12 是模拟移动床色谱分离绿豆肽的分区方式连接图。

表 2-12　各区分配方式

区域名称	分配方式
吸附区	6 根制备柱（串联）
水洗一区	5 根制备柱（串联）
再生区	5 根制备柱（串联）
水洗二区	4 根制备柱（串联）

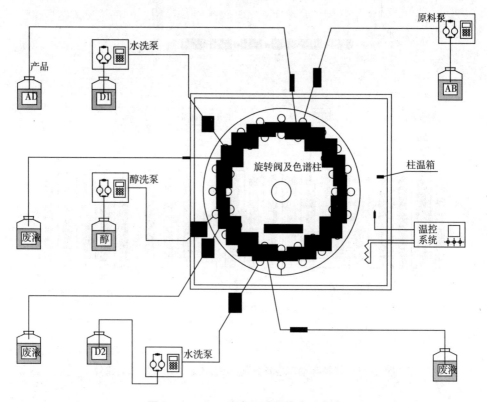

图 2-12　SMB 分离绿豆肽的分区方式

　　为使 SMB 达到最佳的分离性能,本试验以绿豆 ACE 抑制肽的纯度和收率为评价指标,考察进料量、水洗量、解吸量对纯度和收率的影响,确定 SMB 分离绿豆 ACE 抑制肽的最佳工艺参数。

　　(1)进样流速的选择。按照固定的分配区间,将水洗一区、再生区、水洗二区流速分别确定为 19mL/min、11mL/min、19mL/min,切换时间为 600s。上述参数为固定量,再分别采用 7mL/min、8mL/min、9mL/min、10mL/min 和 11mL/min 的进样流速将酶解制备的绿豆 ACE 抑制肽溶液泵入吸附区,收集一个切换时间的流出口流出液,ACE 抑制能力测定流出液活性,根据进样出口肽流出情况及树脂对绿豆 ACE 抑制肽的最大吸附量为指标选择最佳的进样流速范围。

(2)水洗一区流速的选择。按照(1)的方法,将水洗一区的流速分别设定为 16mL/min、17mL/min、18mL/min、19mL/min、20mL/min 对制备柱进行冲洗,测定绿豆 ACE 抑制肽的活性和收率,选择最适的水洗脱一区流速。

(3)再生区流速的选择。按照步骤(1)的方法,将再生区的流速分别设定为 9mL/min、10mL/min、11mL/min、12mL/min 和 13mL/min 对制备柱进行冲洗,测定绿豆 ACE 抑制肽的活性和收率,选择最适的再生区流速。

(4)水洗二区流速的选择。按照(1)的方法,将水洗二区的流速分别设定为 16mL/min、17mL/min、18mL/min、19mL/min 和 20mL/min 对制备柱进行冲洗,测定绿豆 ACE 抑制肽的活性和收率,选择最适的水洗二区流速。

(四)高效液相色谱检测

色谱柱:安捷伦 C_{18};流动相:乙腈—水—三氟乙酸(20∶80∶0.02);流速: 1.0mL/min;柱温:25℃;紫外检测;检测波长:243nm。

(五)2D-nanoLC—MS/MS 鉴定 ACE 抑制肽氨基酸序列

对 RP—HPLC 分离得出的 ACE 抑制肽进行氨基酸序列的鉴定。色谱条件:流动相 A(含 0.1%甲酸的质谱级超纯水),流动相 B(含 0.1%甲酸的质谱级乙腈);流速:200μL/min(分流后 2μL/min);梯度:120min(5%B 15min,5%~32%B 45min,90%B 35min,5%B 5min,5%B 平衡 20min)。质谱在电喷雾操作电压 3.5kV,离子迁移管温度 250℃条件下运行,为使串联质谱的碎片谱图按同一能量裂解,采用碰撞诱导解离(Collisionally Induced Dissociation,CID),碰撞能量 35%,离子化方式为电喷雾电离(ESI),扫描范围:质荷比(m/z)400~1800。二级质谱检索软件采用 Proteomics Discovery1.2,检索算法 Sequest,绿豆是豇豆属植物,因此搜索范围选取美国国家生物技术信息中心(National Center of Biotechnology Information,NCBI)数据库中的豇豆属数据库。

(六)数据统计分析

所得数据均为三次重复的平均值,用 Statistix 8(分析软件,St Paul,MN)进行数据分析,平均数之间显著性差异($P<0.05$)通过 Turkey HSD 进行多重比较分析。并采用 SigmaPlot 12.0 和 Excel6.0 作图。

三、实验结果与分析

(一)模拟移动床色谱分离绿豆 ACE 抑制肽工艺参数优化

1. 进样流速的选择

图 2-13 为不同进样流速对绿豆 ACE 抑制肽吸附效果的影响。由图可以看出,随着绿豆肽进样流速的增加,流出液中的肽含量也显著增加($P<0.05$)。当进样流速为 8mL/min,流出液中的肽含量为 0.03mg/mL;当进样流速为 11mL/min,流出液中肽含量 0.29mg/mL。当进样流速为 7mL/min,流出口中未检测出肽含量。当流出口中检测出的绿豆肽含量高于 0.1mg/mL 时,说明流速过快,有样液流出,这不仅会造成原料浪费,且会影响分离柱填料对肽的吸附,从而影响绿豆 ACE 抑制肽的活性。因此,综合考虑生产成本和分离效率,9mL/min 为最适进样流速。

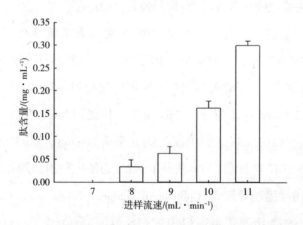

图 2-13　进样流速对绿豆 ACE 抑制肽吸附效果的影响

2. 水洗一区流速对绿豆 ACE 抑制肽活性和收率的影响

图 2-14 所示为水洗一区流速对绿豆 ACE 抑制肽的活性和收率。在模拟移

动床连续分离过程中,在一个切换时间后,随着分离柱的切换,注满原料的分离柱从吸附区切换到水洗一区,绿豆 ACE 抑制肽主要在此区被解吸。由图可知,随着水洗一区流速的增加,绿豆 ACE 抑制肽的活性和收率随之显著升高($P<0.05$),这是由于随着柱的切换,分离柱中未被吸附的物质在此区被直接解吸,从而影响了 ACE 抑制肽的活性和收率。当进样流速为 19mL/min,绿豆肽的 ACE 抑制活性为 94%,此时收率为 90%,这是因为随着流速的增加,未被吸附的物质在切换过程中随着分离管线的连接方向进入吸附区,在此区收集液中只有所需产品被解吸。当流速为 20mL/min,ACE 抑制活性显著降低($P<0.05$),绿豆 ACE 抑制肽活性降为 88%,收率为 86%。这是由于流速的加大,一些吸附较强的组分逐渐被解吸,与所需的绿豆肽组分一同被解吸,既影响了活性,又影响其收率。

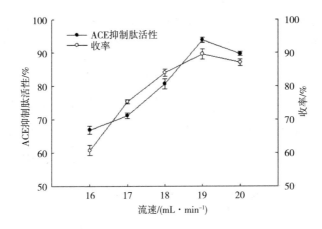

图 2-14 水洗一区流速对绿豆 ACE 抑制肽活性和收率的影响

3. 醇洗流速对绿豆 ACE 抑制肽活性和收率的影响

图 2-15 所示为醇洗脱流速条件下绿豆 ACE 抑制肽的活性和收率。由图可知,随着醇洗流速的增加肽的活性和收率呈抛物线趋势。当进样流速为 11mL/min,绿豆肽 ACE 抑制活性和收率显著高于其他流速条件下($P<0.05$)。流速过慢,被吸附的物质解吸速率过慢,会滞留在分离柱中,随着柱子的切换,这部分未被解吸的物质会存留在色谱分离系统中,影响所需产品的活性和收率;流速过快,吸附能力强的物质很快被解吸,并随着液体的流动方向进入下一

个分离柱中,从而影响产品的活性和收率。

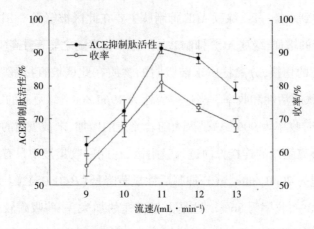

图 2-15　醇洗脱流速对绿豆 ACE 抑制肽活性和收率的影响

4. 水洗二区流速对绿豆 ACE 抑制肽活性和收率的影响

图 2-16 所示为水洗脱二区在不同流速条件下绿豆 ACE 抑制肽的活性和收率。水洗二区是为了将注满乙醇的分离柱进行清洗,以确保此柱在一个切换时间后能继续进行吸附,而不影响其吸附效果。由图可知,随着水洗二区流速的增加,绿豆肽 ACE 抑制肽活性和收率也在逐渐增加,当进样流速为 18mL/min 和 19mL/min,绿豆肽的 ACE 抑制肽活性分别为 87% 和 95.32%,差异不显著($P>0.05$),流速为 19mL/min 时的收率达到最高(86%)。

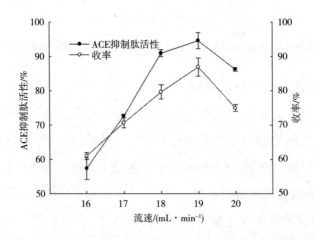

图 2-16　水洗二区流速对绿豆 ACE 抑制肽活性和收率的影响

（二）分离产物的反相液相色谱分析

1. RP-HPLC 分析

图 2-17（a）是酶水解得到的绿豆 ACE 抑制肽的液相色谱图,图 2-17（b）是经过模拟移动床色谱分离所得的绿豆 ACE 抑制肽的高效液相色谱图。由图可知,酶解得到的绿豆 ACE 抑制肽的组分相当复杂,所有组分峰都集中在 16min 左右就被洗脱出来,而经 SMB 分离得到的绿豆 ACE 抑制肽的所有组分在 7min 左右就全部被洗脱出来,其有三个主要组分。将分离得到的各个组分进行 ACE 抑制肽活性分析得出（表 2-13）,经 SMB 分离得到的绿豆肽具有较高的 ACE 抑制肽能力（达到 95%）,分离前的为 72.64%;将 SMB 分离后的产品进行 RP-HPLC 分析,其中三个主要组分（分别为 RP_1、RP_2 和 RP_3）的 ACE 抑制肽活性分别为 87.26%、85.42%、89.57%。

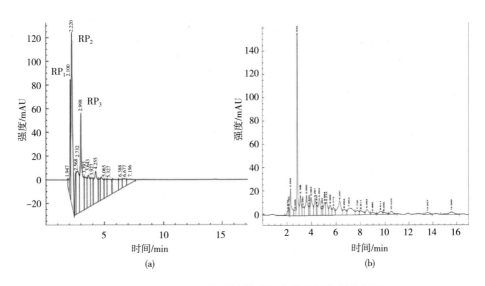

图 2-17　绿豆 ACE 抑制肽的反相高效液相色谱分析图

表 2-13　分离前后样品的 ACE 抑制肽活性

样品	ACE 抑制肽活性/%
分离前	72.64
分离后	95.32

样品	ACE 抑制肽活性/%
RP$_1$	87.26
RP$_2$	85.42
RP$_3$	89.57

注 表中各样品浓度分别为 2mg/mL。

2. 一级结构鉴定

质谱分析法是按照离子的质核比(m/z)大小对离子进行分离和测定进行定性和定量分析的一种方法。图 2-18 是 SMB 分离后得到的 RP$_1$、RP$_2$ 和 RP$_3$ 组分的质谱扫描图，RP$_1$ 由 5 个氨基酸残基组成，氨基酸序列为 Phe—Leu—Val—Asn—Arg—Ile[图 2-18(a)]，分子量为 885.1。RP$_2$ 由 7 个氨基酸残基组成，氨基酸序列为 Phe—Leu—Val—Asn—Pro—Asp—Asp[图 2-18(b)]，分子量为 961.06。RP$_3$ 由 8 个氨基酸残基组成，氨基酸序列为 Lys—Asp—Asn—Val—Ile—Ser—Glu—Leu[图 2-18(c)]，分子量为 1043.13。

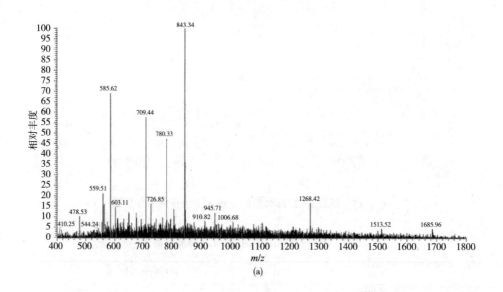

(a)

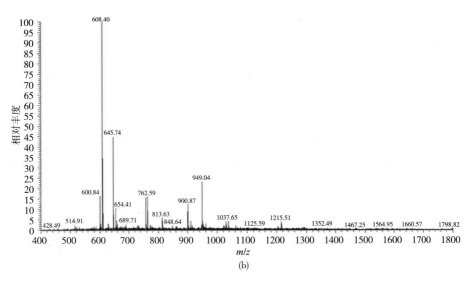

(b)

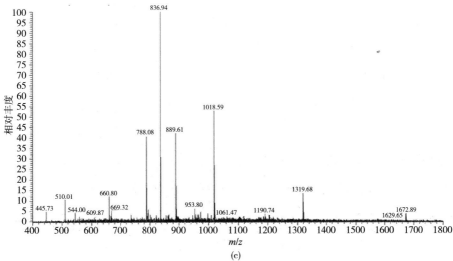

(c)

图 2-18 绿豆 ACE 抑制肽一级结构质谱图

四、讨论

模拟移动床色谱分离功能性成分已成为一种新型的分离途径,其固定相逆向运动、流动相顺向运动的分离方式比传统色谱分离的吸附剂和洗脱剂用量少、分离纯度高,目前已被广泛应用于生物活性成分的分离,如氨基酸、糖类、多肽以及蛋白质等物质的分离纯化。为了从绿豆蛋白水解物中分离具有较高 ACE 抑制活性的绿豆肽以备下一步进行产业化开发,本文采用模拟移动床色谱进行绿豆 ACE 抑制肽的连续分离。本文测定了不同进料流速、水洗一区流速、醇洗脱流速和水洗二区流速条件下绿豆 ACE 抑制肽的活性和收率,随着进料流速的增加,分离过程的效率提高,洗脱剂用量少,但是分离组分的活性和收率却大幅度下降。这是由于随着进料流速的增加,床体中物质的浓度提高,大于吸附剂的吸附能力,未被吸附的物质又会随着流动相的流动进入下一个区域,从而影响产品的活性和收率。水洗一区流速直接影响到目标产物的活性和收率,当流速过慢时,目标产物的提取不充分,会有一部分残留在分离柱中,从而影响到所需产品的收率;流量过快时,强吸附组分也随之被解吸,从而影响到产品的活性。醇洗脱是为了将吸附剂中的其他组分进行解吸以保证吸附剂的纯净,同理,醇洗脱流速过快,流动相会随着液体的流动方向进入的水洗一区,从而影响产品的活性和收率;当流速过慢,被吸附的组分又不能被完全解吸下来,随着柱子的切换而进入下一个分离区,从而影响到产品的活性。

Li 等(2006)的研究发现,不同 ACE 抑制肽的构效关系表明 C 末端的三肽序列显著影响与 ACE 的竞争性结合能力,从而影响 ACE 抑制肽的活性。Cheung 等(1980)研究发现,ACE 抑制肽的抑制活性主要取决于 C 末端的氨基酸,C 末端氨基酸为芳香族氨基酸(包括色氨酸、酪氨酸和苯丙氨酸)和脯氨酸时其抑制活性较高。此外,N 末端为疏水性的缬氨酸、亮氨酸、异亮氨酸或碱性氨基酸的肽与 ACE 的亲和力较强,抑制活性较高,但是脯氨酸则除外(Cheung,1980)。这是由于 ACE 可与末端拥有二羧基氨基酸、脂肪族氨基酸残基结合,如异亮氨酸、丙氨酸、亮氨酸、蛋氨酸。本文分离得到的肽段 Phe—Leu—Val—Asn—Arg—Ile、Phe—Leu—Val—Asn—Arg—Ile、Lys—Asp—Asn—Val—Ile—Ser—Glu—Leu,C 末端拥有异亮氨酸、亮氨酸,这些氨基酸有助于肽的 ACE 抑制能力;N 末端拥有苯丙氨酸、脯氨酸、缬氨酸等疏水性氨基酸,这些氨基酸残基易与 ACE 紧密结合,从而提升肽的 ACE 抑制活性。

五、小结

采用模拟移动床色谱分离系统对绿豆蛋白 ACE 抑制肽进行纯化,以 ACE 抑制活性和收率为指标,对 SMB 系统中各区的操作参数进行单因素分析,结果得出进样流速为 9mL/min、水洗一区流速为 19mL/min、醇洗脱流速为 11mL/min、水洗脱 2 流速为 19mL/min 条件下,分离得到的产物绿豆 ACE 抑制肽的活性较高,ACE 抑制率达到 95.32%,收率为 86%,最终得到三个绿豆 ACE 抑制肽的氨基酸序列分别为 Phe—Leu—Val—Asn—Arg—Ile(885.1)、Phe—Leu—Val—Asn—Pro—Asp—Asp(961.06)、Lys—Asp—Asn—Val—Ile—Ser—Glu—Leu(1043.13)。绿豆蛋白是制备 ACE 抑制肽的优质蛋白资源,采用 SMB 技术分离纯化绿豆 ACE 抑制肽可实现产品的连续稳定分离,且具有树脂用量和洗脱剂用量少、成本低等优点。

参考文献

[1]LIASET B,LIED E,ESPE M. Enzymatic hydrolysis of by-products from the fish-filleting industry:chemical characterization and nutritional evaluation[J]. Journal of the Science of Food and Agriculture,2000(80):560-581.

[2]NOLSØE H,UNDELAND I. The acid and alkaline solubilization process for the isolation of muscle proteins:State of the art[J]. Food and Bioprocess Technology,2009(2):1-27.

[3]刘秀红,张东杰. 响应面分析法优化大豆抗氧化肽水解条件的研究[J]. 黑龙江八一农垦大学学报,2009,21(5):44-49.

[3]KONG B H,XIONG Y L. Antioxidant activity of zein hydrolysates in a liposome system and the possible mode of action[J]. Journal of Agricultural and Food Chemistry,2006,4:6059-6068.

[4]彭新颜,孔保华. 乳清分离蛋白水解物对猪肉糜抗氧化作用的研究[J]. 食品科学,2010,31(7):14-18.

[5]郭兴凤,胡二坤,蒋淑华. 花生蛋白酶水解产物抗氧化活性研究[J]. 中国油脂,2005,30(6):61-63.

[6]李琳. 鳙鱼蛋白酶解液清除自由基的研究[J]. 水产科学,2005,24(10):15-18.

[7]ALDER-NISSEN J. Enzymic Hydrolysis of Food Protein[M]. Elsevier Applied Science,London,U. K,1986.

[8]GUERARD F,GUIMAS L,BINET A. Production of tuna waste hydrolysates by a commercial neutral protease preparation[J]. Journal of Molecular Catalysis B:Enzymatic,2002:19-20,489-498.

[9]SHAHIDI F,HAN X-Q,SYNOWIECKI J. Production and char-acteristics of protein hydrolysates from capelin(Mallotus villo-sus)[J]. Food Chem. ,1995,53:285-293.

[10]BENJAKUL S,MORRISSEY M T:Protein hydrolysates from pacific whiting solid wastes[J]. J. Agric. Food Chem. ,1997,45:3423-3430.

[11]阚健全. 食品化学[M]. 北京:中国农业大学出版社,2002.

[12]于志鹏. 蛋清源活性肽的结构鉴定及生物活性研究[D]. 长春:吉林大学,2014.

[13]王凯凯,曹荣安,张丽萍. 磁化水结合超声波辅助 Alcalase2. 4L FG 酶水解绿豆蛋白的工艺研究[J]. 中国食品添加剂,2015,137(7):83-92.

[14]LIU Lijun,ZHU Chuanhe,ZHAO Zheng. Analyzing molecular weight distribution of whey protein hydrolysates[J]. Food and bioproducts processing,2008,86(C1):1-6.

[15]LAEMMLI U K. Cleavage of structural proteins during the assem-bly of the head of bacteriophageT4[J]. Nature,1970,227:680-685.

[16]刘珊珊,敖静,李博,等. 酪蛋白抗氧化肽的胃肠消化稳定性研究[J]. 中国食品学报,2014,14(2):47-54.

[17]刘文颖,林峰,蔡木易,等. 小麦低聚肽的成分分析及其血管舒张活性[J].

食品科技,2014,39(2):23-17.

[18]贾俊强,马海乐,骆琳,等. 脱脂小麦胚芽蛋白分类及其氨基酸组成分析[J]. 中国粮油学报,2009,24(2):40-45.

[19]MAO X Y,NAN Q X,LI Y H,et al. Study on effects of case in hydrolysates of different DH on mouce spleen cells lymphopoliferation activity and IL-2 release[J]. Food Sci. ,2004,25(12):172-174.

[20]邓成萍,薛文通,孙晓琳,等. 不同分子量段大豆多肽功能特性的研究[J]. 食品科学,2006,27(5):109-112.

[21]吕方,米沙,王士贤,等. 酶法制备大豆多肽的分子量分布和抑瘤实验观察[J]. 营养学报,2008,30(3):273-276.

[22]孙强,黄纪念,芦鑫,等. 大豆多肽的降压活性及其相对分子质量分布研究[J]. 中国食物与营养,2012,18(9):36-39.

[23]马力芹. 马鹿茸血蛋白免疫活性肽的制备及其活性研究[D]. 无锡:江南大学,2008.

[24]郑穹,黄昆,梁淑彩. 药物波谱解析实用教程[M]. 武昌:武汉大学出版社,2009.

[25]于志鹏. 蛋清源生物活性肽的结构鉴定及生物活性研究[J]吉林:吉林大学,2014.

[26]张超,张晖,赵晓燕,等. 使用圆二色性光谱和红外光谱研究冬小麦麸皮抗冻蛋白的二级结构[J]. 光谱学与光谱分析,2009,29(7):1764-1767.

[27]MURARIU M,DRAGAN E S,DROCHIOIU G. IR,MS and CD Investigations on Several Conformationally Different Histidine Peptides[J]. International Journal of Peptide Research and Therapeutics,2009,15,303-311.

[28]CARBONARO M,NUCARA A. Secondary structure of food proteins by Fourier transform spectroscopy in the mid-infrared region[J]. Amino Acids,2010,38,679-690.

[29]MIGUEL M,MANSO M A,LOPEZ-FANDINO R,et al. Vascular effects

and antihypertensive properties of kappa – casein macropeptide [J] . International Dairy Journal,2007,17(12):1473–1477.

[30] VERMEIRSSEN V,VAN Camp J,Verstraete W. Fractionation of angiotensin I converting enzyme inhibitory activity from pea and whey protein in vitro gastrointestinal digests[J]. Journal of the Science of Food and Agriculture,2005,85(3):399–405.

[31] WU J,DING X. Hypotensive and physiological effect of angiotensin converting enzyme inhibitory peptides derived from soy protein on spontaneously hypertensive rats[J]. Journal of Agricultural and Food Chemistry,2001,49(1):501–506.

[32]李杨,江连洲,王梅,等. 碱性蛋白酶酶解绿豆分离蛋白制备多肽的工艺研究[J]. 食品工业科技,2011,32(10):384–387.

[33] LIGH S Y,LIU H. Antiliy pertensive effect of alcalase generated mung bean protein hydrolysates in pon taneouslyhy pertensiverats [J] . Eur. Food Res. Technol. ,2006,(222):733–763.

[34] LI G H,WAN J Z,LE G W,et al. Novel angiotensin I–converting enzyme inhibitory peptides isolated from alcalase hydrolysate of mung bean protein[J]. Journal of peptide science,2006,12:509–514.

[35] OTTENS M,HOUWING J,HATEREN V S H,et al. Multi – component fractionation in SMB chromatography for the purification of active fractions from protein hydrolysates[J]. Food and Bioproducts processing,2006,84:59–71.

[36]郭小晓. 模拟移动床色谱过程分析与系统优化[D]. 杭州:浙江大学,2010.

[37] KONG B H,XIONG Y L. Antioxidant activity of zein hydrolysates in a liposome system and the possible mode of action[J]. Journal of Agricultral and food chemistry. 2006,54:6059–6068.

[38] CUSHMAN D W,CHEUNG H S. Spectrophotometric assay and properties of the angiotensin–converting enzyme of rabbit lung[J]. Biochemical Pharmacology,

1971,20:637-1648.

[39]BALLANEC B,HOTTIER G. From batch to simulated countercurrent chromatography,in Ganetsos, G. and Barker, P. E. (eds) [M]. New York:Marcel Dekker,Scale Chromatography,1993.

[40]CHEUNG H S,WANG F L,ONDETTI M A. Bingding of peptide substrates and inhibitors of angiotensin-converting enzyme[J]. The Journal of Biological Chemistry,1980,255:401-407.

第三章 绿豆肽的免疫活性研究

第一节 绿豆肽对 RAW264.7 巨噬细胞免疫活性的研究

蛋白质是生物活性肽的主要来源,蛋白序列中的肽本身无活性,当蛋白质通过体内消化分解或体外生物法将肽释放出来,而使肽具有一定的生物活性(Karami,2019;Sato,2018;Kong,2006;Stefanucci,2018),如抗氧化(Wang,2018)、降血压、抗菌、免疫调节等功能(Sangsawad,2018;Sung,2012)。近年来,免疫调节肽引起了国内外学者的广泛关注,其可提高免疫功能,预防机体发生感染和癌变(Cian,2012)。研究发现,多种食源性蛋白肽具有免疫活性,可增强机体免疫力,刺激淋巴细胞增殖,提高巨噬细胞吞噬能力,提高机体抵御病原体侵袭能力,减少疾病发生(Yang,2016),但对其发挥免疫功能的作用机制尚未明确(Chalamaiah,2018)。绿豆中蛋白质含量达 19.5%~33.1%(Tecson-Mendoza,2001)。目前,中国对绿豆的工业化利用多是进行绿豆淀粉及粉丝的加工,忽略了其副产物绿豆蛋白的开发利用。

本研究前期发现,绿豆肽具有抑制血管紧张素转化酶(Angiotensin Converting Enzyme,ACE)及抗氧化能力,且具有高活性的绿豆肽分子量在 800~1000Da(包含 5~8 个氨基酸残基)(Diao,2017),Berthou 等研究认为,食源性蛋白肽的生物活性与其氨基酸组成、序列、电荷、疏水性及分子结构等有关,且 AHN(2014)和 HE(2015)等的研究发现,具有免疫调节功能的食源性蛋白肽多是包含 2~10 个残基或具有一定疏水性的短肽。巨噬细胞是一种广泛分布于全身的免疫细胞,活化的巨噬细胞吞噬能力增强,可直接通过吞噬或分泌炎性细胞因子(TNF-α、IL-1β 和 IL-6)、NO 等抗原介质间接杀死病原体,从而有效防御病原体而引起的炎症反应和组织损伤,是机体抵御外界感染的第一道防线,在天然免疫中起重要作用(Tidarat,2017)。因此,通过活化巨噬细胞调节机体免疫能力可能是免疫调节剂发挥其作用的途径之一。本研究以小鼠 RAW264.7 巨噬细胞为模型,观察绿豆肽对脂多糖(Lipopolysaccharide,LPS)诱导小鼠巨噬细胞自噬能力的影响,探讨绿豆肽的免疫调节活性。

一、实验材料

(一)细胞

RAW264.7 巨噬细胞(武汉大学细胞保藏中心)。

(二)实验试剂

绿豆蛋白(烟台东方蛋白科技有限公司);DMEM 培养基(美国 Gibco 公司);胎牛血清(美国 Hyclone 公司);二甲基亚砜(dimethyl sulfoxide,DMSO)及噻唑蓝[3-(4,5-dimethyl-2-thiazolyl)-2,5-diphenyl-2-H-tetrazolium bromide, MTT](美国 Sigma 公司);PBS、胰酶及总 NO 检测试剂盒(Griess 法)(碧云天生物技术有限公司);LPS(美国 Biosharp 公司);LC3、P62 和 β-actin 等一抗抗体、羊抗兔 IgG-HRP(万类生物科技有限公司);小鼠 TNF-α、IL-1β、IL-6 ELISA 检测试剂盒(武汉博士德生物工程有限公司);Alcalase[诺维信(中国)生物技术有限公司]。

二、实验方法

(一)绿豆肽的制备

将生产绿豆粉丝的副产物蛋白粉(绿豆蛋白含量为85%),用蒸馏水配制成底物浓度为7%的样品溶液,经 1mol/L 的 NaOH 调节 pH 至 8.5,加入酶与底物浓度比([E]/[S])为1%(mL/g)的碱性蛋白酶[2.4L Alcalase,诺维信(中国)

生物技术有限公司],于55℃水浴振荡水解,反应过程中不断加入1mol/L的NaOH,使pH保持恒定,待水解度达25%时终止,调节pH至7.0,在搅拌的条件下迅速升温至95℃,保持10min使酶灭活。水解液经膜分离、大孔吸附树脂进行脱盐和脱色处理后,冻干备用。

(二)绿豆肽对RAW264.7巨噬细胞增殖影响的检测

将RAW 264.7巨噬细胞按$1×10^5$个/mL的浓度接种至96孔板,于37℃,5%CO_2饱和湿度条件下培养24h;分别加入浓度为10μg/mL、100μg/mL、200μg/mL、400μg/mL的绿豆肽溶液,添加PBS的处理组设为空白对照组,继续培养24h,每个样品均设3个复孔。加入5mg/mL的MTT,20μL/孔,于37℃培养箱中孵育4h;弃上清液,加入200μL DMSO,用酶标仪测定A490值,并按下式计算细胞增殖率。

$$细胞增殖率 = \frac{加药组\ OD\ 值 - 对照组\ OD\ 值}{对照组\ OD\ 值} × 100\%$$

(三)绿豆肽对RAW264.7巨噬细胞吞噬能力影响的检测

将RAW264.7巨噬细胞按$1×10^6$个/mL的浓度接种至24孔板,于37℃,5%CO_2饱和湿度条件下培养24h;分别加入浓度为10μg/mL、100μg/mL、200μg/mL、400μg/mL的绿豆肽溶液,添加PBS的处理组设为空白对照组,继续培养24h,每个样品设3个复孔,加入20mL/L的鸡红细胞,20μL/孔,继续培养4h;用PBS洗涤,吹干,加入瑞氏吉姆染色液,室温孵育4min,双蒸水洗涤数次,吹干,封片,光学显微镜下观察,并按下式计算细胞吞噬率。

$$吞噬率 = 100 个巨噬细胞中吞噬鸡红细胞的细胞数 / 100 × 100\%$$

(四)绿豆肽对RAW264.7巨噬细胞分泌炎症介质及NO影响的检测

将RAW 264.7巨噬细胞按$1×10^5$个/mL的浓度接种至96孔板,于37℃,5%CO_2饱和湿度条件下培养24h;移除培养基,加入浓度分别为10μg/mL、100μg/mL、200μg/mL和400μg/mL的绿豆肽溶液和LPS溶液(2μg/mL),同时设空白对照组(加入等体积的PBS溶液),继续培养24h,每个样品设3个复孔;吸取上清液,采用总NO检测试剂盒(Griess法)进行检测。

（五）绿豆肽对 RAW264.7 巨噬细胞的细胞因子分泌量影响的检测

将 RAW264.7 巨噬细胞以 $1×10^5$ 个/mL 的浓度接种至 96 孔板,于 37℃,5%CO_2 饱和湿度条件下培养 24h;移除培养基,加入浓度分别为 10μg/mL、100μg/mL、200μg/mL 和 400μg/mL 绿豆肽溶液和 LPS 溶液（2μg/mL）,同时设空白对照组（加入等体积的 PBS 溶液）,继续培养 24h,每个样品设 3 个复孔;收集细胞上清液,采用相应试剂盒检测 TNF-α、IL-1β、IL-6 的分泌量。

（六）绿豆肽对 LPS 诱导 RAW264.7 巨噬细胞的细胞因子分泌量影响的检测

将 RAW264.7 巨噬细胞按 $1×10^5$ 个/mL 的浓度接种至 96 孔板,于 37℃,5%CO_2 饱和湿度条件下培养 24h;加入浓度分别为 10μg/mL、100μg/mL、200μg/mL 和 400μg/mL 的绿豆肽溶液和 LPS 溶液（2μg/mL）,继续培养 24h,同时设空白对照组（加入等体积的 PBS 溶液）,每个样品设 3 个复孔;收集细胞上清液,按照试剂盒测定培养基中 TNF-α、IL-1β、IL-6 的分泌量。

（七）绿豆肽对 RAW264.7 巨噬细胞中 LC3 及 p62 蛋白表达水平影响的检测

采用 Western blot 巨噬法。将 RAW264.7 巨噬细胞按 $1×10^5$ 个/mL 的浓度接种至 96 孔板,于 37℃,5%CO_2 饱和湿度条件下培养 24h;加入 2μg/mL 的 LPS 溶液刺激 12h;分别加入浓度为 10μg/mL、100μg/mL、200μg/mL 和 400μg/mL 的绿豆肽溶液,继续培养 24h;移除培养基,采用蛋白裂解液提取蛋白,BCA 法测定蛋白浓度。经 10% SDS—PAGE 分离蛋白后,半干法转移至 PVDF 膜,用含 5%脱脂奶粉的 TBST 室温封闭 1h;加入 P62（稀释比例为 1∶400）、LC3 抗体（稀释比例为 1∶500）和 β-actin 抗体等一抗,4℃孵育过夜;用 TBST 洗涤 5 次,每次 10min,加入稀释比例为 1∶5000 的二抗（羊抗兔 IgG-HRP）,室温孵育 2h,用 TBST 洗涤 5 次,ECL 显影,采用 Image J 2x 软件进行分析。

（八）统计学分析

应用 Statistix 8 软件进行统计学分析,并采用 SigmaPlot 13.0 和 Excel6.0 作图,试验所得数据均为 5 次重复检测的平均值,均数间的比较采用 Turkey HSD 多重分析,以 $P<0.05$ 为差异有统计学意义。

三、实验结果与分析

（一）绿豆肽对 RAW264.7 巨噬细胞增殖的影响

表 3-1 反映了绿豆肽对 RAW264.7 巨噬细胞增殖效果的影响,由表可看出,不同浓度的绿豆肽(10μg/mL、100μg/mL、200μg/mL、400μg/mL)对巨噬细胞的增殖率呈剂量依赖性增加,分别为 3.363%、10.754%、13.045% 和 16.593,且各处理组与 PBS 空白组相比,差异显著($P<0.05$),该结果表明绿豆肽能促进巨噬细胞的增殖。

表 3-1　MBPH 对巨噬细胞增殖的影响

组别	浓度/(μg·mL⁻¹)	吞噬率/%	细胞增殖率/%
PBS 空白组	—	54.12^c	—
MBPH 试验组	10	56.22^c	3.363^c
	100	85.09^b	10.754^b
	200	90.61^{ab}	13.045^{ab}
	400	93.34^a	16.593^a

注　a~c 表示在同一条件下,各个处理组之间的差异显著性($P<0.05$)。

（二）绿豆肽对 RAW264.7 巨噬细胞吞噬能力的影响

表 3-1 反映了绿豆肽对 RAW264.7 巨噬细胞吞噬能力的影响。由试验结果发现,空白对照组及 10μg/mL、100μg/mL、200μg/mL、400μg/mL 绿豆肽组巨噬细胞吞噬率分别为 54.12%、56.22%、85.09%、90.61%、93.34%。与空白对照组比较,100μg/mL、200μg/mL、400μg/mL 绿豆肽组巨噬细胞吞噬率均显著上升($P<0.05$),且呈剂量依赖性。表明绿豆肽对巨噬细胞无毒性,且可增强其

活性。

（三）绿豆肽对 RAW264.7 巨噬细胞分泌 SOD 及 NO 的影响

1. SOD 活力

绿豆肽对巨噬细胞 SOD 酶活力的影响呈剂量依赖性增加（图 3-1）。LPS组 RAW264.7 巨噬细胞 SOD 酶活力显著低于空白对照组和各浓度绿豆肽组（$P<0.05$）；其中 400μg/mL 和 200μg/mL 绿豆肽组 SOD 酶活力较 LPS 组分别提高了 17.68% 和 14.26%；100μg/mL 绿豆肽组 SOD 酶活力与 PBS 空白对照组比较，差异无统计学意义（$P>0.05$），这就表明低剂量绿豆肽对巨噬细胞 SOD 酶活力的影响不显著。

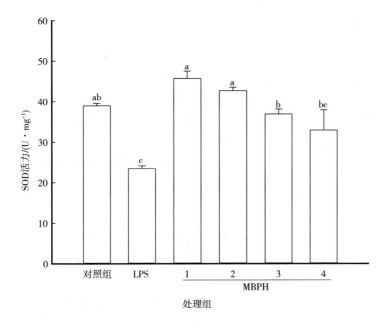

图 3-1　绿豆肽对小鼠巨噬细胞 SOD 活力的影响

（a~e 表示处理组与对照组比较有显著性差异，即 $P<0.05$）

2. NO 产量

图 3-2 反映了绿豆肽刺激 RAW264.7 巨噬细胞分泌 NO 的影响，由图可以看出，LPS 组 RAW264.7 巨噬细胞释放 NO 水平显著高于空白对照组和各浓度

绿豆肽组（$P < 0.05$），其分别较空白组和 10μg/mL、100μg/mL、200μg/mL、400μg/mL 绿豆肽组高 2.7、2.57、2.42、2.05 和 1.95 倍。且各浓度绿豆肽处理组 NO 生成量高于空白组，其中 200μg/mL 和 400μg/mL 绿豆肽组与空白对照组相比差异显著（$P<0.05$）。该结果表明，绿豆肽可激活巨噬细胞，提高 NO 生成，从而发挥 NO 细胞毒的作用。

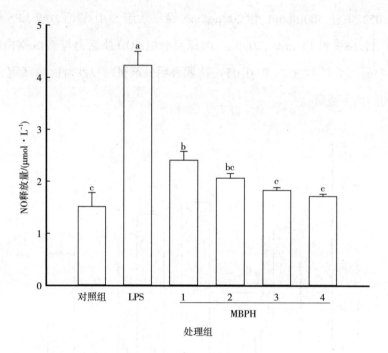

图 3-2　绿豆肽对小鼠巨噬细胞 NO 释放的影响

（a~e 表示处理组与对照组比较有显著差异，即 $P<0.05$）

（四）绿豆肽对 RAW264.7 巨噬细胞的细胞因子分泌量的影响

图 3-3 所示为绿豆肽对 RAW264.7 巨噬细胞的细胞因子分泌量的影响，由图可知，LPS 组 RAW264.7 巨噬细胞 TNF-α 分泌量显著高于绿豆肽刺激组和空白对照组（$P<0.05$），绿豆肽刺激组 TNF-α 分泌量随着剂量的增加呈递增趋势（$P<0.05$）。各浓度绿豆肽组 RAW264.7 巨噬细胞的 IL-1β 分泌量较空白对照组有所升高，这表明绿豆肽可显著激活巨噬细胞分泌 IL-1β（$P<0.05$），但分泌量显著低于 LPS 组（$P<0.05$）。LPS 组的 RAW264.7 巨噬细胞 IL-6 的分泌

量显著高于绿豆肽组及空白对照组（$P<0.05$），$100\mu g/mL$、$200\mu g/mL$ 和 $400\mu g/mL$ 绿豆肽组 IL-6 分泌量明显高于空白对照组（$P<0.05$），且呈剂量依赖关系。

（五）绿豆肽对 LPS 诱导 RAW264.7 巨噬细胞的细胞因子分泌量的影响

LPS 组 RAW264.7 巨噬细胞的 TNF-α、IL-1β 和 IL-6 水平均显著高于经 LPS 刺激后的绿豆肽组及对照组（$P<0.05$），绿豆肽组显著降低了经 LPS 刺激

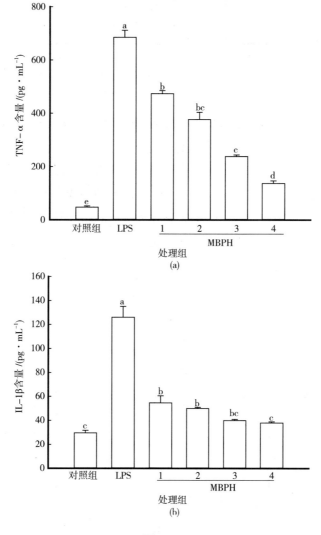

图 3-3

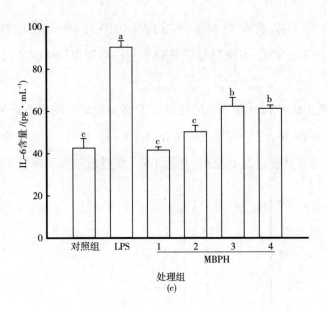

图 3-3　绿豆肽对小鼠巨噬细胞分泌细胞因子 TNF-α、IL-1β、IL-6 的影响

(a~e 表示处理组与对照组比较有显著差异,即 $P<0.05$)

巨噬细胞的 TNF-α、IL-1β 和 IL-6 水平,且呈剂量依赖性变化。400μg/mL 绿豆肽组 TNF-α、IL-1β 和 IL-6 水平与空白对照组比较,差异无统计学意义 ($P>0.05$)。见图 3-4。表明绿豆肽可抑制 LPS 诱导的巨噬细胞分泌炎症介质,推断绿豆肽可能通过抗炎作用发挥免疫活性。

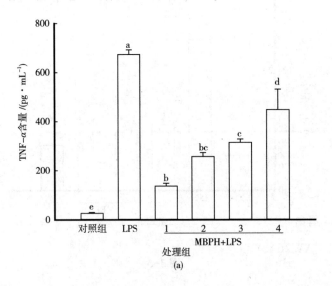

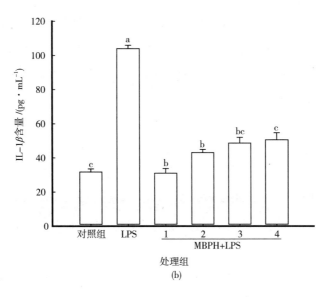

(b)

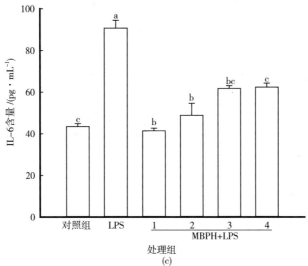

(c)

图3-4　绿豆肽对 LPS 诱导 RAW264.7 巨噬细胞分泌细胞因子 TNF-α、IL-1β、IL-6 的影响

（a~e 表示处理组与对照组比较有显著差异，即 $P<0.05$）

（六）绿豆肽对 RAW264.7 巨噬细胞中 LC3 及 p62 蛋白表达水平的影响

1. LC3 蛋白

LPS 组 RAW264.7 巨噬细胞 LC3 蛋白表达水平显著高于空白对照组

（$P<0.05$），各浓度绿豆肽组 LC3 蛋白表达显著低于 LPS 组（$P<0.05$），且呈剂量依赖性；绿豆肽浓度为 400μg/mL 时，LC3 蛋白的表达量与空白对照组差异无统计学意义（$P>0.05$）。见图 3-5 和图 3-6。表明高剂量组绿豆肽可抑制经 LPS 刺激巨噬细胞的自噬水平。

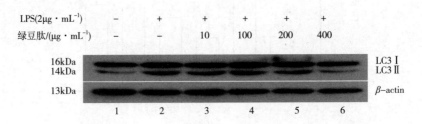

图 3-5　Western blot 法检测 RAW264.7 细胞中 LC3 蛋白的表达情况

1—空白对照组　2—LPS 组　3—10μg/mL 绿豆肽组　4—100μg/mL 绿豆肽组

5—200μg/mL 绿豆肽组　6—400μg/mL 绿豆肽组

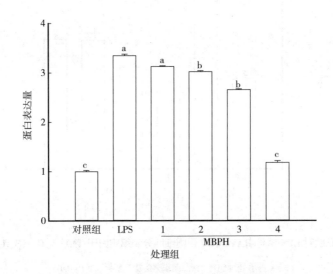

图 3-6　绿豆肽对 LPS 诱导 RAW264.7 巨噬细胞自噬相关蛋白 LC3 表达水平的影响

2. p62 蛋白

LPS 组巨噬细胞自噬相关蛋白 p62 的表达显著低于空白对照组和各浓度绿豆肽组（$P<0.05$），经 LPS 刺激后，再经不同浓度绿豆肽培养巨噬细胞的 p62

蛋白表达显著增加,并呈剂量依赖性。见图 3-7 和图 3-8。这与 Fitzpatrick 等 (2011)的研究结论一致,当细胞自噬的发生会导致胞内 p62 表达的降低,相反, 抑制自噬会增加 p62 表达的增加。Cherra(2008)和 Chu(2006)研究发现细胞在 经受氧化应激、损伤、免疫反应功能障碍等条件下会发生自噬应激反应,本研究 的结果表明采用不同浓度绿豆肽可抑制 LPS 刺激后小鼠巨噬细胞的自噬,降低 细胞炎性因子的分泌,从而减轻炎症反应的发生。表明自噬应激可能参与了 LPS 激活的巨噬细胞炎症反应。

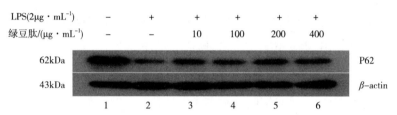

图 3-7 Western blot 法检测 RAW264.7 细胞中 p62 蛋白的表达情况

1—空白对照组 2—LPS 组 3—10μg/mL 绿豆肽组 4—100μg/mL 绿豆肽组

5—200μg/mL 绿豆肽组 6—400μg/mL 绿豆肽组

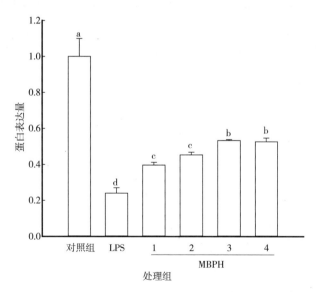

图 3-8 绿豆肽对 LPS 诱导 RAW264.7 巨噬细胞 p62 表达水平的影响

四、讨论

机体的免疫功能是通过免疫系统来实现的,免疫系统是一个极复杂而重要的生理体系(张兴夫,2009)。在免疫系统中,以巨噬细胞为主的吞噬细胞是对防御微生物入侵和肿瘤发生的第一道防线(Janeway,2002)。巨噬细胞激活后,可释放细胞因子、脂类介质及活性氧等炎症介质,促进 T 细胞活化,参与机体的炎症级联反应(Igor,2006),是机体发挥特异性免疫的基础。本实验 MTT 检测结果表明,绿豆肽能够剂量依赖性提高细胞的增殖率,且无细胞毒性,细胞的增殖率与细胞的活性呈正相关。巨噬细胞吞噬能力的提高对机体的非特异性免疫起着重要的作用,本研究发现,绿豆肽成剂量性提高了巨噬细胞的吞噬能力,且高剂量绿豆肽处理组的吞噬能力较对照组提高了 79.6%,表明绿豆肽激活了 RAW264.7 巨噬细胞,且对细胞的吞噬能力具有一定的调节作用。

SOD 是机体代谢的关键酶,研究发现,在机体受到免疫和炎症影响时,巨噬细胞和中性白细胞均可产生过量的氧自由基,氧自由基含量及其脂质过氧化程度与机体发生慢性疾病相关,SOD 可有效清除机体产生的过量氧自由基,从而确保机体的代谢活力。本实验研究结果发现,LPS 可降低巨噬细胞的 SOD 酶活力,不同浓度绿豆肽处理组可提高巨噬细胞的 SOD 酶活力,且呈剂量依赖性变化。机体的 SOD 酶可保证免疫细胞在发挥细胞毒作用时自身免受损害(庞战军,1999)。

当巨噬细胞激活后,根据其生物功能可分为两类,即 M1 型(经典活化的巨噬细胞)和 M2(替代性活化的巨噬细胞),M1 型受 LPS 和炎症信号刺激时可提高巨噬细胞的吞噬能力(Gordon,2003;Mantovani,2005),并释放促炎细胞因子(NO、IL-6 和 TNF-α),M2 激活可产生抗炎细胞因子如 IL-10。本研究结果表明,绿豆肽可显著提高巨噬细胞分泌 NO、TNF-α、IL-1β 和 IL-6 水平($P<0.05$),又显著抑制 LPS 诱导巨噬细胞促炎细胞因子的分泌量($P<0.05$)。这些结果表明,绿豆肽具有免疫调节作用,且这种作用主要是由于绿豆肽活化了巨噬细胞,提高了巨噬细胞 NO 的产生,以及免疫刺激因子 TNF-α、IL-1β 和 IL-6 的释

放。同时还改善了 LPS 诱导巨噬细胞的促炎反应,表明绿豆肽可通过抗炎的作用发挥免疫调节作用。Yang(2009)和 Hou(2012)等的研究也发现,食源性蛋白肽可增强机体吞噬细胞的能力,增强自然杀伤细胞的活性提高机体的防御能力,也可通过抵御病原体入侵和抑制宿主细胞的促炎反应发挥免疫调节作用,这与本研究的结论一致。Maestri 等(2016)研究表明,蛋白肽的免疫调节功能可能是由于蛋白肽与免疫细胞表面的受体结合来发挥作用,食源性蛋白肽不会直接与病原体发生相互作用,但可促进宿主细胞的防御反应,从而起到免疫调节能力。

细胞自噬是一种细胞自我降解其胞内成分的调节过程,是细胞在不利条件下的适应性反应,自噬过程及自噬蛋白在免疫及炎症反应中具有至关重要的作用。曹丽丹(2012)研究发现,LPS 能诱导巨噬细胞产生自噬应激及炎症反应。自噬形成时,胞浆型 LC3 会酶解掉一小段多肽形成 LC3-Ⅰ,LC3-Ⅰ与 PE 结合转变为(自噬体)膜型(即 LC3-Ⅱ)(Tinida,2008),因此,LC3-Ⅱ/LC3-Ⅰ比值的大小可估计自噬水平的高低。当哺乳动物细胞发生自噬时,细胞内 LC3 的含量及 LC3-Ⅰ向 LC3-Ⅱ的转化明显增强。Pankiv(2007)研究发现,p62 是自噬的首选靶位,且 p62 是与炎症相关的自噬底物蛋白,自噬反应的发生会导致胞内 p62 含量的降低,反之,p62 在胞内聚集(Fitzpatrick,2011)。本研究发现,绿豆肽对 LPS 诱导巨噬细胞的自噬能力呈剂量依赖性降低,且高浓度的绿豆肽处理组的 LC3 蛋白表达水平与对照组差异无统计学意义($P>0.05$)。不同浓度绿豆肽刺激 LPS 诱导巨噬细胞 p62 蛋白的表达呈剂量增加性变化,该结果表明,绿豆肽可抑制经 LPS 刺激巨噬细胞发生自噬,细胞自噬的发生又在免疫或炎症反应中具有重要作用,从而可从另一个角度推断出绿豆肽可通过控制巨噬细胞自噬,抑制 LPS 诱导的炎症反应。

综上所述,绿豆肽具有免疫调节能力,这种免疫调节能力体现在绿豆肽可激活巨噬细胞,刺激巨噬细胞分泌 NO 和其他细胞因子发挥免疫作用;绿豆肽能抑制 LPS 诱导巨噬细胞分泌的促炎细胞因子,抑制巨噬细胞自噬从而调控病原体入侵时机体的炎症反应,也就是说绿豆肽还可通过抗炎作用发挥免疫调节活性。这些结果表明,绿豆肽可作为功能性食品组分应用于食品工业中,但尚需对绿豆肽在体内的免疫调节作用机制进行进一步研究。

第二节　绿豆肽对巨噬细胞中活性物质的影响

巨噬细胞是具备多种免疫功能的免疫细胞,是研究细胞吞噬和免疫能力的典型试验模型。巨噬细胞是高度分化、成熟和寿命较长的单核吞噬细胞分化类型,通过固定细胞或游离细胞的形式对细胞残片及病原体进行噬菌作用,并激活其他免疫效应细胞协同发挥作用。巨噬细胞也是机体免疫系统的重要呈递细胞,是人体内抗感染和抗肿瘤的主要效应细胞,具有促进和恢复免疫系统的功能,在特异性和非特异性免疫过程中均发挥着重要的作用。活化的巨噬细胞具有广谱的杀菌作用,近几十年来对免疫活性肽的药理和临床研究,一直把活化巨噬细胞作为一项重要的研究方向,然而有关 MBPH 对巨噬细胞的影响国内外研究较少。本试验研究了 MBPH 对巨噬细胞增殖及活力的影响,同时测定了巨噬细胞内糖原、核酸以及 ATPase、LZM、SOD 等物质的活性,以研究其对巨噬细胞的作用。

一、实验材料与设备

(一)实验材料

实验所用的主要试剂见表 3-2,试剂的配制方法见表 3-3。

表 3-2　主要试剂及其生产公司

试剂名称	生产公司	产地
RAW264.7 细胞	武汉大学	中国
DMEM 培养基	Gibco	美国
胎牛血清	Hyclone	美国
PBS	双螺旋	中国

续表

试剂名称	生产公司	产地
胰酶	碧云天	中国
LPS	Biosharp	美国
MTT	Sigma	美国
DMSO	Sigma	美国
PAS 染色液	Baso	中国
吖啶橙	Solarbio	中国
抗荧光淬灭剂	Solarbio	中国

注 其他试剂为国产分析纯。

表 3-3 主要试剂的配制

试剂名称	配制方法
MBPH 溶液	取 100mg MBPH 溶解于 5mL 的 PBS 中,过滤灭菌,配成 20mg/mL 的溶液
LPS	将 10mg LPS 溶于 2mL 的 PBS 中,配成 5mg/mL 的储存液
0.1M PBS	29g Na_2HPO_4、3g NaH_2PO_4、85g NaCl 溶于 500mL 蒸馏水中,定容至 1000mL
0.01%吖啶橙	10mg 吖啶橙粉末溶于 100mL PBS 中,调节 pH 至 4.8~6.0,过滤避光保存

(二)实验仪器

实验所用仪器见表 3-4。

表 3-4 实验所用主要仪器

所用仪器	仪器型号	公司
超纯水系统	NW10LVF	Heal Force
超速冷冻离心机	H-2050R	湖南湘仪
CO_2 培养箱	HF-90	上海力申
倒置相差显微镜	AE31	麦克奥迪
超净工作台	SW-CJ-2FD	苏州净化
荧光显微镜	BX53	OLYMPUS(日本)
酶标仪	ELX-800	BIOTEK(美国)

二、实验方法

(一)实验路线

细胞复苏→细胞传代→细胞计数→细胞冻存→试验分组与处理→相关指标检测

(二)巨噬细胞复苏、传代、计算与冻存

(1)细胞复苏:从液氮灌中取出 RAW264.7 细胞,待液氮蒸发后,将其置于 37℃ 水浴锅中快速溶解,RAW264.7 细胞用含 10% 胎牛血清的 DMEM 培养基培养。将溶解后的细胞分别加入含 9mL 培养基的 15mL 离心管中,800r/min 离心 3min,弃上清液,2mL 完全培养基重悬细胞混匀后接种到 6 孔培养板中,培养板置于培养箱内培养,CO_2 浓度为 5%,温度为 37℃。24h 后,观察细胞状态,进行换液处理。首先去掉废液,每孔加入 2mL 的 PBS 清洗细胞一次后去掉,加入新鲜培养基 2mL,继续培养。

(2)细胞传代:细胞生长至密度为 90% 左右,弃去上清液,加入适当体积的 0.25% 胰酶消化细胞,待细胞变圆后,加入完全培养基终止反应。吹打细胞培养板内各处细胞,使用 5mL 枪头收集混合液至 15mL 试管,于离心机上 800r/min 离心 3min。去上清液,按 1:2 进行传代,将培养板置于 37℃,5%CO_2 的培养箱内培养。

(3)细胞计数:将离心后的细胞去上清液,加入 1mL 的 DMEM 完全培养基重悬细胞后,取出 10μL 加入总体积为 100μL 的 PBS 中(滴入一滴台盼蓝染料),混匀,室温静止 2min。用 75% 酒精擦拭计数板的表面后,从稀释后的细胞悬液中取出 10μL 加入计数板中,显微镜下观察计数。100 倍显微镜下可看到 4 个象限,计数 4 个象限内的细胞总数,根据公式 $n = N/4 \times 10^4 \times 10$ 可得到 1mL 细胞悬液内含有的总细胞数。

(4)细胞冻存:细胞复苏后的前三代细胞可用来细胞冻存、保种。细胞生长至密度为 80%~90%,细胞状态较好,正处于对数生长期时,可冻存。去废液,每孔加入 1mL 的 PBS 清洗细胞一次后去掉,加入 1mL 的 0.25% 胰酶,室温消化

1min 后去胰酶,加入新鲜培养基终止反应,用 5mL 枪头将细胞培养板内各处细胞吹落,收集至 15mL 离心管中,800r/min 离心 3min。去上清液,2 个孔细胞的量用 1mL 的冻存液重悬,放置于冻存管中,做好标记,于冻存盒中缓慢降温,冻存盒放于 -80℃ 冰箱过夜。第二天将冻存盒内的细胞转移至液氮罐中。

(三)试验分组与处理

培养 RAW264.7 细胞至密度为 90% 左右,PBS 清洗 1~2 次。弃去上清液,加入适当体积的 0.25% 胰酶消化细胞,待细胞变圆后,加入 DMEM 完全培养基终止反应。用 5mL 枪头吹打细胞培养板内各处细胞,收集混合液至 15mL 试管,800r/min 离心 3min。去上清液,加入 1mL 的完全培养基,并进行细胞计数,按实验分组将细胞接种于 6 孔板和铺有细胞爬片的 12 孔板中,6 孔板细胞量每孔 $4×10^5$,12 孔板每孔接种 $1×10^5$。将培养板置于 37℃,5% CO_2 的培养箱内培养 24h。

进行加药处理,试验组一:LPS 组加入 2μg/mL 的 LPS 处理 24h;MBPH 组分别加入 10μg/mL、100μg/mL、200μg/mL、400μg/mL 的绿豆肽处理 24h,对照组只加入等量 PBS。实验组二:LPS 组加入 2μg/mL 的 LPS 处理 24h;MBPH+LPS 组分先别加入 10μg/mL、100μg/mL、200μg/mL、400μg/mL 的 MBPH 处理 4h,再加入 2μg/mL 的 LPS 处理 24h。收集 6 孔板中各组细胞进行蛋白相关指标检测。将 12 孔板中各组细胞用 4% 多聚甲醛室温固定 20min,进行免疫相关检测。

(四)蛋白质抽提与定量

蛋白质抽提:根据细胞量加入 9 倍体积的 PBS,吹散至单细胞悬液,液氮反复冻融三次。12000r/min 离心 10min,实验所需蛋白样品在上清液中,在保证不吸入沉淀的操作下吸取所需上清液,与 -20℃ 保存。

蛋白质定量:将 0.5μg/μL 的 BSA 蛋白标准液按照 0、1μL、2μL、4μL、8μL、12μL、16μL、20μL 体积分装于酶标板各孔,剩余体积用 PBS 缓冲液补齐至 20μL。

蛋白质待测液制备:待测样本蛋白抽提物 1μL 加 19μLPBS 缓冲液混匀。

BCA(细胞定量方法)反应:按照 A 液:B 液体积比为 50:1,以每孔中工作液 200μL 的体积来估算试验所需要 BCA 的体积。配好的工作液人工小心地加入各个孔中,此过程需要用移液器以充分混合,在温度为 37℃ 条件下反应 20min 后,溶液颜色由绿色变为紫色。

数据读取:预先启动酶标仪让机器预热 15min,把载有样品的酶标板放置于载物台上,设定波长为 570nm,读取试验数据并进行记录。绘制标准曲线应以标准蛋白设置不同浓度梯度,绘制浓度与吸亮度值对应的值,并得到回归方程。如图 3-9 所示。

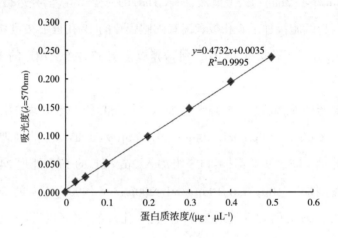

图 3-9　蛋白质浓度测定标准曲线

(五)MTT 检测巨噬细胞增殖

将各组细胞加入 5mg/mL 的 MTT,置于 37℃ 培养箱中孵育 4h,小心吸去上清,加入 200μL DMSO 以溶解细胞形成的紫色结晶,在酶标仪上测定其在 490nm 处 OD 值,进行数据分析。

(六)巨噬细胞活性成分的测定

(1)糖原的测定:取出细胞板,将固定好的细胞固定液甩净,使用移液枪滴加蒸馏水至覆盖细胞爬片,清洗 3 次,每次 5min。甩净蒸馏水,滴加高碘酸溶液至完全覆盖细胞爬片,氧化 10min。甩净残液,滴加蒸馏水中浸泡 5min。甩净残液,滴加雪夫染色液至完全覆盖细胞爬片,染色 15min。甩净残液,蒸馏水清洗 3 次,每次 5min。甩净残液,滴加苏木素复染 1min,自来水返蓝 5min。染色后,依次滴加 75%、85%、95%乙醇及无水乙醇Ⅰ、无水乙醇Ⅱ,每级浸泡 1min。取出细胞爬片,在干净的载玻片上滴加半滴甘油乙醇,将细胞爬片取出,倒扣在载玻片上,注意不要出现气泡。于 200 倍显微镜下观察染色效果并拍照。

(2)DNA 及 RNA 的测定:先处理的细胞爬片在 4%多聚甲醛中固定 15min,之后除去 4%的多聚甲醛,在 PBS 中将爬片浸泡 3 次,每次 5min。滴加 0.01%吖啶橙溶液至完全覆盖细胞室温孵育 5min。清除 0.01%吖啶橙溶液,在 PBS 中将爬片浸泡 3 次,每次 5min。在载玻片上使用胶头滴管滴上半滴抗荧光淬灭剂,然后在滴有抗荧光淬灭剂的载玻片上将爬片倒扣封片,在显微镜下观察染色的效果,在 400 倍显微镜下拍照。

(3)酸性 ATP 酶(ATPase)的测定方法:按照 ATPase 活性检测试剂盒的方法,用 PBS 将细胞蛋白样本稀释成 1μg/μL 备用→酶促反应→定磷→636nm 处吸光值,按照下式进行计算。

$$\text{ATPase 活力}(U/\text{mgprot}) = \frac{\text{测定 } OD \text{ 值-对照 } OD \text{ 值}}{\text{标准 } OD \text{ 值-空白 } OD \text{ 值}} \times \text{标准品浓度} \times 6 \times 7.8 \div \text{待测样本蛋白浓度}$$

待测样本蛋白浓度单位为 mg/mL(试验中的蛋白浓度均被稀释成 0.5mg/mL)。

(七)溶菌酶 LZM 测定

首先将待测样本用 PBS 稀释成 1μg/μL。分别设空白孔、待测样品孔和标准孔。其中标准孔设置 7 孔,依次加入不同浓度的标准品各 100μL。空白孔加蒸馏水 100μL,其他孔加稀释过的待测样品 100μL,37℃下孵育 2h,酶标板上要加覆膜。弃去液体,甩干,不用洗涤。之后在每个孔中加入检测液 A 100μL,37℃下孵育 1h,酶标板同样加上覆膜。结束后需弃去孔内溶液,用 350μL 的洗涤液清洗每个孔,然后浸泡 2min,在不触及板壁的操作下吸去或甩出酶标板中的液体,酶标板置于铺有吸水纸的实验台上用力拍打几次,此步骤重复三次。要将最后一次洗涤后孔内的洗涤液完全甩干。之后在每个孔中加入检测液 B 100μL,37℃温育 30min,同样要加覆膜。弃去孔内液体,甩干,重复洗板操作五次。每个孔中加入底物溶液 90μL,37℃ 避光显色,温度在 20~30min,酶标板同样要加覆膜。终止时间判断以标准孔前 3~4 孔有明显的梯度蓝色而后 3~4 孔梯度不明显为标准。终止后在每个孔中加 50μL 终止液,此时蓝色立转为黄色,反应结束。注意试验中终止液的加入次序需依照底物溶液的加入次序。如果出现了颜色不匀一的情况,只需晃动酶标板使溶液混合均匀即可。在酶标板底看不到有水滴或者孔内没有气泡以后,需及时在 450nm 波长下用酶标仪测量 OD 值。实验数据以设置的重复孔数据的平均值计算。使用专业制作曲线软件 curve expert1.3 进行分析。以标准品浓度为横坐标,OD 值为纵坐标作图,由标准曲线计算出相应的浓度。

(八)超氧化物歧化酶 SOD 活力测定

用 PBS 将细胞蛋白样本稀释成 0.5μg/μL 备用。依照表 3-5 混匀操作,在 37℃ 条件下孵育 20min,酶标仪在 $\lambda=450nm$ 处读数。表 3-5 是 SOD 活力测试实施操作工艺。

表 3-5　SOD 活力测定试验操作实施表

项目	对照孔	对照空白孔	测定孔	测定空白孔
待测样品/μL	—	—	20	20
双蒸水/μL	20	20	—	—
酶工作液/μL	20	—	20	—
酶稀释液/μL	—	20	—	20
底物应用液/μL	200	200	200	200

SOD 活力计算:

$$SOD\ 抑制率=\frac{(A_{对照}-A_{对照空白})-(A_{测定}-A_{测定空白})}{A_{对照}-A_{对照空白}}\times100\%$$

SOD 活力定义:在反应体系中 SOD 抑制率达到 50% 时所对应的酶量为一个 SOD 活力单位(U)。反应体系稀释倍数 = 0.24mL/0.02mL = 12。

(九)统计分析

所有试验结果至少重复三次,取平均值,Excel 2010 进行数据记录及作图,以 $\bar{x}\pm S$ 表示,采用 SPSS 19.0 进行方差分析和 Duncan 式进行多重比较。

三、实验结果与分析

（一）MTT 法检测巨噬细胞增殖

以不同浓度的 MBPH 培养巨噬细胞 24h 后，对巨噬细胞增殖的影响结果见表 3-6。

表 3-6　MBPH 添加量对巨噬细胞增殖的影响

组别	浓度/$(\mu g \cdot mL^{-1})$	OD_{490nm}	细胞平均相对增殖率/%
PBS 空白对照组	—	0.541 ± 0.029^c	—
LPS 阳性对照组	2	0.446 ± 0.023^d	−17.664（抑制）
MBPH 试验组	10	0.559 ± 0.026^c	3.363
	100	0.599 ± 0.015^b	10.754
	200	0.612 ± 0.020^{ab}	13.045
	400	0.631 ± 0.014^a	16.593

注　a~c 表示在同一条件下，各处理组间的差异显著（$P<0.05$）。

MTT 是一种四唑盐，经线粒体琥珀酸脱氢酶裂解后生成蓝紫色结晶甲䐶（Zā），其产生量在一定的细胞数范围之内，与细胞数成正比。MTT 在细胞增殖、分化以及与细胞代谢有关的免疫学实验中有非常广泛的应用（Denizot，1986；Twentyman，1987；司徒镇强，2006；张化涛，2006）。MTT 比色法检测结果如表 3-6 所示，LPS 组的 OD_{490nm} 值显著（$P<0.05$）低于正常培养条件下的 PBS 空白对照组，表明本次试验使用的 LPS 对巨噬细胞的增殖产生了抑制作用。研究发现，LPS 能够对巨噬细胞产生激活作用，刺激巨噬细胞产生 NO 和释放某些细胞因子等活性物质，适量的细胞因子对抵御感染和修复组织损伤具有重要作用，但是过量持续的刺激产生的活性物质同样会引起细胞的炎症反应，导致细胞的损伤和凋亡（Meng，1997）。本试验 LPS 组培养巨噬细胞 24h 之后，LPS 作为毒素和对巨噬细胞持续的刺激而对其增殖产生了抑制作用，尽管其能够激活巨噬细胞，但可能因某些因子的持续释放而抑制了细胞的增殖。而 MBPH 试验组的结果则显示，10μg/mL 的低浓度 MBPH 对巨噬细胞的增殖与空白对照组相

比没有统计学上的差异（$P>0.05$）；而随着 MBPH 浓度的增加，其对巨噬细胞增殖的促进作用显著（$P<0.05$）。说明在设计的浓度范围内，MBPH 对巨噬细胞无毒副作用，不会抑制巨噬细胞的增殖，反而具有一定的促进作用。

以不同浓度的 MBPH 单独培养巨噬细胞 4h 后，再加入 $2\mu g/mL$ 的 LPS 处理 24h 的巨噬细胞增殖检测结果见表 3-7。

表 3-7 MBPH+LPS 对巨噬细胞增殖的影响

组别	浓度/($\mu g \cdot mL^{-1}$)	OD_{490nm}	细胞平均抑制率/%
空白对照组	—	0.578 ± 0.057^a	—
LPS 阳性对照组	2	0.475 ± 0.047^b	17.785
MBPH 试验组	10+2 LPS	0.486 ± 0.051^b	15.917
	100+2 LPS	0.498 ± 0.052^b	13.806
	200+2 LPS	0.533 ± 0.058^{ab}	7.716
	400+2 LPS	0.546 ± 0.056^{ab}	5.536

注 a~c 表示在同一条件下，各处理组间的差异显著（$P<0.05$）。

进一步的试验如表 3-7 的结果显示，阳性对照组的 LPS 对巨噬细胞增殖产生了显著（$P<0.05$）的抑制作用，抑制率达 17.785%。而预先加 MBPH 对巨噬细胞培养后，再加入 $2\mu g/mL$ 的 LPS 的试验组结果显示，在 MBPH 浓度为 $10\mu g/mL$ 和 $100\mu g/mL$ 时，MBPH 并不能显著改善 LPS 对巨噬细胞增殖的抑制；当 MBPH 浓度大于 $200\mu g/mL$ 时，LPS 对巨噬细胞的抑制率降低到 7.716%。OD_{490nm} 值显示与 PBS 空白对照组差异不显著（$P>0.05$），说明 MBPH 在此过程中对巨噬细胞起到了一定的保护作用，可能在一定程度上阻止了 LPS 对巨噬细胞强烈刺激或者是提高了巨噬细胞的耐受力，提高巨噬细胞的存活率，其原因有待进一步研究。但是试验验证了 MBPH 对巨噬细胞的无毒性而有一定益处的结果，可以用 MBPH 培养巨噬细胞来研究其对巨噬细胞其他指标的影响。

（二）MBPH 对巨噬细胞糖原和核酸的影响

1. MBPH 对糖原的影响

以不同浓度的 MBPH 对巨噬细胞培养后的 PAS 法染色结果见图 3-10。

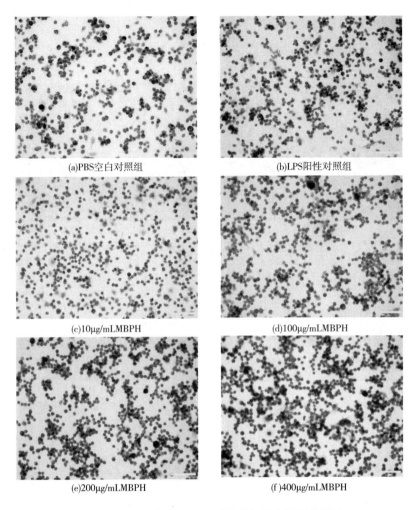

(a)PBS空白对照组　　　　　　　　　(b)LPS阳性对照组

(c)10μg/mLMBPH　　　　　　　　　(d)100μg/mLMBPH

(e)200μg/mLMBPH　　　　　　　　　(f)400μg/mLMBPH

图3-10　不同浓度MBPH对巨噬细胞内糖原的影响

图3-10在放大倍数为200的显微镜下使用DP73成像系统得到的染色结果显示,随着MBPH浓度的增加,细胞内紫色颗粒染色加深,染色颗粒呈现团块状的程度增加,反映了巨噬细胞内糖原颗粒的增多。MBPH为10μg/mL时,染色效果相对于对照组不明显,出现了略浅的状况,因此低浓度的MBPH对巨噬细胞的糖原影响较小,而高浓度MBPH组染色明显加深,对巨噬细胞内糖原的影响较大。糖原又称动物淀粉,是动物细胞内储藏能量的多糖类物质,也是合成ATP的重要原料,糖原的增加一定程度上反映了巨噬细胞活力及代谢的增加。

2. MBPH 对核酸的影响

以不同浓度的 MBPH 对巨噬细胞培养后的吖啶橙染色结果见图 3-11。

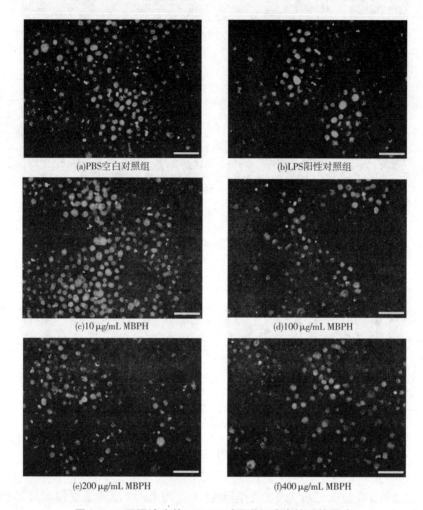

(a)PBS空白对照组　　　　　　　　(b)LPS阳性对照组

(c)10 μg/mL MBPH　　　　　　　　(d)100 μg/mL MBPH

(e)200 μg/mL MBPH　　　　　　　　(f)400 μg/mL MBPH

图 3-11　不同浓度的 MBPH 对巨噬细胞内核酸的影响

如图 3-11 所示在荧光显微镜下放大 400 倍显示的染色结果,呈淡黄绿色荧光的为核内 DNA 染色,显橘红色荧光为胞质内 RNA 染色。可以看出,随着 MBPH 浓度增加,核内 DNA 染色及胞质内 RNA 染色程度逐渐增加,明显高于对照组及 LPS 刺激组,并与浓度显示出一定的正相关特性。DNA 在细胞中是储存、复制和传递遗传信息的物质基础,RNA 也是遗传信息的载体,主要有三种,即信使核苷酸(mRNA)、转运核苷酸(tRNA)和核糖体核苷酸(rRNA),其中 mR-NA 能够把 DNA 上的遗传信息转录,由其上的碱基序列决定蛋白质的氨基酸顺序,传递遗传信息。tRNA 则能把氨基酸搬运到核糖体合成多肽链。rRNA 是组成核糖体的主要成分。随着 MBPH 浓度的增加,培养的巨噬细胞内核酸代谢增强,巨噬细胞活性有了一定的提高。

(三)绿豆肽(MBPH)对巨噬细胞中 ATPase 的影响

MBPH 单独培养巨噬细胞对巨噬细胞中 ATPase 的影响测定结果见图 3-12,以 MBPH+LPS 培养巨噬细胞对 ATPase 的影响测定结果见图 3-13。

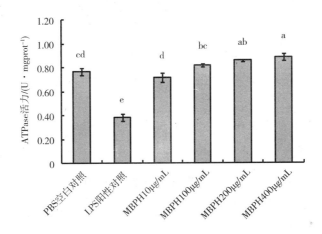

图 3-12　MBPH 对巨噬细胞中 ATPase 活性的影响

(a~d 表示在同一条件下,各处理组间差异显著,即 $P<0.05$)

由图 3-12 可以看出,LPS 对巨噬细胞中 ATPase 具有显著($P<0.05$)抑制作用,产生这样的结果可能与实验条件下 LPS 抑制巨噬细胞的增殖有一定的关系,而以不同浓度 MBPH 培养的巨噬细胞中 ATPase 的活力增加,其值在 MBPH 浓度为 10μg/mL 时较对照组稍低且差异不显著($P>0.05$),MBPH 浓度在 100μg/mL 时较对照组稍高但差异也不显著($P>0.05$),而只有在 MBPH 浓度为 200μg/mL 和 400μg/mL 的较高浓度时,ATPase 活力较空白组差异显著($P<0.05$)。而图 3-13 的结果显示,MBPH 可以缓解 LPS 对 ATPase 活性的抑制,此种作用是显著的($P<0.05$),且与浓度正相关。

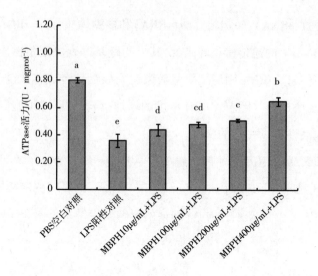

图 3-13 MBPH+LPS 对巨噬细胞中 ATPase 活性的影响

(a~d 表示在同一条件下,各处理组间差异显著性,即 $P<0.05$)

(四)MBPH 对巨噬细胞 LZM 和 SOD 活力的影响

1. LZM 活力

本试验采用溶菌酶(LZM)检测试剂盒测定 LZM 含量,以标准品浓度为横坐标,OD_{450nm} 值为纵坐标,使用软件 curve expert 1.3 得到标准曲线如图 3-14 所示;MBPH 对巨噬细胞内 LZM 含量的影响如图 3-15 所示;MBPH+LPS 对巨噬细胞 LZM 的影响如图 3-16 所示。

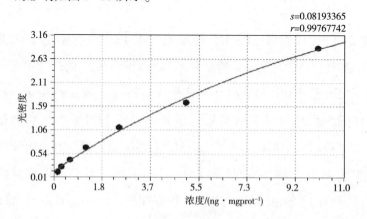

图 3-14 LZM 标准曲线

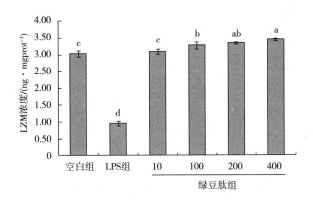

图 3-15　MBPH 对巨噬细胞内 LZM 含量的影响

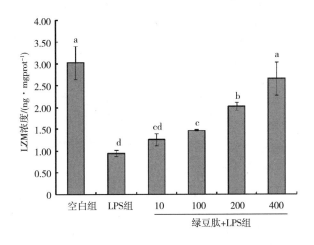

图 3-16　MBPH+LPS 对巨噬细胞内 LZM 含量的影响

(a~d 表示在同一条件下,各处理组间差异显著,即 $P<0.05$)

结合图 3-15 和图 3-16 可知,MBPH 对巨噬细胞内 LZM 的含量具有一定的促进作用,随着浓度的增加,此种促进作用逐渐增强,浓度大于 100μg/mL 时,此种作用效果较对照组显著($P<0.05$)。此外,MBPH 一定程度上也可以缓解 LPS 引起的巨噬细胞内 LZM 含量的降低,减弱 LPS 对巨噬细胞的多度刺激,且浓度越高此种作用效果也越明显。LZM 作为一种能够发挥免疫效应的碱性蛋白,主要作用部位是革兰氏阳性菌 N-乙酰胞壁酸和 N-乙酰氨基葡糖之间的 β-1,4-糖苷键,裂解细菌细胞壁使细菌消亡。此外,还能够和某些病毒蛋白结合形成复盐

导致病毒失去活性,具有抗菌、抗病毒、抗肿瘤等广泛的药理作用。

2. SOD 活力

使用超氧化物歧化酶(SOD)WET-1 法测定试剂盒,测定巨噬细胞内 SOD 活性。MBPH 对巨噬细胞 SOD 活力的影响结果见图 3-17。MBPH+LPS 对巨噬细胞 SOD 活力的影响结果见图 3-18。

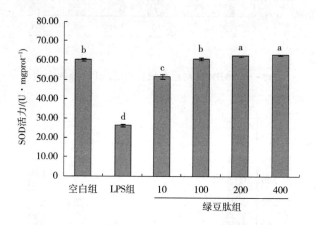

图 3-17 MBPH 对巨噬细胞 SOD 活力的影响

(a~b 表示在同一条件下,各处理组间差异显著,即 $P<0.05$)

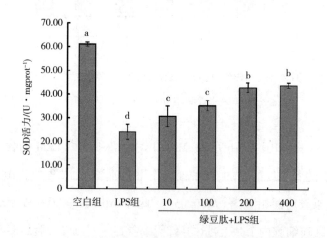

图 3-18 MBPH+LPS 对巨噬细胞 SOD 活力的影响

(a~d 表示在同一条件下,各处理组间差异显著,即 $P<0.05$)

SOD 是一种含金属元素蛋白,是广泛存在于生命体内中具有抗氧化作用的活性酶,是氧自由基的天敌和头号杀手,可以将有害的超氧自由基转化为过氧化氢进而被分解掉,对细胞而言具有重要的生理意义。结合图 3-16 和图 3-17 的结果可知,本实验条件下的 LPS 对巨噬细胞内 SOD 活力产生了显著($P<0.05$)的抑制作用。MBPH 为 $10\mu g/mL$ 的低浓度时,没有促进巨噬细胞内 SOD 的活性,在 $100\mu g/mL$ 时对巨噬细胞内 SOD 活性作用效果不显著($P>0.05$),而 MBPH 在浓度为 $200\mu g/mL$ 以上时对巨噬细胞中 SOD 活力起到了显著($P<0.05$)的促进作用。高浓度的 MBPH 可以阻碍 LPS 对巨噬细胞内 SOD 活性的抑制,效果显著($P<0.05$)。LPS 对巨噬细胞内 SOD 的活性影响较大,而 MBPH 对 SOD 活性影响相对较小。

四、讨论

总结上述试验结果发现,MBPH 对巨噬细胞的增殖和细胞内活性物质具有较明显的促进作用,此种作用一定程度上反映了 MBPH 能够通过促进巨噬细胞增殖和活化巨噬细胞的方式,发挥免疫作用。另外,LPS 的作为内毒素,在低浓度时可以激活巨噬细胞,促进免疫,而较高浓度和持续的刺激显示对巨噬细胞的副作用,引起对巨噬细胞增殖的抑制。研究结果还显示,MBPH 对 LPS 的这种抑制有一定的抵制作用,起到保护巨噬细胞的作用,其机理尚不清楚。然而综合其促进巨噬细胞增殖和巨噬细胞活性,抑制 LPS 对巨噬细胞的损害,说明其对巨噬细胞显现出有益的营养作用,而不对细胞产生毒性。因此可以进行巨噬细胞培养的体外试验以进一步探究其他免疫作用。

五、小结

本试验分别研究了 MBPH 对巨噬细胞的增殖、糖原和核酸、ATPase、LZM 及 SOD 的影响。研究发现,在设计的浓度范围内,MBPH 对巨噬细胞无毒副作用,不会抑制巨噬细胞的增殖,反而具有一定的促进作用;低浓度的 MBPH 对巨噬细胞的糖原影响较小,而高浓度的 MBPH 对巨噬细胞内糖原的影响较大;随着 MBPH 浓度增加,核内 DNA 染色及胞质内 RNA 染色程度逐渐增加,细胞活性增强;在 MBPH 为浓度为 200μg/mL 和 400μg/mL 的较高浓度时候,ATPase 活力较空白组差异显著($P<0.05$),MBPH 可以缓解 LPS 对 ATPase 活性的抑制,此种作用是显著的($P<0.05$),且与浓度正相关;MBPH 在浓度大于 100μg/mL 时对巨噬细胞内 LZM 的含量具显著($P<0.05$)的促进作用,并且在一定程度上可以缓解 LPS 过度刺激引起的巨噬细胞内 LZM 含量的降低,此种作用与 MBPH 浓度正相关;MBPH 浓度在 200μg/mL 以上才对巨噬细胞内 SOD 活性和抑制 LPS 的刺激作用有显著($P<0.05$)的效果。

第三节　绿豆肽对巨噬细胞
NO、iNOS 及 iNOS mRNA 的影响

NO 是一种重要的生物信息传递分子,广泛分布在机体的各组织器官中,肩负生物信使分子和细胞毒性分子双重作用,是现代生物学研究的重点(Macmicking,1997;Muriel,2000)。一氧化氮(NO)是一氧化氮合酶(NOS)催化 L-精氨酸(L-Arg)生成的产物,NOS 分为 3 种类型:Ⅰ 型 NOS(nNOS)、Ⅱ 型 NOS(eNOS)、Ⅲ 型 NOS(iNOS),其中 nNOS 和 eNOS 为结构型,属 Ca^{2+} 依赖型,iNOS 为诱导型,属非 Ca^{2+} 依赖型(赵广阳,2013)。NO 作为重要的细胞间信息传递的分子,参与神经系统、心血管系统和免疫系统的多种生理和病理活动,可以有效调节神经传导、平滑肌松弛、宿主防御、免疫及炎症反应。鉴于 NO 的重要作用,试验研究了 MBPH 对巨噬细胞 NO、iNOS 生成的影响,并对 iNOS mRNA 的表达进行了实时荧光定量分析。以期判断 MBPH 是否通过促进巨噬细胞 NO 的分泌,促进 iNOS 的活性和 iNOSmRNA 的表达来发挥一定的免疫效应。

一、实验材料与设备

(一)实验材料

实验所用试剂见表 3-8。

表 3-8　主要试剂及其生产公司

试剂名称	生产公司	产地
总一氧化氮检测试剂盒（Griess 法）	碧云天	中国
BCA 蛋白浓度测定试剂盒	碧云天	中国
一氧化氮合酶（NOS）测定试剂盒	南京建成	中国
Super M-MLV 反转录酶	BioTeke	中国
高纯总 RNA 快速提取试剂盒	BioTeke	中国
RNase 固相清除剂	天恩泽	中国
Powder 琼脂糖	Biowest	法国
50×TAE	Amresco	美国
2×Power Taq PCR MasterMix	BioTeke	中国
SYBR Green	Solarbio	中国

（二）实验仪器

实验仪器设备见表 3-9。

表 3-9　实验所用主要仪器

所用仪器	仪器型号	公司
水平摇床	WD-9405B	北京六一
微量移液器	Proline	BIOHIT
酶标仪	ELX-800	BIOTEK
超纯水系统	NW10LVF	Heal Force
超速冷冻离心机	H-2050R	湖南湘仪
电热恒温培养箱	DH36001B	天津泰斯特
紫外可见光分光亮度计	UV752	上海佑科
电子恒温水浴锅	DZKW-4	上海科析
荧光定量 PCR 仪	Exicycler 96	BIONEER

二、实验方法

（一）蛋白质的抽提与定量

1. 蛋白质抽提

根据细胞量加入 9 倍体积的 PBS，吹散至单细胞悬液，液氮反复冻融三次。

12000r/min 离心 10min,实验所需蛋白样品在上清液中,在保证不吸入沉淀的操作下吸取所需上清液,于-20℃保存。

2. 蛋白质定量

将 0.5μg/μL 的 BSA 蛋白标准液按照 0、1μg/μL、2μg/μL、4μg/μL、8μg/μL、12μg/μL、16μg/μL、20μg/μL 体积分装于酶标板各孔,剩余体积用 PBS 缓冲液补齐至 20μL。

蛋白质待测液制备:待测样本蛋白抽提物 1μL 加 19μL PBS 缓冲液混匀。BCA 反应:

按照 A 液:B 液体积比 50:1,以每孔中工作液 200μL 的体积来估算试验所共需要 BCA 的体积。配好的工作液人工小心地加入各个孔中,此过程需要用移液器以充分混合,在温度为 37℃ 条件下反应 20min 后,溶液颜色由绿色变为紫色。

数据读取:预先启动酶标仪让机器预热 15min,把载有样品的酶标板放置于载物台上,设定波长为 570nm 读取试验数据并进行记录。绘制标准曲线应以标准蛋白设置不同浓度梯度,绘制浓度与吸亮度值对应的值,并得到回归方程。标准曲线如图 3-19 所示。

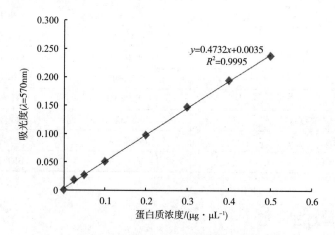

$$y=0.4732x+0.0035$$
$$R^2=0.9995$$

图 3-19 蛋白质浓度测定标准曲线

(二)对 NO 分泌的影响检测

将样本沸水浴加热 5min,以变性蛋白,然后 12000r/min 离心 5min。取上清液用于后续测定。将样本稀释 5 倍备用。稀释标准品:用 $1\times PBS(pH=7.4)$ 溶液把 10mmol/L KNO_2 稀释成 $2\mu mol/L$、$5\mu mol/L$、$10\mu mol/L$、$20\mu mol/L$、$50\mu mol/L$。依照表 3-10 的次序加入标准品、样品和检测试剂进行相应检测。

表 3-10 NO 浓度测定试验实施表

项目	空白对照	标准品	样品
标准品/μL	—	60	—
样品/μL	—	—	60
样品稀释液/μL	60	—	—
NADPH(2mmol/L)/μL	5	5	5
FAD/μL	10	10	10
Nitrate Reductase/μL	5	5	5
混匀后,37℃孵育 15min			
LDH Buffer/μL	10	10	10
LDH/μL	10	10	10
混匀后,37℃孵育 5min			
Griess Reagent Ⅰ/μL	50	50	50
Griess Reagent Ⅱ/μL	50	50	50
混匀后,室温孵育 10min 后测定 540nm 处的吸光度 A_{540}			

各标准品及样本组的值减去空白孔的值然后作图,试验设置重复,以其平均值计算。设置标准品的浓度为横坐标,OD_{540nm} 的值为纵坐标作图,根据标准曲线计算出相应的浓度。

(三)iNOS 活性的测定

将细胞蛋白样本稀释成 $1\mu g/\mu L$ 备用,按表 3-11 操作。

表 3-11 iNOS 活性测定实施表

项目	iNOS 对照管	iNOS 测定管
双蒸水/μL	50	—
样本/μL	—	50
试剂六/μL	100	100

项目	iNOS 对照管	iNOS 测定管
摇动混匀		
试剂一/μL	200	200
试剂二/μL	10	10
试剂三/μL	100	100
混匀,37℃水浴准确反应 15min		
试剂四/μL	100	100
试剂五/μL	2000	2000
混匀,530nm 处,蒸馏水调零,测定各管的吸亮度值。		

计算:每毫克组织蛋白每分钟生成 1nmol NO 为一个酶活力单位。组织中

$$\text{iNOS 含量}(U/mgprot) = \frac{\text{测定 } OD \text{ 值}-\text{对照管 } OD \text{ 值}}{38.3 \times 10^{-6}} \times \frac{2.51+a}{a} \times \frac{1}{1 \times 15} \div \text{待测样本蛋}$$

白浓度注:$a = 0.05$mL,待测样本蛋白浓度单位为 mg/L(本次试验中的蛋白浓度均被稀释成 5000mg/L)。

(四)iNOSmRNA 表达的测定

1. 总 RNA 提取

利用总 RNA 提取试剂盒提取样本总 RNA。

2. 反转录

对上步实验所得的 RNA 样本进行反转录以得到对应的 cDNA。将得到的 RNA 样本进行反转录,在冰浴的无核酸酶的离心管中加入如下反应混合物:根据提取的 RNA 样本浓度加入 RNA 样本,保证 RNA 上样浓度一致:oligo (dT)$_{15}$1μL,random1μL,dNTP(2.5mMeach)2μL,加 ddH$_2$O(双蒸水)至总反应体系为 14.5μL。70℃加热 5min 后迅速在冰上冷却 2min。简短离心收集反应液后加入 5×Buffer4μL,RNasin0.5μL。加 1μL(200U)M-MLV,轻轻用移液器混匀。25℃温浴 10min,42℃温浴 50min。95℃加热 5min 终止反应,置冰上进行后续实验或冷冻保存。以上步骤由 PCR 仪完成,最后得到 20μL cDNA 样本,可置

于-20℃保存或进行下步实验。

3. 实时荧光定量分析

首先将引物稀释至 10μmol/L（或根据引物不同情况稀释），引物信息如表 3-12 所示：

表 3-12　引物序列表

名称	序列(5′¬ 3′)	长度	T_m/℃	PCR 产物的长度
iNOS F	GCAGGGAATCTTGGAGCGAGTTG	23	67.1	139
iNOS R	GTAGGTGAGGGCTTGGCTGAGTG	23	65.0	
β-actin F	CTGTGCCCATCTACGAGGGCTAT	23	64.5	155
β-actin R	TTTGATGTCACGCACGATTTCC	22	63.2	

反应体系：

cDNA 模板 1μL，上下游引物（10μmol/L）各 0.5μL，荧光染料 SYBR GREEN mastermix 10μL，用 ddH$_2$O 补足至 20μL。

反应条件：
$$
\begin{array}{lll}
95℃ & 10\text{min} & \\
95℃ & 10\text{s} & \\
60℃ & 20\text{s} & \Big\} \times 40 \text{ 个循环} \\
72℃ & 30\text{s} & \\
4℃ & 5\text{min} & \\
\end{array}
$$

本实验使用韩国 BIONEER 公司生产的 Exicycler™ 96 荧光定量仪进行荧光定量分析。

三、实验结果与分析

（一）MBPH 对 NO 分泌量的影响

1. MBPH 不同培养时间对 NO 分泌量的影响

采用总一氧化氮检测试剂盒（Griess 法）测定 MBPH 对巨噬细胞分泌 NO 的影响，绘制 NO$_2^-$ 含量标准曲线：$y = 0.0595x - 0.0182$，$R^2 = 0.9998$。标准曲线如图 3-20 所示。不同培养时间对巨噬细胞 NO 分泌量的影响见图 3-21。

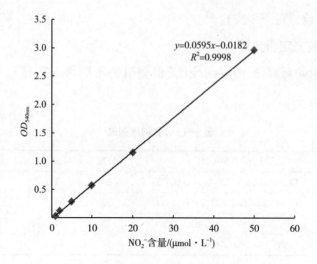

$$y=0.0595x-0.0182$$
$$R^2=0.9998$$

图 3-20 NO_2^- 含量标准曲线

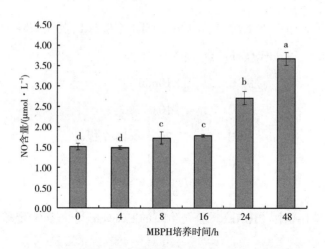

图 3-21 MBPH 培养时间对巨噬细胞 NO 分泌量的影响

(a~d 不同表示在同一条件下,各处理组间差异显著,即 $P<0.05$)

　　NO 是一种重要的活性气体分子,对细胞间和细胞内的信号传递有重要作用,同时参与介导免疫与炎症反应(Wu,2013)。图 3-21 的结果显示,固定 MB-PH 的浓度为 $100\mu g/mL$ 培养巨噬细胞,随着时间的延长,NO 分泌量逐渐增加。0~4h 内 NO 含量差异不显著($P>0.05$),8~16h 内 NO 分泌量差异不显著($P>0.05$)。随着时间的继续延长,NO 分泌量持续增加,培养 24h 后的结果较之前显著($P<0.05$)。说明 MBPH 培养巨噬细胞 24h 之后,能够显著促进 NO 的分泌,并且考虑到试验周期的影响,在试验浓度因素时,固定培养时间为 24h。

2. MBPH 不同添加量对 NO 分泌量的影响

采用总一氧化氮检测试剂盒(Griess 法)测定 MBPH 对巨噬细胞分泌 NO 的影响,绘制 NO_2 含量标准曲线(图 3-22):$y=0.0584x-0.0089$,$R^2=0.9992$。MBPH 组和 MBPH+LPS 组对巨噬细胞 iNOS 的影响测定结果如图 3-23 和图 3-24 所示。

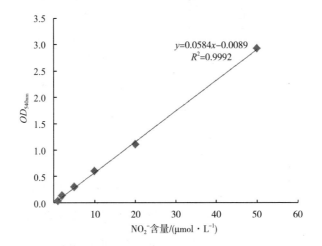

图 3-22　NO_2^- 含量标准曲线

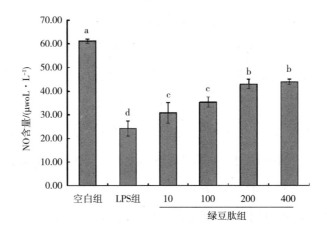

图 3-23　MBPH 对巨噬细胞 NO 分泌量的影响

(a~d 不同表示在同一条件下,各处理组间差异显著,即 $P<0.05$)

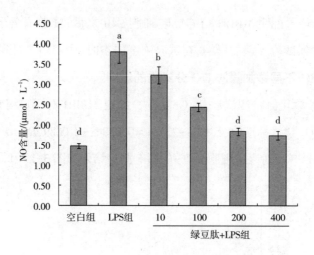

图 3-24　MBPH+LPS 对巨噬细胞 NO 分泌量的影响

（a~d 表示在同一条件下，各处理组间差异显著，即 $P<0.05$）

从图 3-23 可以看出，LPS 的刺激显著（$P<0.05$）提高了巨噬细胞的 NO 分泌量。MBPH 添加量为低浓度的 10μg/mL 时，对巨噬细胞的 NO 分泌量影响不显著（$P>0.05$）；随着浓度的继续升高，MBPH 促进巨噬细胞的 NO 分泌效果显著（$P<0.05$）增强，MBPH 浓度为 200μg/mL 和 400μg/mL 时对促进巨噬细胞分泌 NO 的影响没有统计学上的差异。说明 MBPH 在一定的浓度范围内可以促进巨噬细胞 NO 的分泌量，对细菌和病原体产生杀伤和细胞毒作用，但其促进效果较 LPS 低，不易引起过度的炎症反应。图 3-24 显示了 MBPH 和 LPS 共同作用下对巨噬细胞 NO 分泌量的影响，结果显示了 LPS 对巨噬细胞的强烈刺激作用，NO 含量显著（$P<0.05$）升高。此外，试验结果显示 MBPH 能够显著下调 LPS 对巨噬细胞的刺激，使 NO 分泌量显著（$P<0.05$）低于 LPS 组，而高于空白对照组；高浓度的 MBPH 则显示了对 LPS 刺激的抑制作用，NO 分泌量降到与空白对照组不显著（$P>0.05$）的范围内。

（二）MBPH 对 iNOS 活性的影响

iNOS 含量采用一氧化氮合酶（NOS）测定试剂盒测定，MBPH 组和 MBPH+LPS 组对巨噬细胞 iNOS 活性影响的测定结果如图 3-25 和图 3-26 所示。

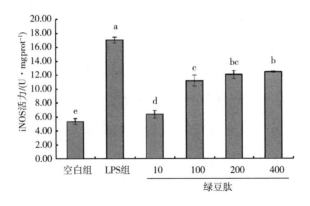

图 3-25　MBPH 对巨噬细胞 iNOS 活性的影响

（a~e 表示在同一条件下，各处理组间差异显著，即 $P<0.05$）

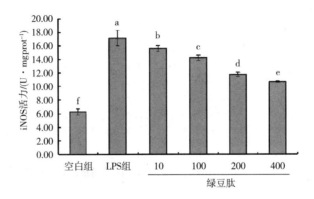

图 3-26　MBPH+LPS 对巨噬细胞 iNOS 活性的影响

（a~f 表示在同一条件下，各处理组间差异显著，即 $P<0.05$）

　　图 3-25 和图 3-26 分别显示了 MBPH 和 MBPH+LPS 组对巨噬细胞活性的影响，其结果表明，MBPH 和 LPS 都能够显著（$P<0.05$）提高 iNOS 的活性，但作用效果比 LPS 更强烈一些。MBPH 对 iNOS 的促进作用，具有与浓度正相关的特性，但浓度在 200μg/mL 和 400μg/mL 时的作用效果不显著（$P>0.05$）。MB-PH+LPS 共同作用的结果显示，MBPH 也能够下调由 LPS 过度刺激引起的 iNOS 的表达量，且浓度越高作用效果越明显。说明 MBPH 可以诱导巨噬细胞 iNOS 表达升高，从而使 iNOS 催化 L-精氨酸时产生 NO 的量增加，来发挥免疫效应。

(三)MBPH 对 iNOSmRNA 表达的影响

优化的 PCR 反应条件及程序对 iNOSmRNA 进行荧光定量 PCR 扩增,结果见图 3-27~图 3-29,本实验利用 $2^{-\triangle\triangle Ct}$ 的分析方法。

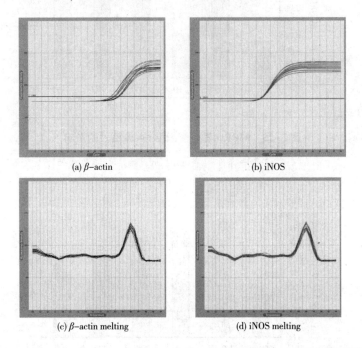

(a) β-actin (b) iNOS

(c) β-actin melting (d) iNOS melting

图 3-27 内参(a、c)和 iNOSmRNA(b、d)的 PCR 扩增曲线(a、b)和溶解曲线(c、d)

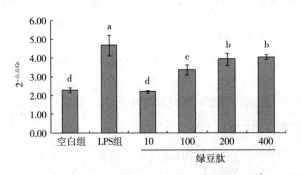

图 3-28 MBPH 对 iNOS mRNA 表达的影响

(a~d 表示在同一条件下,各处理组间差异显著,即 $P<0.05$)

图 3-27 是软件分析结果,内参及 iNOSmRNA 显示的扩增曲线呈现典型的 S 型曲线(a、b),溶解曲线分析显示只有一个峰值,没有非特异性扩增(c、d),产

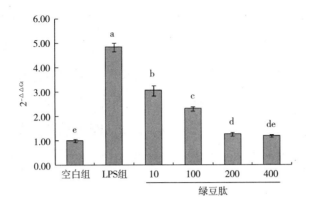

图3-29 MBPH+LPS 对巨噬细胞 iNOSmRNA 表达的影响

(a~e 表示在同一条件下,各处理组间差异显著,即 $P<0.05$)

物为目的基因结果可靠。图 3-28 和图 3-29 是处理都得到的 $2^{-\triangle\triangle Ct}$ 的值,其值的大小显示了 iNOS mRNA 表达量的多少。可以看出 LPS 刺激的巨噬细胞中 iNOS mRNA 的表达量显著增加($P<0.05$),而 MBPH 培养的巨噬细胞中 iNOS mRNA 的表达量也有所增加,浓度为 10μg/mL 时的表达量与空白组差异不显著($P<0.05$),高浓度剂量的 200μg/mL 和 400μg/mL 之间差异不显著($P<0.05$)。MBPH+LPS 试验组的结果显示,MBPH 下调了 LPS 引起的巨噬细胞 iNOS mRNA 的表达,对巨噬细胞起到了一定的保护作用,此种作用结果和 NO、iNOS 试验的结果大致吻合。

四、讨论

通常状态下生成的 NO 能够通过细胞膜及体液迅速扩散到附近的靶细胞,从而激活可溶性的鸟苷酸环化酶,促使细胞中 cGMP 的合成而使其浓度增加,cGMP 则继续发挥第二信使作用,启动下游反应以保护机体。因此处在静息状态下的细胞,一般是生成低浓度的 NO,而 iNOS 活性都是比较低的,只有在外界一定的微生物或寄生虫的活性成分或某些特殊的细胞因子的刺激作用下,细胞才能被激活致,使 iNOS 活性增加而产生较大量的 NO。研究证明,发挥免疫效应而被活化的巨噬细胞具备很强的杀菌作用,可以分泌多种具细胞毒性的效应分子,NO 就是一种效应分子。本试验研究了 MBPH 单独刺激下对巨噬细胞分泌 NO、iNOS 活性以及 iNOS mRNA 的表达量,同时也研究了在 LPS 刺激作用下 MBPH 对巨噬细胞上述指标的影响。显示 MBPH 可以显著促进巨噬细胞分泌 NO 以及细胞 iNOS 的活性和 iNOS mRNA 的表达,对与巨噬细胞发挥免疫调节作用是有益的。同时,其可以一定程度上抑制 LPS 对巨噬细胞的过度刺激,避免巨噬细胞的过度炎症反应,此种作用结果的原因还不是很清楚。

五、小结

以浓度为 $100\mu g/mL$ 的 MBPH 培养巨噬细胞,结果表明,随着时间的延长,NO 分泌量逐渐增加,培养 24h 后 NO 分泌量才显著($P<0.05$)增加,说明 MBPH 能够明显促进巨噬细胞 NO 的分泌,NO 有充分的时间发挥免疫作用;MBPH 在一定的浓度范围内可以促进巨噬细胞 NO 的分泌量,但其促进效果较 LPS 低;MBPH 能够显著($P<0.05$)降低 LPS 对巨噬细胞的刺激,使 NO 分泌量显著($P<0.05$)低于 LPS 组而高于空白对照组,且与浓度正相关;MBPH 对 iNOS 也有促进作用,浓度在 $200\mu g/mL$ 和 $400\mu g/mL$ 的高剂量组之间的作用效果差异不显著($P>0.05$),MBPH 能够部分抑制 LPS 促进巨噬细胞 iNOS 的作用,且浓度越高作用效果越明显;MBPH 培养的巨噬细胞中 iNOS mRNA 表达量有所增加,但低于 LPS 单独刺激的作用效果,浓度为 $10\mu g/mL$ 时的表达量与空白组差异不显著($P<0.05$),高浓度剂量的 $200\mu g/mL$ 和 $400\mu g/mL$ 之间的差异不显著($P<0.05$),MBPH 同样可以减少 LPS 引起的巨噬细胞 iNOS mRNA 的表达,此种作用结果和 NO、iNOS 试验的结果相似。

第四节　绿豆肽对脂多糖诱导 RAW264. 7
巨噬细胞的抗炎作用

炎症是机体针对各种致炎因子如感染和组织损伤而产生的一系列以防御

为主的生理性或病理性应答反应,是机体天然免疫的重要组成部分。过度的炎症会对机体造成损害或疾病,严重时还会危及生命(Sartor,2006;Torres,2008)。已有研究显示,大豆、豌豆、羽扇豆等的蛋白水解产物具有调节炎症的潜力。Vernaza 等(2012)发现利用大豆制备的蛋白质水解产物能够显著减弱 LPS 诱导的巨噬细胞 RAW264.7 中炎性标志物如 NO、iNOS 和 PGE2 的产生。Millan-Linares 等(2014)发现羽扇豆的蛋白质水解产物可以减弱 THP-1 巨噬细胞中促炎性细胞因子 IL-1β、IL-6、TNF-α 和 NO 的产生。Ndiaye 等(2012)发现来源于黄豌豆种子的蛋白质水解产物通过抑制活化的巨噬细胞中 NO、TNF-α 和 IL-6 的产生来发挥其抗炎作用。绿豆蛋白的水解产物绿豆肽,含有多种活性物质。绿豆肽不仅能提高缺氧耐受力和提高人体的免疫力,还具有抗氧化性、ACE 抑制活性、抗肿瘤、降血压、降胆固醇、改善肾功能等作用(Mohd,2012;Hashiguchi,2017;Balibrea,2003),但是,国内关于绿豆肽抗炎作用的研究鲜有报道。因此,本研究采用 LPS 构建炎症模型,从细胞实验模型阐述绿豆肽的抗炎作用,以期为绿豆功能性成分的开发和研究提供基础的理论参考。

一、实验材料与设备

(一)实验材料和试剂

实验所用主要材料见表 3-13。

表 3-13 实验材料与试剂

材料名称	生产厂家
RAW264.7 巨噬细胞	中科院上海细胞库
绿豆肽	实验室自制(水解度 30%)
绿豆蛋白粉	山东招远市温记食品有限公司
碱性蛋白酶	丹麦诺维信公司
胎牛血清	杭州四季青生物工程材料有限公司
DMEM 培养基	Hyclone
青霉素—链霉素溶液	碧云天生物技术有限公司

材料名称	生产厂家
PBS	索莱宝生物科技有限公司
LPS	Sigma
LDH 试剂盒	南京建成生物工程研究所
MPO 试剂盒	南京建成生物工程研究所
GSH 试剂盒	南京建成生物工程研究所

(二)实验设备

实验所用主要设备见表 3-14。

表 3-14　实验仪器与设备

仪器名称	生产厂家
AE31 倒置显微镜	麦克奥迪实业集团有限公司
HF-90 CO_2 恒温培养箱	上海力申科学仪器有限公司
SW-CJ-IF 型超净工作台	北京东联哈尔仪器制造有限公司
DIJ640 紫外分光光度计	美国 Beckman 公司
ELX-800 酶标仪	美国 BIOTEK 仪器有限公司
H-2050R 低温高速冷冻离心机	湖南湘仪离心机仪器有限公司
FM40 型雪花制冰机	北京长流科学仪器有限公司
人工智能气候室	济南旭邦电子科技有限公司
MM400 球磨仪	德国 RETSCH 公司
DHG-9030A 电热恒温鼓风干燥箱	上海精宏实验设备有限公司
AR2140 电子天平	梅特勒托利多仪器上海有限公司
LS-3781L-PC 型高压灭菌锅	日本松下健康医疗器械株式会社
超纯水系统	美国密理博公司
-80℃ 超低温冰箱	中国美菱有限责任公司

二、实验方法

(一)绿豆肽的制备

参照王凯凯(2015)的方法制备绿豆蛋白水解液。将制备的绿豆蛋白水解液采用孔径为300Da的透析袋脱盐24h。将脱盐处理后的水解液利用超滤分离装置进行超滤。超滤条件为压力0.25MPa,常温,分子量为1000Da的有机超滤膜。收集分子量低于1000Da组分,真空冷冻干燥备用。经实验室前人测定,制备的绿豆寡肽水解度为30%。

(二)细胞培养

(1)细胞复苏:将冻存于液氮中的RAW264.7巨噬细胞取出,用75%酒精擦拭干净,置于37℃恒温水浴锅中解冻,解冻后移入10mL离心管中,加入3mL含10%胎牛血清的DMEM培养基吹打均匀,1000r/min离心4min。

(2)细胞培养:离心后将沉淀重悬,按照1.0×10^5个/mL的密度将RAW264.7巨噬细胞接种于含10%胎牛血清的DMEM培养基(含100IU/mL青霉素和100IU/mL链霉素)中,在37℃、5%CO_2的培养条件下进行培养。

(3)细胞传代:肉眼观察培养基的颜色,并在光学显微镜下观察细胞的生长情况,当细胞贴壁数量在80%左右时,将培养基移弃,加3mL PBS缓冲液冲洗,移去PBS后加入1mL 0.25%胰酶(含0.01%EDTA),微微倾斜使其均匀覆盖在平皿的底面,于37℃培养箱中消化3~4min,取出后振荡1min左右,倒置显微镜下观察,当视野中大部分细胞收缩悬起后,加入3mL培养基终止消化,移液枪吹打均匀后移入离心管,1000r/min离心4min。将培养液移去后,加入3mL PBS缓冲液冲洗,吹打均匀移入新的离心管中,1000r/min离心4min。重悬后按照1.0×105个/mL的密度接种于培养瓶中,约12h换液一次,48h传代一次,传代2~3代稳定后用于实验。

(4)细胞冻存:按照细胞传代的方法,向所得的细胞沉淀中加入冻存液进行重悬,细胞浓度调整为5×10^6个/mL,移入冻存管后,于4℃放置1h,-20℃放置1h,-80℃放置12h,最后长期冻存于液氮中。冻存液按照DMSO:胎牛血清=1:9的比例进行配制。

(三)脂多糖诱导RAW264.7巨噬细胞炎症模型的建立

取传代稳定和生长状况良好的RAW264.7巨噬细胞,调整细胞悬液浓度,分别接种于6孔板和96孔板中,在37℃、5%CO_2条件下细胞培养12h。取出后,弃上清液,用 PBS 清洗 2 次,分别向 6 孔板和 96 孔板中加入培养基和终浓度为 2μg/mL 的 LPS,放回培养箱,于 37℃、5%CO$_2$ 条件下继续细胞培养 12h,炎症模型建立成功。

(四)细胞分组及给药

随机分为 6 组,分别是:对照组、模型组(LPS 组)、MBPH 处理组(高、中、低剂量组)、阿司匹林组,每组分别设置 3 个复孔。LPS 处理组加入终浓度为 2μg/mL 的 LPS 预孵育 4h,MBPH 处理组分别给予终浓度为 25、50、100μg/mL 的 MBPH,阿司匹林组(ASP 组)加入终浓度为 100μg/mL 的阿司匹林。6 孔板和 96 孔板的液体总体积量分别不超过 2mL 和 0.2mL。

(五)髓过氧化物酶(MPO)活性检测

取对数生长期的巨噬细胞 RAW264.7,按照 3×10^5 个/孔的密度,用培养基将细胞悬液稀释后接种于 6 孔板中,按照试验分组培养 12h 后,采用比色法测定细胞内髓过氧化物酶活性,实验测定方法参照试剂盒说明书,具体操作步骤如表 3-15 所示。

表 3-15　髓过氧化物酶(MPO)活性检测方法

项目	对照管	测定管
双蒸水/mL	3	
样本/mL	0.2	0.2
试剂四/mL	0.2	0.2
显色剂/mL	3	3
混匀,37℃水浴 15min		
试剂七/mL	0.05	0.05

将上述样本漩涡振荡充分混匀后,置于 60℃ 水浴锅中水浴 10min,样本取出后立即测定其吸亮度值(预先设置紫外分光光度计波长为 460nm,光径为 1cm,采用双蒸水调零)。

$$MPO\ 活力(U/g\ 湿重) = \frac{OD_{测定} - OD_{对照}}{11.3 \times 取样量}$$

(六)乳酸脱氢酶(LDH)活性检测

取对数生长期的 RAW264.7 巨噬细胞,按照 3×10^5 个/孔的密度,用培养基将细胞悬液稀释后接种于 6 孔板中,按照试验分组培养 12h 后,采用比色法测定细胞培养上清液中乳酸脱氢酶活性,实验测定方法参照试剂盒说明书,具体操作步骤如表 3-16 所示。

表 3-16 乳酸脱氢酶(LDH)活性检测方案

项目	空白孔	标准孔	测定孔	对照孔
双蒸水/μL	25	5		5
0.2μmol/mL 丙酮酸标准应用液/μL		20		
待测样本/μL			20	20
基质缓冲液/μL	25	25	25	25
辅酶Ⅰ应用液/μL			5	
混匀,37℃温浴 15min				
2,4-二硝基苯肼/μL	25	25	25	25
混匀,37℃温浴 15min				
0.4mol/L NaOH 溶液/μL	250	250	250	250

将上述样本漩涡振荡充分混匀后,在室温下静置 5min,静置后,在波长450nm 处采用酶标仪测定样本吸亮度值。

$$\text{LDH 酶活性}(\text{U/gprot}) = \frac{OD_{\text{测定}} - OD_{\text{对照}}}{OD_{\text{标准}} - OD_{\text{空白}}} \times C \times N \times 1000$$

式中:C 为标准品浓度,$C = 0.2\mu mol/mL$;N 为待测样本测定前稀释倍数。

(七)还原型谷胱甘肽(GSH)含量检测

取对数生长期的巨噬细胞 RAW264.7,按照 3×10^5 个/孔的密度,用培养基将细胞悬液稀释后接种于 6 孔板中,按照试验分组培养 12h 后,采用比色法检测细胞内还原型谷胱甘肽含量,实验测定方法参照试剂盒说明书,具体操作步骤如表 3-17 所示。

表 3-17　还原型谷胱甘肽(GSH)含量检测设计

项目	空白孔	标准孔	测定孔
试剂一/μL	100		
20μmol/L GSH 标准品/μL		100	
上清液/μL			100
试剂二/μL	100	100	100
试剂三/μL	25	25	25

将上述样本漩涡振荡充分混匀后,在室温下静置 5min,静置后,在波长 405nm 处采用酶标仪测定吸亮度值。

$$GSH\ 含量(\mu mol/L) = \frac{OD_{测定} - OD_{空白}}{OD_{标准} - OD_{空白}} \times C_{标准品浓度} \div C_{样本匀浆蛋白浓度}$$

式中:C 为标准品浓度,$C = 20\mu mol/L$。

(八)炎症因子含量检测

取对数生长期的 RAW264.7 巨噬细胞,按照 $3×10^5$ 个/孔的密度,用培养基将细胞悬液稀释后接种于 6 孔板中,按照试验分组培养 12h 后,采用酶联免疫吸附试验(ELISA)法,测定操作步骤如下所示。绘制标准曲线,测定细胞培养液中细胞因子 IL-1α、IL-6、TNF-α 的含量。

(1)准备实验所需试剂及标准品。

(2)向复孔中加入依次稀释 2 倍的标准品 100μL,向空白孔复孔中加入标准品稀释品 100μL。

(3)向样本孔中加入 80μL1×检测缓冲液和 20μL 样本,以上步骤需要在 15min 内完成。

(4)向各孔中加入检测抗体 50μL。

(5)在室温条件下孵育 1.5h。

(6)洗液洗涤 6 次。

(7)向各孔中加入链霉亲和素 100μL。

(8)将样本置于室温下孵育 30min。

（9）洗液洗涤 6 次。

（10）向各孔中加入显色底物 100μL，避光处理，室温下继续孵育 20min。

（11）向各孔中加入 100μL 终止液。

（12）在 30min 内，于 450nm 波长处用酶标仪检测 OD 值。

三、实验结果与分析

（一）绿豆肽对巨噬细胞 RAW264.7 细胞形态的影响

图 3-30 是以 2μg/mL 的 LPS 预处理 4h 后，再加入不同浓度的绿豆肽培养 RAW264.7 巨噬细胞 12h 后，在光学显微镜下的观察结果。

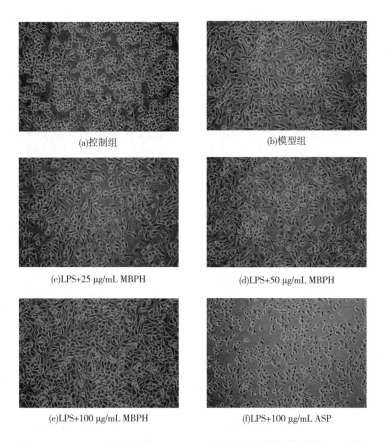

(a)控制组

(b)模型组

(c)LPS+25 μg/mL MBPH

(d)LPS+50 μg/mL MBPH

(e)LPS+100 μg/mL MBPH

(f)LPS+100 μg/mL ASP

图 3-30 MBPH 作用下的 RAW264.7 巨噬细胞的细胞形态（100 倍）

由图 3-30 可知,倒置显微镜下可以观察到 RAW264.7 巨噬细胞在正常情况下贴壁生长,呈圆形或者椭圆形;模型组中细胞在受到 LPS 刺激后,细胞生长缓慢,细胞数量明显少于对照组,细胞伸长,伸出伪足;经 MBPH 处理的细胞生长状态有所改善,且随着 MBPH 浓度的升高,缓解作用逐渐增强。由此可见,MBPH 对 LPS 抑制巨噬细胞的生长具有缓解作用。

(二)绿豆肽对 RAW264.7 巨噬细胞髓过氧化物酶活性的影响

图 3-30 是用不同浓度的绿豆肽培养巨噬细胞 RAW264.7 后,对其分泌的髓过氧化物酶活性的影响结果。

髓过氧化物酶(MPO)是一种存在于髓系细胞嗜苯胺蓝颗粒中重要的含铁溶酶体酶,由中性粒细胞、单核细胞和某些组织的巨噬细胞分泌,是免疫细胞的功能标志和激活标志(王永博,2016)。由图 3-31 可知,与对照组相比,LPS 显著增强巨噬细胞 MPO 活性($P<0.05$);与模型组相比,MBPH 显著降低巨噬细胞 MPO 活性($P<0.05$),并且 MBPH 浓度越高,效果越明显,呈现量效关系。结果表明,MBPH 对 LPS 诱导的巨噬细胞内 MPO 活性的升高具有显著抑制作用。

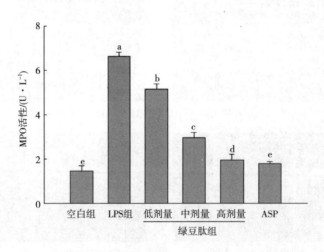

图 3-31　MBPH 作用下的 RAW264.7 巨噬细胞 MPO 活性变化

(a~e 表示在同一条件下,各处理组间差异显著,即 $P<0.05$)

(三)绿豆肽对 RAW264.7 巨噬细胞乳酸脱氢酶(LDH)活性的影响

图 3-32 是用不同浓度的绿豆肽培养 RAW264.7 巨噬细胞后,对其细胞培养上清液中乳酸脱氢酶活性影响的测定结果。

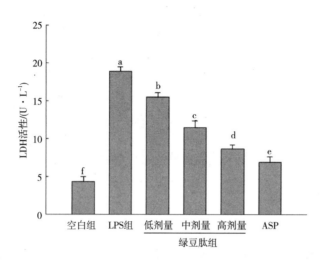

图 3-32　MBPH 作用下的 RAW264.7 巨噬细胞 LDH 活性变化

(a~f 表示在同一条件下,各处理组间差异显著,即 $P<0.05$)

乳酸脱氢酶是葡萄糖酵解所必需的酶,具有将葡萄糖催化脱氢为丙酮酸,并使丙酮酸还原为乳酸的能力,参与细胞内能源物质的无氧酵解和有氧氧化。LDH 的活性可以反映巨噬细胞的激活程度,是巨噬细胞激活的标志之一(赵俊萍,2000)。由图 3-4 可知,与对照组相比,LPS 促使巨噬细胞 LDH 活性显著升高($P<0.05$);与模型组相比,MBPH 显著降低巨噬细胞 LDH 活性($P<0.05$),并且随 MBPH 浓度升高,降低效果逐渐增强,呈现量效关系。结果表明,MBPH 对 LPS 诱导的巨噬细胞内 LDH 活性升高具有显著抑制作用。

(四)绿豆肽对 RAW264.7 巨噬细胞分泌还原型谷胱甘肽(GSH)含量的影响

图 3-33 是用不同浓度的绿豆肽培养 RAW264.7 巨噬细胞后,对其分泌的还原型谷胱甘肽含量的影响结果。

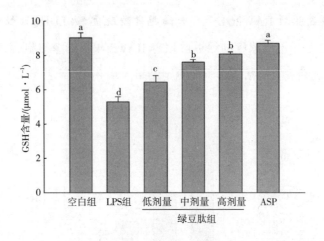

图 3-33　MBPH 作用下的 RAW264.7 巨噬细胞 GSH 的含量变化

(a~d 表示在同一条件下,各处理组间差异显著,即 $P<0.05$)

谷胱甘肽(glutathione,GSH)是一种全身细胞保护性因子,具有抗凋亡、抗炎、促进组织修复、减轻细胞损伤、清除自由基、解毒、促进细胞生长发育及细胞免疫等多种重要生理功能(谢雅清,2013)。由图 3-33 可知,与对照组相比,LPS 能显著降低巨噬细胞内 GSH 含量($P<0.05$);与模型组相比,MBPH 可以显著缓解 LPS 诱导的巨噬细胞胞内 GSH 水平的下降($P<0.05$),呈现量效关系,但 MBPH 中、高剂量组差异无统计学意义($P<0.05$)。结果表明,MBPH 对 LPS 诱导的巨噬细胞内 GSH 含量的下调具有明显改善作用。

(五)绿豆肽对 RAW264.7 巨噬细胞分泌 TNF-α 含量的影响

图 3-34 是在加入不同浓度的绿豆肽 12h 后,ELISA 法检测其对 RAW264.7 巨噬细胞分泌肿瘤坏死因子含量的影响结果。

TNF-α 是炎症初期最早出现的炎症因子,主要由巨噬细胞分泌,能促进炎症的发生与发展。由图 3-34 可知,与对照组相比,LPS 显著增加 TNF-α 的分泌水平($P<0.05$);与模型组相比,MBPH 组显著抑制 TNF-α 的分泌水平($P<0.05$),并且随 MBPH 浓度的升高,抑制作用逐渐增强,呈现量效关系。结果表明,MBPH 可以显著抑制 LPS 诱导巨噬细胞分泌 TNF-α。

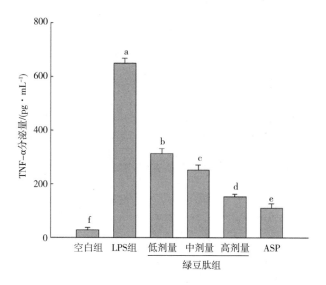

图 3-34　MBPH 作用下 RAW264.7 巨噬细胞分泌 TNF-α 含量变化

(a~f 表示在同一条件下,各处理组间差异显著,即 $P<0.05$)

(六)绿豆肽对 RAW264.7 巨噬细胞分泌 IL-1α 含量的影响

图 3-35 是在加入不同浓度的绿豆肽 12h 后,ELISA 法检测其对 RAW264.7 巨噬细胞分泌 IL-1α 含量的影响结果。

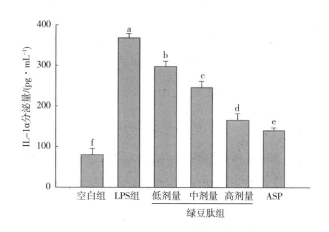

图 3-35　MBPH 作用下 RAW264.7 巨噬细胞分泌 IL-1α 含量变化

(a~f 表示在同一条件下,各处理组间差异显著,即 $P<0.05$)

IL-1α又称淋巴细胞活化因子,可作用于机体的各个系统,具有广泛的生物学作用,在介导炎症反应、参与免疫调节和影响组织代谢方面发挥着积极的作用。由图3-34可知,与对照组相比,LPS显著增加IL-1α的分泌水平($P<0.05$);与L模型组相比,MBPH组显著抑制IL-1α的分泌水平($P<0.05$),并且随MBPH浓度的升高,抑制作用逐渐增强,呈现量效关系。结果表明,MBPH可以显著下调LPS所诱导巨噬细胞分泌的IL-1α水平。

(七)绿豆肽对RAW264.7巨噬细胞分泌IL-6水平的影响

图3-36是在加入不同浓度的绿豆肽12h后,ELISA法检测其对RAW264.7巨噬细胞分泌IL-6含量的影响结果。

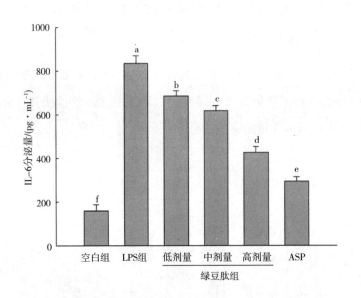

图3-36 MBPH作用下RAW264.7巨噬细胞分泌IL-6含量变化

(a~f表示在同一条件下,各处理组间差异显著,即$P<0.05$)

IL-6又称为B细胞刺激因子,具有增强免疫、促进造血、诱导B细胞和T细胞增殖分化等作用。由图3-36可知,与对照组相比,LPS能显著增强巨噬细胞分泌IL-6($P<0.05$);与模型组相比,MBPH可以显著抑制LPS刺激引起的巨

噬细胞 IL-6 水平的升高,并且 MBPH 浓度越高,抑制越显著,呈现量效关系。结果表明,MBPH 可以缓解 LPS 对巨噬细胞分泌 IL-6 的抑制作用,减轻炎症程度,具有一定的抗炎效果。

四、讨论

LPS 作为一种细胞毒素,对巨噬细胞具有一定的激活作用,但是过量持续的刺激会引起细胞炎症反应,导致细胞损伤和凋亡(倪湾,2017)。本研究中,2μg/mL 的 LPS 可显著抑制巨噬细胞增殖,并能增强其吞噬能力,这与刘想(2018),徐智敏(2012),李芬芬(2014)等的研究结果相一致;而绿豆肽能增强巨噬细胞增殖,降低其吞噬能力,缓解 LPS 对巨噬细胞的过度刺激,表明 MBPH 能通过改善巨噬细胞吞噬能力发挥抗炎作用。MPO、LDH、GSH 是巨噬细胞发挥生物学作用的三种重要物质。过量的 LPS 可显著提高巨噬细胞内的 LDH 和 MPO 的活性,降低巨噬细胞内 GSH 水平,而 MBPH 可以改善这种情况,表明 MBPH 可以通过改善巨噬细胞酶解消化能力发挥抗炎作用。LPS 刺激可使巨噬细胞内促炎性细胞因子显著升高,这和舒旷怡(2010)、张海(2014)、喻鹏久(2013)的研究结果相一致,MBPH 可以缓解促炎性细胞因子的过度分泌,表明 MBPH 可以通过调节巨噬细胞促炎性细胞因子的分泌水平发挥抗炎作用。

综上所述,绿豆肽具有抗炎的效果,能通过调控巨噬细胞增殖、吞噬、胞内酶解消化及抑制促炎性细胞因子分泌发挥其抗炎作用。这与大豆、牛乳、禽蛋等小分子抗炎肽研究结果相一致(Maggie,2009;Bertrand,2010;Lule,2015)。目前研究发现,食源性生物活性肽的抗炎作用、免疫调节能力多与其氨基酸的组成、序列、长度、电荷、疏水性及肽分子的结构密切相关(李媛媛,2017;Meram,2018)。大量研究也已证实,谷氨酰胺、谷氨酸、酪氨酸、色氨酸以及疏水性氨基酸均能促进食源性生物活性肽的免疫调节活性。本课题组前期研究也已发现绿豆肽的氨基酸组成中富含疏水性氨基酸如甘氨酸、缬氨酸、亮氨酸、脯氨酸、苯丙氨酸等,且总量高达 28.37%。因此,推测绿豆肽具有抗炎活性与其特殊的氨基酸组成及低分子量有关。

五、小结

本研究以绿豆肽为原材料,通过细胞实验研究了绿豆肽的抗炎作用,得到绿豆肽对 LPS 激活的巨噬细胞的吞噬能力具有显著抑制作用,能通过调控巨噬细胞增殖、胞内酶解消化及抑制细胞因子的分泌发挥其抗炎作用。

参考文献

[1]王凯凯,曹荣安,张丽萍. 磁化水结合超声波辅助 Alcalase 2.4L FG 酶水解绿豆蛋白的工艺研究[J]. 中国食品添加剂,2015(7):83-92.

[2]王婧超.6-姜烯通过 NF-KB 途径对脂多糖诱导的急性肺损伤小鼠的保护作用机制研[D]. 广州:南方医科大学,2016.

[3]CHAUHAN A K,JAKHAR R,PAUL S,et al. Potentiation of macrophage activity by thymol through augmenting phagocytosis [J]. International Immunopharmacology,2014,18(2):340-346.

[4]王永博. 髓过氧化物酶(MPO)不同检测样本参考区间的临床研究[D]. 昆明:昆明医科大学,2016.

[5]倪湾. 洋葱槲皮素对脂多糖诱导的小鼠腹腔巨噬细胞炎症反应抑制作用[J]. 食品工业科技;2017,38(23):284-288.

[6]刘想,付王威,牛晓琴,等. 黑灵芝多糖对脂多糖诱导巨噬细胞 M1/M2 表型转化的影响[J]. 食品科学,2018,39(19):148-153.

[7]BERTRAND P,CHAY Pak Ting. On the use of ultrafiltration for the concentration and desalting of phosvitin from egg yolk protein concentrate[J]. International Journal of Food Science and Technology,2010,45(8):1633-1640.

[8]MURIEL P. Regulation of nitric oxide synthesis in the liver [J]. J. App. Toxicol,2000,20:189-195.

[9]赵广阳,张明亮,王淑秋,等. 山楂叶总黄酮对糖尿病大鼠心肌中 HO-1/

CO 系统和 iNOS/ NO 系统影响的研究[J]. 中国现代医生,2013,51(16):8-9.

[10]WU J H,LI M X,LIU L,et al. Nitric oxide and interleukins are involved in cell proliferation of RAW264. 7 macrophages activated by viili exopolysaccharides [J]. Inflammation,2013,36(4):954-961.

[11]LULE V K,GARG S,POPHALY S D,et al. Potential health benefits of lunasin:A multifaceted soy-derived bioactive peptide[J]. Journal of Food Science, 2015,80(3):485-494.

[12]李媛媛,张惠,薛文通. 豆类制备生物活性肽的功能特性及研究进展 [J]. 粮食与油脂,2017,30(7):4-8.

[13]Meram CHALAMAIAH,Wenlin YU,Jianping WU. Immunomodulatory and anticancer protein hydrolysates(peptides) from food proteins:A review[J]. Food Chemistry. 2018,245:205-222.

[14]KARAMI Z,AKBARI-ADERGANI B. Bioactive food derived peptides:a review on correlation between structure of bioactive peptides and their functional properties[J]. Journal of Food Science and Technology,2019(2):535-547.

[15]SATO K. Structure,content,and bioactivity of food-derived peptides in body[J]. Journal of Agricultural and Food Chemistry,2018(12):3082-3085.

[16]STEFANUCCI A,MOLLICA A,MACEDONIO G,et al. Exogenous opioid peptides derived from food proteins and their possible uses as dietary supplements:a critical review[J]. Food Reviews International,2018,34(1):70-86.

[17]WANG Y L,Huang Q,Kong D,et al. Production and Functionality of Food-derived Bioactive Peptides:A Review[J]. Mini Reviews in Medicinal Chemistry, 2018,18(18):1524-1535.

[18]SANGSAWAD P, ROYTRAKUL S, CHOOWONGKOMON K, et al. Transepithelial transport across Caco-2 cell monolayers of angiotensin converting enzyme(ACE) inhibitory peptides derived from simulated, in vitro, gastrointestinal digestion of cooked chicken muscles[J]. Food Chemistry,2018,15:77-85.

[19]SUNG N Y,JUNG P M,YOON M,et al. Anti-inflammatory effect of sweet-fish-derived protein and its enzymatic hydrolysate on LPS-induced RAW264. 7 cells via inhibition of NF-κB transcription[J]. Fish Sci. ,2012,78:381-390.

[20]CIAN R E,LÓPEZ-POSADAS R,DRAGO S R,et al. A Porphyra colum-bina hydrolysate upregulates IL-10 production in rat macrophages and lymphocytes through an NF-κB,and p38 and JNK dependent mechanism[J]. Food Chemistry,2012,134:1982-1990.

[21]YANG J,TANG J,LIU Y,et al. Roe protein hydrolysates of giant grouper (Epinephelus lanceolatus)inhibit cell proliferation of oral cancer cells involving ap-optosis and oxidative stress[J]. Biomed Research International,2016:1-12.

[22]CHALAMAIAH M,YU W L,WU J P. Immunomodulatory and anticancer protein hydrolysates(peptides)from food proteins:A review[J]. Food Chemistry,2018,245:205-222.

[23]刁静静,王凯凯,张丽萍,等. 模拟移动床色谱分离纯化绿豆 ACE 抑制肽[J]. 中国食品学报,2017,17(9):142-150.

[24]AHN C B,CHO Y S,JE J Y. Purification and anti-inflammatory action of tripeptide from salmon pectoral fin by-product protein hydrolysate[J]. Food Chemis-try,2015,168:151-156.

[25]HE X Q,CAO W H,PAN G K,et al. Enzymatic hydrolysis optimization of Paphia undulata and lymphocyte proliferation activity of the isolated peptide fractions [J]. Journal of the Science of Food and Agriculture,2015,95:1544-1553.

[26]TIDARAT T,JURRIAAN J M,HARRY J W,et al. Immunomodulatory ac-tivity of protein hydrolysates derived from Virgibacillus halodenitrificans SK1-3-7 proteinase[J]. Food Chemistry,2017,224:320-328.

[27]MAESTRI E,MARMIROLI M,MARMIROLI N. Bioactive peptides in plant-derived foodstuffs[J]. Journal of Proteomics,2016,147:140-155.

[28]LI L L,LI B,JI H F,et al. Immunomodulatory activity of small molecular

（≤3 kDa）Coix glutelin enzymatic hydrolysate［J］. CYTA-Journal of Food,2016, 15:41-18.

［29］KARNJANAPRATUM S, O'CALLAGHAN Y C, BENJAKUL S, et al. Antioxidant,immunomodulatory and antiproliferative effects of gelatin hydrolysate from Unicorn leatherjacket skin［J］. Journal of the Science of Food and Agriculture, 2016,96:3220-3226.

［30］CHALAMAIAH M, WU J. Anti-inflammatory capacity of hen egg yolk livetins fraction（α,β & γ livetins）and its enzymatic hydrolysates in lipo-polysaccharide（LPS）induced RAW 264.7 macrophages［J］. Food Research International, 2017,100:449-459.

［31］HOU H,FAN Y,WANG S,et al. Immunomodulatory activity of Alaska pollock hydrolysates obtained by glutamic acid biosensor-Artificial neural network and the identification of its active central fragment［J］. Journal of Functional Foods, 2016,24:37-47.

［32］RODRÍGUEZ-CARRIO J, FERNÁNDEZ A, RIERA F A, et al. Immunomodulatory activities of whey b-lactoglobulin tryptic-digested fractions ［J］. International Dairy Journal,2014,34:65-73.

［33］YANG R,ZHANG Z,PEI X,et al. Immunomodulatory effects of marine oligopeptide preparation from chum Salmon（Oncorhynchus keta）in mice［J］. Food Chemistry,2009,113:464-470.

［34］HOU H,FAN Y,LI B,et al. Preparation of immunomodulatory hydrolysates from Alaska pollock frame［J］. Journal of the Science of Food and Agriculture, 2012,92:3029-3038.

［35］MAESTRI E,MARMIROLI M,MARMIROLI N. Bioactive peptides in plant-derived foodstuffs［J］. Journal of Proteomics,2016,147:140-155.

［36］张超,张冲,刘雪琪,等. 奥曲肽对肝纤维化大鼠自噬相关蛋白 LC3 和 Beclin-1 表达的影响［J］. 中国药理学通报,2019(1):147-148.

[37]刘新辉. 黄芪甲苷对高糖诱导肾小管上皮细胞凋亡及线粒体自噬相关蛋白表达的影响[J]. 2019,2:251-255.

[38]FITZPATRICK S F,TAMBUWALA M M,BRUNING U. An intact canonical NF-κB pathway is required for inflammatory gene expression in response to hypoxia[J]. The Journal of Immunology,2011,186(2):1091-1096.

[39]RUEDA C M,PRESICCE P,JACKSON C M,et al. Lipopolysaccharide-induced chorioamnionitis promotes IL-1 dependent inflammatory $FOXP_3^+$ CD_4^+ T cells in the fetal rhesus macaque[J]. The Journal of Immunology,2016,196(9):3706-3715.

[40]IRSHAD Ali. Monoolein,isolated from Ishige sinicola,inhibits lipopolysaccharide-induced inflammatory response by attenuating mitogen-activated protein kinase and NF-κB pathways[J]. Food Science and Biotechnology,2017,26(2):507-511.

[41]陈朝阳,姚茹,王璐,等. 莲心碱对 LPS 诱导小鼠急性肺损伤的保护作用[J]. 中国实验动物学报,2018,26(3):343-348.

[42]VERNAZA M G,DIA V P,MEJIA E G,et al. Antioxidant and anti-inflammatory properties of germinated and hydrolysed Brazilian soybean flours[J]. Food Chemistry,2012,134:2217-2225.

[43]MILLAN-LINARES M C,BERMUDEZ B,YUST M M,et al. Anti-inflammatory activity of lupine(Lupinus angustifolius L.)protein hydrolysates in THP-1-derived macrophages[J]. Journal of Functional Foods,2014,8:224-233.

[44]NDIAYE F,VUONG T,DUARTE J,et al. Antioxidant,anti-inflammatory and immunomodulating properties of an enzymatic protein hydrolysate from yellow field pea seeds[J]. European Journal of Nutrition,2012,51:29-37.

[45]MOHD A N,MOHD Y H,LONG K,et al. Antioxidant and hepatoprotective effect of aqueous extract of germinated and fermented mung bean on ethanol-mediated liver damage[J]. Biomed Research International,2013(2):693-703.

［46］HASHIGUCHI A,WEI Z,TIAN J,et al. Proteomics and metabolomics-driven pathway reconstruction of mung bean for nutraceutical evaluation［J］. Biochimica et Biophysica Acta（BBA）-Proteins and Proteomics,2017,1865（8）:1057.

［47］BALIBREA J L,JAVIER Arias-Díaz. Acute Respiratory Distress Syndrome in the Septic Surgical Patient［J］. World Journal of Surgery,2003,27（12）:1275-1284.

［48］MAGGIE Lee. Therapeutic potential of hen egg white peptides for the treatment of intestinal inflammation［J］. Journal of Functional Foods,2009,1（2）:161-169.

［49］BERTRAND P. Chay Pak Ting. On the use of ultrafiltration for the concentration and desalting of phosvitin from egg yolk protein concentrate［J］. International Journal of Food Science and Technology,2010,45（8）:1633-1640.

［50］LULE V K,GARG S,POPHALY S D,et al. "Potential health benefits of lunasin:A multifaceted soy-derived bioactive peptide"［J］. Journal of Food Science,2015,80（3）:485-494.

［51］李媛媛,张惠,薛文通. 豆类制备生物活性肽的功能特性及研究进展［J］. 粮食与油脂,2017,30（7）:4-8.

［52］MERAM Chalamaiah,Wenlin YU,Jianping WU. Immunomodulatory and anticancer protein hydrolysates（peptides）from food proteins:A review. Food Chemistry［J］. 2018,245:205-222.

［53］DENIZOT F,LANG R. Rapid colorimetric assay for cell growth and surrvial:Modifications to the tetrazolium dye procedure giving improved sensitivity and reliability［J］. J Immunol Methods,1986,89（2）:271-277.

［54］TWENTYMAN P R,LUSCOMBE M. A study of some variables ina tetrazolium dye（MTT）bassed assay for cell growth and chemosensitxity［J］. BRJ Cancer,1987,56（3）:279-285.

［55］MACMICKING J, XIE Q W, Nathan C. Nitric oxide and macroph‐age function［J］. Ann Rev Immunol,1997,15:323-350.

［56］WU J H,LI M X,LIU L,et al. Nitric oxide and interleukins are involved in cell proliferation of RAW264. 7 macrophages activated by viili exopolysaccharides ［J］. Inflammation,2013,36(4):954-961.

第四章 绿豆免疫活性肽的分级及结构鉴定

第一节 不同级分绿豆肽免疫活性及结构鉴定

本课题组前期研究发现,绿豆肽具有免疫活性。为了得到具有较高活性的绿豆免疫肽,本章内容以绿豆肽为原料,采用葡聚糖凝胶 G-15 进行层析分离,将不同级分绿豆肽分别作用于 RAW264.7 巨噬细胞,分析不同细胞处理组的吞噬能力、核酸、糖原、细胞因子等免疫活性指标,筛选出具有较高活性的免疫肽级分,并对其进行结构分析,以期为进一步阐明绿豆肽的免疫调节作用机制提供技术支撑,也为绿豆肽在食品保健及医药领域的应用提供理论依据。

一、实验材料与设备

(一)实验材料

绿豆蛋白粉(山东招远市温记食品有限公司);碱性蛋白酶(丹麦诺维信公司);葡聚糖凝胶 SephadexG-15(上海宝曼生物科技有限公司);胎牛血清(索莱宝生物科技有限公司);DMEM 高糖培养基/改良杜氏伊格尔培养基(上海慧颖生物科技有限公司);PBS 磷酸缓冲盐溶液(北京梦怡美生物科技有限公司);青链霉素混合液(索莱宝生物科技有限公司);胰蛋白酶(赛默飞世尔科技有限公司);细胞培养皿(赛默飞世尔科技有限公司);无水乙醇(分析纯,天津市科密欧化学试剂有限公司);吖啶橙荧光染色试剂盒(北京吉美生物技术有限公司);过碘酸雪夫染色液试剂盒(安徽雷根生物技术公司)。

(二)实验设备

细胞培养箱(上海玺恒实业有限公司);数显恒温水浴锅(常州荣冠实验分析仪器厂);超净工作台(郑州宏朗仪器设备有限公司);低速离心机(张家港市凯迪机械有限公司);高速冷冻离心机(北京时代北利离心机有限公司);电子显微镜(深圳市博视达光学仪器有限公司);HG-9707计算机紫外检测仪(上海精科实业有限公司);DLH-2计算机恒流泵(上海精科实业有限公司);BSZ-160F计算机自动部分收集器(上海精科实业有限公司);API 3000型三重四级杆质谱仪(美国SCIEX系列仪器-AB SCIEX公司);荧光显微镜(上海天省仪器有限公司)。

二、实验方法

(一)绿豆肽的制备

实验室自行制备绿豆肽,将购买的绿豆蛋白粉配制成底物浓度为7%的样品溶液,用1mol/L的NaOH调pH至8.5,加入1%碱性蛋白酶($[E]/[S]$)后于55℃水浴搅拌,用1mol/L的NaOH使pH保持恒定,当水解度达到25%时终止水解,调pH至7.0,并在搅拌中迅速升温至95℃,保持10min使酶失活,获得绿豆肽溶液,冻干备用。

(二)绿豆肽的分级

采用Sephadex G-15层析凝胶柱进行分离,凝胶柱规格为1cm×40cm,样品上样量2mL,样品浓度为0.1g/mL,以蒸馏水为流动相,流速1mL/min,洗脱5h,220nm波长(紫外检器HG-9707)处检测出峰情况,收集不同洗脱时间的绿豆肽溶液,冻干备用。采用Collection Microsoft软件进行数据分析,计算峰面积。

(三)不同级分绿豆肽对RAW264.7巨噬细胞增殖率的影响

RAW264.7巨噬细胞以$1×10^5$个/mL的浓度接种到96孔板,在37℃、5%CO_2的培养条件下预培养2h后,分别加入浓度为200mg/mL分级后的绿豆肽溶液,以等体积的PBS作为空白对照,培养4h后直接加入20μL中性红染色液,细胞培养箱内孵育2h,除去含有中性红染色液的培养液,加入200μL中性红检测裂解液,室温摇床裂解 10min 后,于 690nm 波长下测定吸光值。

(四)不同级分绿豆肽对巨噬细胞糖原的影响

取细胞板,将固定好的各组分的巨噬细胞固定液甩净,滴加蒸馏水至覆盖细胞爬片,清洗 3~4 次,每次 5min。去除蒸馏水,滴加高锰酸钾溶液氧化 10min。去除残液,滴加蒸馏水浸泡 5min。去除残液,滴加雪夫染液染色 15min 后,蒸馏水清洗 3~4 次,每次 5min,去除残液,以苏木素复染 1min,自来水反蓝 5min。染色完成后,依次以 75%、85%、95%乙醇溶液及无水乙醇Ⅰ、无水乙醇Ⅱ 浸泡,每次浸泡 1min,取出,于干净的载玻片上滴加一滴甘油乙醇,将细胞爬片 倒扣于载玻片上,显微镜下观察染色结果。

(五)不同级分绿豆肽对 RAW264.7 巨噬细胞核酸的影响

分别取不同组分的巨噬细胞于干净的载玻片上,加入适量 95%乙醇固定细胞 5min,滴加 2 滴 0.01%吖啶橙染液,染色 5min 后盖上盖玻片,吸去盖玻片周围多余液体,在荧光显微镜下选择蓝色激发光滤片观察染色情况。

(六)不同级分绿豆肽对巨噬细胞的细胞因子的影响

取对数生长期巨噬细胞,按照 1×10^5 个/孔的数目接种至 6 孔板中,置于 37℃、5%的 CO_2 培养条件下预培养 24h,设置空白组、LPS 刺激组、不同级分绿豆肽组,不同级分绿豆肽组每孔加入 20μL 浓度为 200mg/mL 的不同级分绿豆肽,LPS 刺激组加入 20μL 浓度为 200μg/mL 的 LPS 溶液,空白组加入等体积 PBS 缓冲液,相同条件下培养 24h 后收集上清液,按照 ELISA(IL-6、IL-1β、TNF-α)试剂盒说明书操作,测定各细胞因子的浓度水平。

(七)不同级分绿豆肽对 LPS 刺激巨噬细胞的细胞因子分泌量的影响

取对数生长期巨噬细胞,按照 1×10^5 个/孔的数目接种至 6 孔板中,置于 37℃、5%的 CO_2 培养条件下预培养 24h,设置空白组、LPS 刺激组、不同级分 绿豆肽抑制组。不同级分绿豆抑制肽组每孔加入 20μL 浓度为 200mg/mL 的 不同级分绿豆肽,然后再加入 20μL 浓度为 200μg/mL 的 LPS 溶液。LPS 刺 激组加入 20μL 浓度为 200μg/mL 的 LPS 溶液,然后再加入 20μL PBS 缓冲 液。空白组加入 40μL PBS 缓冲液。相同条件下培养 24h 后收集上清液,按照 ELISA(IL-6、IL-1β、TNF-α)试剂盒说明书操作,测定各细胞因子的浓度水平。

（八）绿豆肽的结构鉴定

参照吴芳玲(2018)方法测定绿豆肽的结构。

（九）数据统计

所得数据均为重复实验平均值,采用 Statistix 8(分析软件,St Paul,MN)对数据进行分析,平均值之间显著性差异($P<0.05$)通过 Turkey HSD 进行多重比较分析。并采用 SigmaPlot 13.0 和 Excel6.0 作图。

三、结果与分析

（一）SephadexG-15 层析分离绿豆肽

图 4-1 为绿豆肽层析分级谱图。由图可知,绿豆肽被分成四个级分:MBPH-1、MBPH-2、MBPH-3 和 MBPH-4,根据葡聚糖凝胶分离性质可知不同级分绿豆肽的分子量表现为:MBPH-1>MBPH-2>MBPH-3>MBPH-4。采用 Collection Microsoft 软件计算峰面积,结果如下:MBPH-1(2400.58)、MBPH-2(2294.41)、MBPH-3(1165.28)、MBPH-4(420.00),其中 MBPH-4 级分绿豆肽量较少,不足以进行后续分析,遂与 MBPH-3 级分绿豆肽合并,统一归为 MBPH-3 级分。

（二）不同级分绿豆肽对 RAW264.7 巨噬细胞增殖率的影响

表 4-1 反映不同级分绿豆肽对巨噬细胞增殖率的影响。由试验结果可知,不同处理组绿豆肽均对巨噬细胞增殖有促进效果,且呈梯度增加,未分级绿豆肽<MBPH-1<MBPH-2<MBPH-3,其中 MBPH-3 级分促进效果最佳,MBPH-3 组的增殖率为 9.05%,相比 MBPH-2、MBPH-1、未分级绿豆肽组分别增高 6.77%、7.75%、8.42%。已有研究表明,巨噬细胞增殖能力可以作为评估巨噬细胞是否活化的重要指标(叶蕾,2019),因此该指标可以反映机体免疫能力的水平。当巨噬细胞受到刺激因子、表皮生长因子、肿瘤促进因子等生长因子诱导时,会促使巨噬细胞增殖。综上所述,不同级分绿豆肽以及未分级的绿豆肽均对巨噬细胞无毒害作用,且能促进巨噬细胞活化,提高免疫力,且 MBPH-3 绿

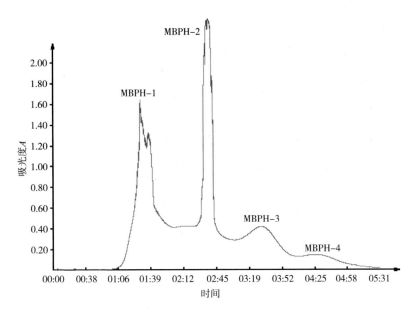

图 4-1　绿豆肽分级层析谱图

豆肽促进效果最优。

表 4-1　不同级分绿豆肽以及未分级绿豆肽对巨噬细胞增殖率的影响

项目	正常组	MBPH-1 组	MBPH-2 组	MBPH-3 组	绿豆肽组
增殖率/%	—	$1.46^{c} \pm 0.003$	$2.28^{b} \pm 0.017$	$9.05^{a} \pm 0.192$	$0.63^{c} \pm 0.004$

注　a~c 表示在同一条件下,各处理组间差异显著,即 $P < 0.05$。

(三)不同级分绿豆肽对 RAW264.7 巨噬细胞糖原的影响

图 4-2 所示为不同级分绿豆肽对巨噬细胞糖原含量的影响。巨噬细胞中的糖类物质经过碘酸氧化形成双醛基,醛基又与雪夫试剂中的无色品红结合,形成紫红色物质,附着于含有多糖类的包浆中,染色的深浅可直接反应糖类物质的含量。由图 4-2 可知,LPS 刺激组和不同级分绿豆肽组细胞内深色区域结块偏多,染色程度加深,此时细胞内糖原含量升高,空白对照组细胞内颗粒分散稀疏。不同级分绿豆肽组糖原含量相比空白对照组差异显著($P <$ 0.05),其中 MBPH-3 级分促进效果最佳。众所周知,巨噬细胞是一种非特异性免疫细胞,在免疫系统中发挥着至关重要的作用(Huang,2017),也有研

143

究表明,免疫细胞在受到外界刺激时会迅速改变糖代谢方式以便产生炎症因子,抵抗外界抗原刺激(吉甜甜,2017)。综上所述,不同级分绿豆肽可促进巨噬细胞改变代谢方式,使糖原含量升高,从而促进炎症因子的释放,调节细胞免疫活性。

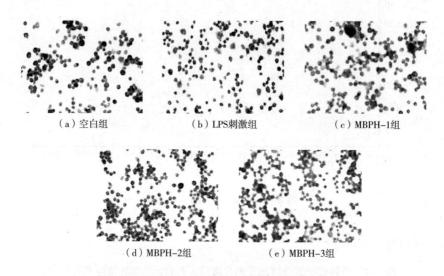

(a)空白组　　　　　　(b)LPS刺激组　　　　　(c)MBPH-1组

(d)MBPH-2组　　　　　(e)MBPH-3组

图4-2　不同级分绿豆肽对巨噬细胞糖原的影响

(四)不同级分绿豆肽对 RAW264.7 巨噬细胞核酸的影响

图4-3 为不同级分绿豆肽对巨噬细胞核酸含量的影响。95%乙醇可改变巨噬细胞膜的通透性,吖啶橙可嵌入核酸双链的碱基对之间,从而与 DNA 结合,于530nm 荧光发射峰下呈现黄绿色荧光;带正电荷的吖啶橙与带负电荷的单链核酸的磷酸根产生静电吸引结合,在 640nm 荧光发射峰下呈现红绿色荧光。如图4-3 所示,LPS 组与不同级分绿豆肽组细胞体积变大、突触长而粗,核内的 DNA 呈黄绿色,基质内的 RNA 呈红绿色,相比空白对照组荧光强度明显增强,其中 MBPH-3 级分绿豆肽促进效果最佳。有研究表明,核酸代谢活性的增强有利于激活巨噬细胞各种生命活动。综上所述,不同级分绿豆肽可促进核酸的代谢,提高巨噬细胞的活性,从而调节免疫功能,而且 MBPH-3 级分促进效果更为明显。

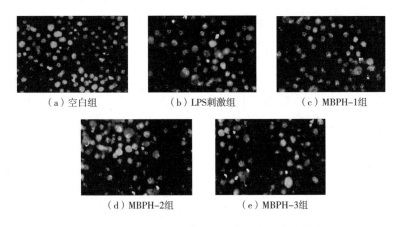

（a）空白组　　　　　（b）LPS刺激组　　　　　（c）MBPH-1组

（d）MBPH-2组　　　　　（e）MBPH-3组

图 4-3　不同级分绿豆肽对巨噬细胞核酸的影响

（五）不同级分绿豆肽对小鼠巨噬细胞的细胞因子的影响

细胞因子是由免疫细胞和某些非免疫细胞经刺激而合成分泌的一类具有广泛生物学活性的小分子蛋白,具有调节天然免疫、获得性免疫、细胞生长和损伤组织修复等多种功能(吴晓勇,2009)。图 4-4 反映不同级分绿豆肽对巨噬细胞细胞因子 IL-6、IL-1β 和 TNF-α 分泌量的影响。IL-6 是在感染和损伤刺激下产生的一种多效性细胞因子,能调节多种细胞功能,包括细胞增殖、细胞分化、免疫防御等,主要由淋巴细胞、巨噬细胞等细胞分泌(朱俊宇,2017)。由图 4-4 可知,LPS 组的 IL-6 分泌量明显高于空白对照组以及不同级分绿豆肽组,这是由于 LPS 刺激巨噬细胞,导致巨噬细胞活化,从而增加了细胞因子 IL-6 的表达。不同级分绿豆肽组间对比发现,MBPH-1、MBPH-2、MBPH-3 绿豆肽都具有提高巨噬细胞细胞因子分泌的能力,且 MBPH-3 组细胞因子分泌量高于其他组分,分泌量为 1566.47pg/mL。IL-1β 是内皮细胞活化因子,是一种起着免疫调节作用的激素样肽类物质,即炎症前期细胞因子,主要由活化的吞噬细胞产生,在免疫应答中起着重要作用(董海玲,2008)。由图 4-4 可以看出,不同级分绿豆肽组可促进巨噬细胞分泌 IL-1β,且 MBPH-3 组效果最佳,但分泌量显著低于 LPS 刺激组,是因为 LPS 作为内毒素其刺激性强于不同级分绿豆肽组。TNF-α 由多核巨噬细胞产生,是一种具有广泛生物活性、能直接杀伤肿瘤细胞且对正常细胞无明显毒性的细胞因子,是迄今为止所发现的直接杀伤肿瘤作用最强的生物活性因子之一(李世芳,2017)。由图 4-4 可知,不同级分绿豆肽刺激组 TNF-α 的分泌量趋势与 IL-6、IL-1β 相似,且 MBPH-3 组的细胞因子分泌量高于其他级分绿豆肽组,但低于 LPS 刺激组细胞因子分泌量,MBPH-1、MBPH-2、MBPH-3 组 TNF-α 分泌量分别为 565.16pg/mL、537.63pg/mL、828.13pg/mL,分别比空白组高 136.55pg/mL、139.61pg/mL、436.18pg/mL,显著低于 LPS 组。综上分析,不同级分绿豆肽可以通过促进促炎因子 IL-6、IL-1β 和 TNF-α 的分泌,从而在促炎途径中发挥免疫调节作用。

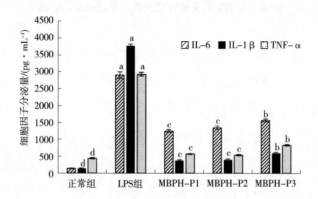

图 4-4 不同级分绿豆肽对巨噬细胞细胞因子的影响

(a~d 表示在同一条件下,各处理组间差异显著,即 $P<0.05$)

(六)不同级分绿豆肽对 LPS 刺激巨噬细胞细胞因子的影响

图 4-5 所示为不同级分绿豆肽对 LPS 诱导的巨噬细胞细胞因子(IL-6、IL-1β、TNF-α)分泌量的影响。由图可知,LPS 组的 IL-6、IL-1β、TNF-α 分泌量显著高于不同级分绿豆肽处理组以及空白对照组,而不同级分绿豆肽对 LPS 刺激的巨噬细胞细胞因子分泌水平有一定的抑制效果,且 MBPH-3 处理组抑制能力最佳,其 TNF-α、IL-1β 和 IL-6 分泌量分别为 2152.94pg/mL、1058.81pg/mL、859.96pg/mL,相比 LPS 组 2923.19pg/mL、3707.09pg/mL、2880.74pg/mL 有一定抑制作用。这表明不同级分绿豆肽可抑制 LPS 刺激巨噬细胞分泌炎症因子,可推断在机体受到外界刺激时,不同级分绿豆肽可通过拮抗炎症的作用发挥免

疫调节功能。刘效森(2018)研究表明补充生物活性肽 QRPR 可以抵御 LPS 刺激 RAW264.7 巨噬细胞引起的炎症反应作用。这与本研究结果一致。

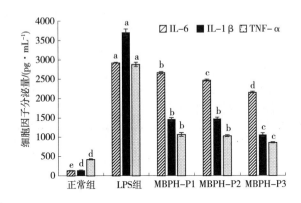

图4-5 不同级分绿豆肽对 LPS 刺激巨噬细胞细胞因子的影响

(a~e 表示在同一条件下,各处理组间差异显著,即 $P<0.05$)

(七)高免疫活性绿豆肽结构鉴定

质谱法是多肽结构确证的重要手段,用质谱法测定肽类的分子量及进行序列分析具有分析速度快、步骤简单、用量、结果准确等优点(王英武,2003;崔勐,2001;王璐,2015)。图4-6 和图4-7 为 MBPH-3 绿豆肽质谱图,根据 b 离子片段和 y 离子片段可推算出 C 端、N 端氨基酸分子量分别为 132、132、181、75 和 115、119、149,通过氨基酸分子量推测氨基酸序列为 Asn-Asn-Tyr-Gly-Pro-Thr-Met,其分子量为 903Da。

四、结果与讨论

食源性蛋白肽的分子量大小与其生物活性有关,王璐等(2015)的研究也证实,蛋白水解物分子量大小与其免疫活性存在一定的关系,其中分子量小于 1000Da 的水解物其免疫活性较强。且研究还发现,含有疏水性氨基酸的肽段免疫效果极佳(阮晓慧,2016)。本文研究结果是:绿豆肽的分子量与其活性呈反向相关,且具有较高活性的绿豆肽级分中含有酪氨酸、甘氨酸和脯氨酸等疏水性氨基酸。这与王璐和阮晓慧等的研究结果一致。

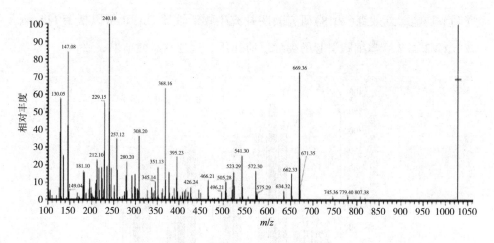

图 4-6　MBPH-3 的一级质谱图

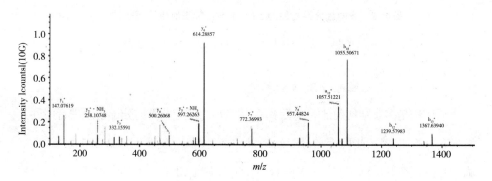

图 4-7　MBPH-3 的二级质谱匹配图(MS/MS)

本文研究得出结论,不同级分绿豆肽可提高机体的非特异性免疫反应,可刺激巨噬细胞增殖,而且绿豆肽分子量越小,其增殖率越高;小分子量绿豆肽处理组的巨噬细胞糖原含量及核酸代谢水平均优于空白组和对照组。这些研究结果均表明,绿豆肽可显著活化巨噬细胞,刺激其增殖,并提高细胞的核酸代谢水平,且小分子量绿豆肽的效果尤为明显,这就表明绿豆肽的免疫活性与其分子量紧密相关。而且细胞因子研究结果也发现,绿豆肽可以增强巨噬细胞的 IL-6、IL-1β 和 TNF-α 等细胞因子的表达量,但其表达量均显著低于 LPS组,而且与其他处理组相比,MBPH-3 级分的细胞因子表达量较高,这就进一步表明绿豆肽可激活巨噬细胞,发挥免疫活性,但其不会引起机体的炎症反应,这与绿豆肽的分子量具有一定的相关性;通过绿豆肽对 LPS 诱导巨噬细胞的细胞因子表达研究结果发现,绿豆肽可显著抑制 LPS 诱导巨噬细胞促炎细胞因子的表达,且 MBPH-3 级分的抑制效果最佳。以上研究均说明绿豆肽可增强正常巨噬细胞的活力,提高其抗感染性;同时,绿豆肽对于炎性细胞又可发挥拮抗炎症的作用,且绿豆肽的免疫活性与其分子量具有相关性。

有研究表明,具有较高免疫活性的食源性蛋白肽大都包含 2~10 个氨基酸序列,且具有一定的疏水性。MBPH-3 级分的鉴定结果表明其分子量为 903Da,氨基酸序列为 Asn—Asn—Tyr—Gly—Pro—Thr—Met 的七肽。有研究发现免疫调节肽的常见残基是疏水氨基酸,如甘氨酸(Gly)、脯氨酸等(Pro)、苯丙氨酸(Phe)、谷氨酸(Glu)、酪氨酸(Tyr)等,而且疏水氨基酸和谷氨酰胺、酪氨酸(Tyr)、半胱氨酸(Cys)、天冬酰胺(Asn)的一个或多个残基促进了食源性蛋白肽的免疫活性(He,2015;Chalamaiah,2018)。本文的研究结果进一步证实蛋白肽的氨基酸序列在 2~10 个之间具有较高的免疫活性,且含有较高疏水性氨基酸残基的肽级分其免疫活性也强。

五、小结

综上所述,绿豆肽具有免疫调节能力,免疫活性与其肽级分呈一定的相关性,分子量为 903Da 的肽链免疫活性较高,该级分能增强巨噬细胞增殖能力、促进核酸合成以及糖酵解的进行,可激活正常巨噬细胞的细胞因子 IL-6、L-1β 和 TNF-α 的表达,又能抑制 LPS 诱导产生的 IL-6、L-1β 和 TNF-α 等细胞因子的分泌量。且具有较高免疫活性的 MBPH-3 级分中主要氨基酸序列为 Asn—Asn—Tyr—Gly—Pro—Thr—Met。

第二节 不同级分绿豆肽对脂多糖诱导 RAW264.7 巨噬细胞的抑炎作用

本课题组前期研究发现,MBPH 可抑制 LPS 诱导巨噬细胞的炎症反应(Diao,2019),且有研究发现蛋白肽抑制 LPS 诱导巨噬细胞的炎症反应与其抑制 NF-κB 信号通路的活化有关,NF-κB 信号通路的激活可促进 IL-1β、IL-6、TNF-α 等促炎细胞因子的分泌。而且本课题组也发现,MBPH 可抑制 LPS 诱导巨噬细胞的 IL-1β、IL-6 等促炎细胞因子的分泌,同时还可刺激 IL-10 等抗炎细胞因子的分泌(Chalamaiah,2017),但对于绿豆肽是如何发挥抑制炎症反应的作用机制不甚清楚。因此本研究的目的是考察绿豆肽发挥抑制 LPS 诱导巨噬细胞炎症反应是否经由 NF-κB 信号通路。

一、实验材料与设备

(一)实验材料

绿豆蛋白粉(山东招远市温记食品有限公司);碱性蛋白酶(丹麦诺维信公司);葡聚糖凝胶 SephadexG-15(上海宝曼生物科技有限公司);胎牛血清(索莱宝生物科技有限公司);DMEM 高糖培养基/改良杜氏伊格尔培养基(上海慧颖生物科技有限公司);PBS 磷酸缓冲盐溶液(北京梦怡美生物科技有限公司);青链霉素混合液(索莱宝生物科技有限公司);胰蛋白酶(赛默飞世尔科技有限公司);细胞培养皿(赛默飞世尔科技有限公司);无水乙醇为分析纯(天津市科密欧化学试剂有限公司);western blot 试剂盒(上海恒斐生物科技有限公司);中性红细胞增殖及细胞毒性检测试剂盒(上海碧云天生物技术有限公司);ELISA 试剂盒(上海碧云天生物技术有限公司);PVDF 膜(上海碧云天生物技术有限公司);Western blot 封闭液(上海碧云天生物技术有限公司);p65、s536、β-actin 兔单克隆抗体(上海碧云天生物技术有限公司);ECLPlus 荧光检测试剂(上海碧云天生物技术有限公司);细胞周期与细胞凋亡检测试剂盒(上海碧云天生物技术有限公司)。

(二)实验设备

细胞培养箱(上海玺恒实业有限公司);数显恒温水浴锅(常州荣冠实验分析仪器厂);超净工作台(郑州宏朗仪器设备有限公司);低速离心机(张家港市凯迪机械有限公司);高速冷冻离心机(北京时代北利离心机有限公司);电子显

微镜(深圳市博视达光学仪器有限公司);HG-9707 计算机紫外检测仪(上海精科实业有限公司);多功能电泳仪(上海碧云天生物技术有限公司);成像仪(上海碧云天生物技术有限公司)。

二、实验方法

(一)绿豆肽的制备

绿豆肽实验室自行制备,将购买的绿豆蛋白粉配制成底物浓度为 7% 的样品溶液,用 1mol/L-NaOH 调 pH 至 8.5,加入 1% 碱性蛋白酶([E]/[S])后于 55℃ 水浴搅拌,用 1mol/L NaOH 使 pH 保持恒定,当水解度达到 25% 时终止水解,调 pH 至 7.0,并在搅拌中迅速升温至 95℃,保持 10min 使酶失活,获得绿豆肽溶液,冻干备用。

(二)绿豆肽的分级

采用 Sephadex G-15 层析凝胶柱进行分离,凝胶柱规格为 1cm×40cm,样品上样量 2mL,样品浓度为 0.1g/mL,以蒸馏水为流动相,流速 1mL/min,洗脱 5h,220nm 波长处检测出峰情况(紫外检器 HG-9707),收集不同洗脱时间的绿豆肽溶液,冻干备用。其中绿豆肽被分成三个级分 MBPH-1、MBPH-2、MBPH-3,分子量关系如下 MBPH-1>MBPH-2>MBPH-3,采用 Collection Microsoft 软件计算峰面积,结果如下：MBPH-1(2400.58)、MBPH-2(1900.41)、MBPH-3(1165.28)。

(三)不同级分绿豆肽对巨噬细胞形态的影响

RAW264.7 巨噬细胞以 $1×10^5$ 个/mL 的浓度接种到 6 孔板,在 37℃、5% CO_2 的培养条件下预培养 2h 后,设置空白组、LPS 刺激组、MBPH 组(包括 MBPH-1 组、MBPH-2 组和 MBPH-3 组),其中 LPS 组加入 20μL 浓度为 200μg/mL 的 LPS 溶液,MBPH 组每孔分别加入 20μL 浓度为 200mg/mL 的三个级分 MBPH 溶液,空白组加入等体积 PBS 缓冲液,相同条件下培养 12h,采用生物显微镜观察并记录细胞形态。

(四)不同级分绿豆肽对RAW264.7巨噬细胞增殖率的影响

RAW264.7巨噬细胞以$1×10^5$个/mL的浓度接种到96孔板,在37℃、5% CO_2的培养条件下预培养2h后,LPS组加入20μL浓度为200μg/mL的LPS溶液,MBPH组每孔分别加入20μL浓度为200mg/mL的三个级分MBPH溶液,以等体积的PBS作为空白对照,培养4h后直接加入2μL中性红染色液,细胞培养箱内孵育2h,除去含有中性红染色液的培养液,加入200μL中性红检测裂解液,室温摇床裂解10min后于690nm波长下测定吸光值。

(五)不同级分绿豆肽对RAW264.7细胞周期分布的影响

取对数生长期巨噬细胞按照$1×10^5$个/mL的浓度接种到6孔板,在37℃、5% CO_2的培养条件下预培养24h,设置空白组、LPS刺激组、MBPH组(包括MBPH-1组、MBPH-2组和MBPH-3组)以及LPS+MBPH组(包括LPS+MBPH-1、LPS+MBPH-2、LPS+MBPH-3),各个处理组在相同条件下培养12h,按照细胞周期检测试剂盒说明书操作后,采用流式细胞仪对试验样品进行测定。

(六)绿豆肽对巨噬细胞不同时间点细胞因子表达的变化

取对数生长期巨噬细胞按照$1×10^5$个/孔的数目接种至6孔板中,置于37℃、5%的 CO_2培养条件下预培养24h,设置空白组、LPS刺激组、MBPH组(包括MBPH-1组、MBPH-2组和MBPH-3组),各个处理组在相同条件下培养2h、4h、6h、8h、12h、24h后收集上清液,采用ELISA(IL-6、IL-1β、TNF-α)试剂盒测定各细胞因子的浓度水平。

(七)绿豆肽对LPS诱导巨噬细胞不同时间点细胞因子表达的变化

取对数生长期巨噬细胞按照$1×10^5$个/孔的数目接种至6孔板中,置于37℃、5%的 CO_2培养条件下预培养24h,设置空白组、LPS刺激组、LPS+MBPH组(包括LPS+MBPH-1组、LPS+MBPH-2组和LPS+MBPH-3组),LPS+MBPH组每孔分别加入20μL浓度为200mg/mL的不同级分绿豆肽后,再加入20μL浓度为200μg/mL的LPS溶液,其他组的处理方式按单独绿豆肽诱导胞的方式进行,各个处理组在相同条件下培养2h、4h、6h、8h、12h、24h后收集细胞上清液,采用 ELISA(IL-6、IL-1β、TNF-α)试剂盒测定各细胞因子的浓度水平。

(八)绿豆肽对巨噬细胞 NF-κB 信号通路的影响

取对数生长期巨噬细胞按照 $1×10^5$ 个/孔的数目接种至 6 孔板中,置于 37℃、5% 的 CO_2 培养条件下预培养 24h,设置空白组、LPS 刺激组、LPS+MBPH 组(包括 LPS+MBPH-1 组、LPS+MBPH-2 组和 LPS+MBPH-3 组)、不同级分 MBPH 组(包括 MBPH-1 组、MBPH-2 组和 MBPH-3 组),各个处理组在相同条件下培养 12h 后,采用全细胞蛋白提取试剂盒提取不同处理组的细胞蛋白,用 BCA 蛋白定量试剂盒定量,加入缓冲液,进行 SDS-PAGE 电泳后转至 PVDF 膜上,以 5% 脱脂奶粉封闭 2h 后,采用 TBST 溶液清洗 5 遍,加入 β-actin、p65 和 s536 一抗(1∶1000 稀释)于摇床 4℃冰箱过夜后,TBST 溶液清洗 5 次,加入二抗(1∶10000 稀释)室温孵育 2h,TBST 清洗 5 次,ECL 显色液显色、曝光、显影,采用 ImageJ2x 软件计算条带灰度值。

(九)数据统计

所得数据均为重复实验平均值,采用 Statistix 8(分析软件,St Paul,MN)对数据进行分析,平均值之间显著性差异($P<0.05$)通过 Turkey HSD 进行多重比较分析。并采用 SigmaPlot 13.0 和 Excel 6.0 作图。采用 ImageJ2x 软件计算灰度值。

三、实验结果与分析

(一)不同级分绿豆肽对巨噬细胞形态的影响

图 4-8 为不同级分 MBPH 对巨噬细胞形态的影响。由图可知,正常组细胞表面圆润光滑,呈圆形或椭圆形,并伴有可伸展的伪足。有研究表明,功能活跃的巨噬细胞常伴有较长的伪足(谭智海,2018);LPS 组细胞伴随大量的伪足和包浆颗粒,这是巨噬细胞过度激活的状态,不利于巨噬细胞正常增殖和生长;不同级分 MBPH 组细胞表面光滑,且细胞量略高于正常组,伪足长而多,不伴有包浆颗粒,对巨噬细胞生长起促进作用。从本研究结果可以看出,从细胞形态学上而言,不同级分 MBPH 对巨噬细胞无不良影响,且可促进正常生长,其中 MBPH-3 级分绿豆肽效果最佳。

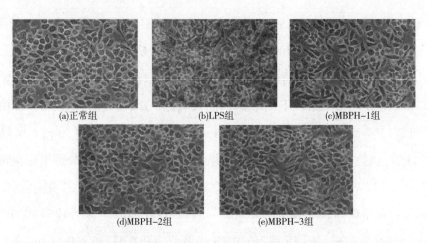

(a)正常组   (b)LPS组   (c)MBPH-1组

(d)MBPH-2组   (e)MBPH-3组

图4-8　不同级MBPH以及LPS对巨噬细胞形态的影响

（二）不同级分绿豆肽对RAW264.7细胞增殖率的影响

图4-9反映不同级分MBPH对巨噬细胞增殖的影响。由试验结果可知，不同处理组均对巨噬细胞增殖有促进效果，其次序为MBPH<MBPH-1<MBPH-2<MBPH-3，MBPH-3级分促进效果最佳，其吸光度值达到0.623，相比正常组（0.423）以及其他级分组（MBPH：0.551，MBPH-1：0.561，MBPH-2：0.588）差异显著（P<0.05）。本研究结果得出，MBPH组对巨噬细胞均无毒害作用，且可促进巨噬细胞活化，具有提高免疫活性的作用。

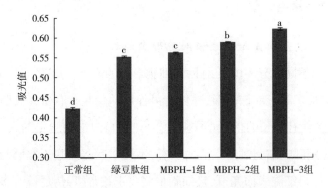

图4-9　不同级分MBPH对巨噬细胞增殖率的影响

（三）不同级分绿豆肽对RAW264.7巨噬细胞细胞周期分布的影响

图4-10为不同级分MBPH对巨噬细胞细胞周期分布的影响。细胞周期是

保证细胞正常增殖的过程,通常划分为4个时期,即G1期、S期、G2期和M期,在各期转化的过程中,后一期的发生依赖于前一期的完成(何晓桐,2019)。由图可知,MBPH组的G1期、S期含量增加,与空白组差异显著($P<0.05$)。结合增殖试验结果得出,不同级分MBPH可使大多数RAW264.7细胞保持在G1期,而不会促使细胞凋亡。而LPS组的G1期含量也高,但是结合增殖试验结果发现LPS诱导细胞增殖,但更多的是诱导其凋亡。由图4-11可知,不同级分MBPH对LPS诱导的巨噬细胞起缓解作用,可降低G1期细胞含量,提高S期、G2期细胞含量,从而使细胞恢复正常周期水平,使巨噬细胞恢复正常增殖速率,从而恢复机体正常的免疫功能。综上所述,MBPH可促进巨噬细胞由G1期向S期、S期向G2期进行,其中主要通过改变S期和G2期细胞含量,从而促进细胞增殖。这与Pan(2015)的研究一致。同时,MBPH还可抑制由LPS刺激的炎症的发生,主要提高S期和G2期细胞含量,从而恢复细胞正常增殖,恢复其免疫能力。

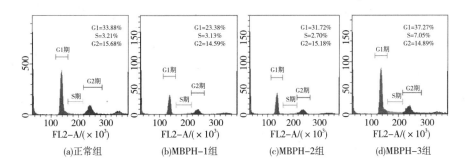

图4-10　不同级分MBPH对巨噬细胞细胞周期的影响

(四)绿豆肽对巨噬细胞不同时间点细胞因子表达的变化

图4-12所示为MBPH作用于巨噬细胞后,不同时间点细胞因子浓度变化情况。由图4-12(a)可知,LPS处理组IL-6的表达量显著高于其他处理组($P<0.05$),MBPH组也可促进细胞因子IL-6的表达,且在24h时MBPH组表达量高于2h、4h、6h、8h和12h的表达量,其中MBPH-3组最佳,分泌量为1634.30pg/mL,相比空白对照组(135.23pg/mL)差异显著($P<0.05$),显著低于LPS组(2913.49pg/mL)。这说明

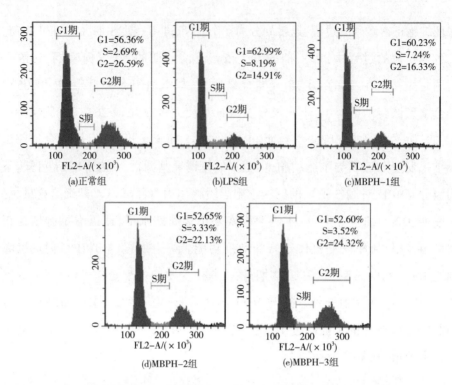

图 4-11 不同级分 MBPH 对 LPS 诱导的巨噬细胞细胞周期的影响

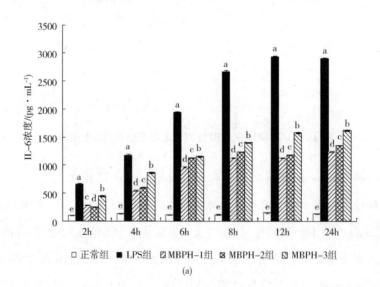

(a)

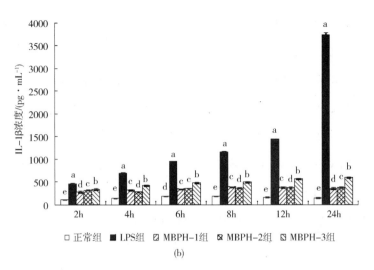

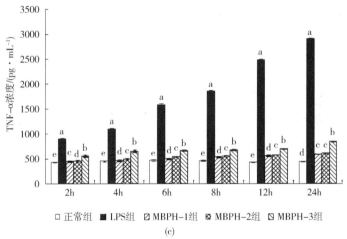

图 4-12 不同时间点的不同级分 MBPH 对巨噬细胞细胞因子的影响

(a~e 表示在同一条件下,各处理组间差异显著,即 $P<0.05$)

MBPH 在 24h 时可显著活化巨噬细胞,发挥较强的免疫效果;由图 4-12(b)可知,不同级分 MBPH 在 24h 时 IL-1β 分泌量达到最高,MBPH-3 组促进效果最佳,分泌量为 598.89pg/mL,相比空白对照组(146.91pg/mL)差异显著($P<0.05$)。MBPH 组在不同时间条件下 IL-1β 的表达量均显著低于 LPS 组,这说明 MBPH 可活化巨噬细胞,但不会诱发炎症反应。由图 4-12(c)可知,MBPH 组 TNF-α 表达情况与 IL-6、IL-1β 一致,在 24h 分泌量达到最高,其中 MBPH-3 组分泌量高于其他 MBPH 处理

组,分泌量为 852.13pg/mL,高于空白对照组(446.53pg/mL)($P<0.05$),但显著低于 LPS 刺激组(2906.18pg/mL)($P<0.05$)。这说明 MBPH 可以活化巨噬细胞,促进 IL-6、IL-1β 和 TNF-α 等细胞因子的分泌,发挥免疫作用,且在 24h 时分泌量达到高峰。

(五)绿豆肽对 LPS 诱导巨噬细胞不同时间点细胞因子表达的变化

图 4-13 所示为 MBPH 对 LPS 刺激的巨噬细胞不同时间点细胞因子(IL-6、IL-1β 和 TNF-α)分泌量的影响。由图可知,在不同时间点 LPS 刺激组细胞因子(IL-6、IL-1β 和 TNF-α)分泌量都显著高于空白组和 MBPH 组($P<0.05$)。MBPH 组可显著抑制 LPS 诱导巨噬细胞细胞因子的分泌水平,且在 12h 时抑制效果最佳,24h 时抑制能力略有下降($P<0.05$),其中 MBPH-3 组效果显著优于其他级分,其 IL-6、IL-1β 和 TNF-α 的平均分泌量分别为 2046.38pg/mL、937.64pg/mL、821.65pg/mL,相比 LPS 刺激组(2938.45pg/mL、2593.45pg/mL、2778.32pg/mL)有一定的抑制效果,且差异显著($P<0.05$)。刘效森(2018)研究发现,合成肽(Gln—Arg—Pro—AH)可以抵御 LPS 刺激 RAW264.7 巨噬细胞引起的炎症反应,这与本研究结果相同。以上研究结果表明,MBPH 可抑制 LPS 诱导巨噬细胞炎症细胞因子的表达,即当机体受到外界刺激时,MBPH 可通过拮抗炎症发挥免疫活性,且在 12h 时发挥出较好的免疫效果。

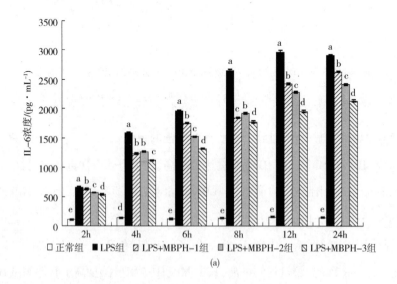

(a)

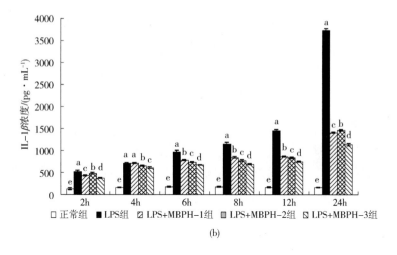

(b)

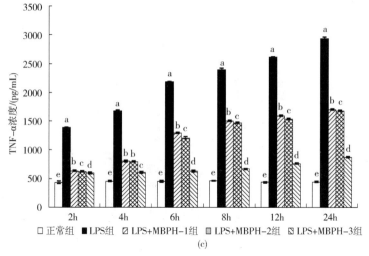

(c)

图 4-13　不同时间点的不同级分 MBPH 对 LPS 诱导的巨噬细胞细胞因子的影响

(a～e 表示在同一条件下,各处理组间差异显著,即 $P<0.05$)

(六)绿豆肽对巨噬细胞 NF-κB 信号通路的影响

图 4-14 为不同级分 MBPH 对巨噬细胞 NF-κB 信号通路的影响。由图可知,MBPH 组可促进 p65 蛋白的表达,且表达量高于空白组,差异显著($P<0.05$),但显著低于 LPS 组 p65 的蛋白表达量。这说明 MBPH 可活化巨噬细胞 NF-κB 信号通路发挥免疫作用,同时 MBPH 又可降低由 LPS 诱导巨噬细胞的 p65 蛋白的表达,p65 磷酸化水平上调。这表明当细胞受到外界感染时,MBPH

可通过抑制 p65 蛋白的表达,缓解 NF-κB 通路的过度活化,降低 IL-β、IL-6 和 TNF-α 等炎症细胞因子的表达,从而发挥免疫活性,这与任文智(2010)的研究结果一致。

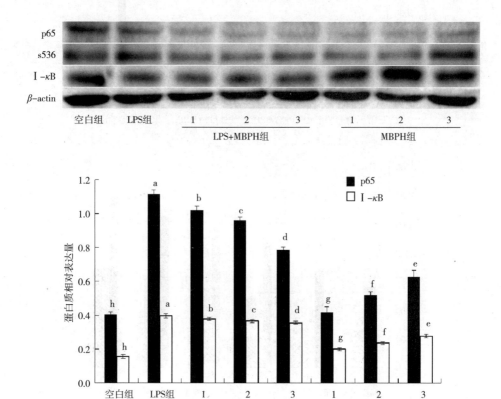

图 4-14　不同级分 MBPH 对巨噬细胞 NF-κB 通路的影响

(a~h 表示在同一条件下,各处理组差异显著,即 $P<0.05$)

四、讨论

食源性蛋白肽对机体的先天性免疫和适应性免疫反应均有不同程度的调节作用,其可诱导或调节细胞因子和抗体的产生,增强巨噬细胞活力,刺激淋巴细胞增殖等,抑制宿主细胞对 LPS 诱导的炎症反应,从而提高机体的免疫能力。

本研究得出不同级分 MBPH 可促进巨噬细胞增殖,且对巨噬细胞正常生长的形态无不良影响。叶蕾(2019)研究发现,巨噬细胞增殖能力是评价巨噬细胞是否活化的重要指标,是机体免疫能力提高的标志。本研究得出结果,MBPH 可显著活化 RAW264.7 巨噬细胞。同时根据细胞周期试验可知,不同级分 MBPH 可促进巨噬细胞 S 期、G2 期的细胞含量,从而促进细胞分化增殖。有研究表明,当细胞受到外界刺激时,G1、S、G2 期可发生相应的变化,免疫活性物质可以促进细胞通过 G1 期限制点,加速 G1 期向 S 期、S 期向 G2 期转化,增加细胞 DNA 合成,促使其进入细胞增殖周期,从而促进细胞增殖(郑小香,2015);同时,经 LPS 诱导的炎症巨噬细胞还可通过 MBPH 作用,使 S 期、G2 期恢复正常水平,保证细胞正常增殖,从而起到抗炎的作用。MBPH 可以增强巨噬细胞的 IL-6、IL-1β 和 TNF-α 等细胞因子的表达量,但其表达量均显著低于 LPS 组,在 24h 时细胞因子分泌量达到最高,其中 MBPH-3 组细胞因子表达量较高,这也进一步表明绿豆肽可激活巨噬细胞,发挥免疫活性,且不会引发机体炎症反应。MBPH 可显著抑制 LPS 诱导巨噬细胞促炎细胞因子的表达,在 12h 时即可达到较好的抑制效果。综上所述,MBPH 可以作为一种双向调节剂调节机体的免疫能力。有研究发现免疫促进剂的免疫调节作用与 NF-κB 信号通路有关,而且任文智(2010)的研究也发现,当云芝糖肽作用于细胞后,可显著活化 NF-κB 信号通路,还可阻滞由 LPS 刺激细胞引起的 NF-κB 剧烈核转位现象。本研究得出结论,MBPH 可激活 NF-κB 通路发挥免疫作用,而对于 LPS 诱导巨噬细胞,MBPH 可通过抑制 p65 蛋白的磷酸化,下调 IL-1β、IL-6 和 TNF-α 等细胞因子的表达,抑制 LPS 诱导巨噬细胞的炎症反应。这也表明 MBPH 可对巨噬细胞 NF-κB 通路进行双向调节,从而引起细胞因子 IL-1β、IL-6 和 TNF-α 等表达量的变化,达到对机体免疫能力的作用。

综上所述,绿豆肽具有免疫调节能力,可增强巨噬细胞活力,还可激活正常巨噬细胞的细胞因子 IL-6、IL-1β 和 TNF-α 的表达,且在 24h 时分泌量达到高峰,又能抑制 LPS 诱导产生的 IL-6、IL-1β 和 TNF-α 等细胞因子的分泌量,在 12h 时即可发挥较强的抑制效果。且实验结果表明,MBPH 对 LPS 诱导巨噬细胞是通过抑制 p65 蛋白的磷酸化,抑制 NF-κB 信号通路的过度激活发挥其抗炎效果。

第三节　绿豆免疫活性肽的构效关系

绿豆中的蛋白以球蛋白和清蛋白为主,这两种蛋白占总质量的90%以上,其中球蛋白占总质量的59%~65%,清蛋白占24%~28%,谷蛋白占10%左右,醇溶蛋白比例最小,在微量级。据研究发现,绿豆全粉中的必需氨基酸化学评分优于 WHO/FAO 推荐值,其中赖氨酸含量最为丰富。前人的研究已表明,蛋白肽具有一定的免疫调节作用(Wu,2015),食源性蛋白肽的生物活性与其结构具有一定的相关性,肽段的氨基酸组成、序列、长度、电荷、疏水性和肽分子结构均影响着蛋白肽的生物活性。Vogel 等(2002)的研究结果表明,食源性蛋白肽的免疫调节功能和抗炎作用与肽的正电荷密切相关。因此,本章节主要考察绿豆肽的结构与其免疫调节活性之间的相关性,以进一步为阐明食源性蛋白肽的作用机制提供理论支撑。

一、实验材料与设备

(一)实验材料

RAW264.7 细胞购自武汉大学细胞保藏中心。

实验所用材料与试剂见表4-2。

表4-2　主要试剂及其生产公司

试剂名称	货号	生产公司	产地
DMEM 培养基	12100-46	Gibco	美国
胎牛血清	SH30084.03	Hyclone	美国
PBS	P10033	双螺旋	中国
胰酶	C0203	碧云天	中国

续表

试剂名称	货号	生产公司	产地
LPS	L-2880	Biosharp	美国
MTT	M-2128	Sigma	美国
全蛋白提取试剂盒	wanleibio	WLA019	中国
BCA 蛋白浓度测定试剂盒	wanleibio	WLA004	中国
一抗二抗去除液	wanleibio	WLA007	中国
SDS—PAGE 凝胶快速制备试剂盒	wanleibio	WLA013	中国
SDS—PAGE 蛋白上样缓冲液	wanleibio	WLA005	美国
ECL 发光液	wanleibio	WLA003	中国
50×TAE	N10053	Amresco	美国
2×Power Taq PCR MasterMix	PR1702	BioTeke	中国
SYBR Green	SY1020	Solarbio	中国
DMSO	D-5879	Sigma	美国

（二）实验设备

实验所用主要仪器设备见表4-3。

表4-3 实验仪器设备

仪器名称	生产厂家
紫外凝胶成像系统	美国 Bio-Rad 公司
超声波破碎仪	美国 Sonics & Materials Inc. 公司
全自动氨基酸分析仪	日本日立
高效液相色谱分析仪	美国 Agilent 公司
近红外变换光谱分析仪	美国 PE 公司
倒置相差显微镜	麦克奥迪
超纯水系统	Heal Force
紫外分光光度计	美国 Thermo 公司
电热恒温培养箱	天津泰斯特

二、实验方法

(一)葡聚糖凝胶 G-15(Sephadex G-15)分离纯化绿豆免疫调节肽

称取 50g Sephadex G-15,加入 300mL 蒸馏水沸水浴溶胀 2h,然后将凝胶上层水及小颗粒物质倒掉,用蒸馏水反复清洗几次,然后加入去离子水平衡,并排除凝胶颗粒内部气泡。然后将溶胀、平衡好的凝胶颗粒装入 1×100cm 的玻璃层析柱,连接好凝胶层析柱分离系统,用蒸馏水洗脱平衡一段时间。平衡后,加入 5mL 7%的绿豆肽,以蒸馏水作为洗脱液,波长为 215nm,采用 1mL/min 的流速进行洗脱,同时对洗脱液进行收集,然后将收集到的洗脱液进行结构和免疫活性的测定。

(二)绿豆免疫调节肽对巨噬细胞活性成分的影响

1. 糖原的测定

参照程安玮等(2015)的研究,采用 PAS 方法研究不同级分绿豆免疫调节肽对巨噬细胞糖原的影响。

2. DNA 及 RNA 的测定

采用吖啶橙的方法。

(三)绿豆免疫调节肽对巨噬细胞细胞因子分泌的影响

以 $1×10^5$ 个/mL 浓度的 RAW264.7 巨噬细胞接种于 24 孔培养板上,置于 37℃的 CO_2 培养箱中继续培养 24h 后,分别添加 $2\mu g/mL$ 不同级分的绿豆肽和 LPS 孵育细胞 24h,同时以未添加绿豆肽和 LPS 的处理组作为对照。收集各处理组细胞培养上清液及空白对照上清液,采用 ELISA 法分别测定 TNF-α、IL-6 和 IL-1β 的分泌量。

(四)高效液相色谱分析绿豆免疫调节肽的分子量

色谱柱:安捷伦 C18;流动相:乙腈—水—三氟乙酸(20∶80∶0.02);流速:1.0mL/min;柱温:25℃;紫外检测;检测波长:243nm。

(五)红外光谱分析

根据陈洪生等的方法稍作修改,具体如下:将不同温度和不同 pH 条件处理后的绿豆肽样品与溴化钾混合,之后磨碎并压片,在室温条件下采用傅里叶变换红外光谱仪(Fourier Transform Infrared Spectroscopy,FTIR)进行全波段扫描(1600~1700 cm^{-1}),采用 Peakfit 分析软件对扫描结果进行分析。

(六)表面疏水性 H_0 值的计算

绿豆肽的表面疏水性(H_0)的测定参照潘润斑等(2018)的方法。采用磷酸盐缓冲液(0.01mol/L)配制 1.5%(质量浓度)的多肽溶液,并将多肽溶液采用缓冲溶液分别稀释成 0.1mg/mL、0.5mg/mL、1.0mg/mL、5.0mg/mL、10.0mg/mL 和 15.0mg/mL 的多肽溶液浓度梯度。测定前分别在样品溶液中加入 20μL 8.0mmol/L 的 ANS 溶液并混合。以荧光强度为纵坐标,样品浓度(mg/mL)为横坐标,所得曲线的斜率即为多肽的表面疏水性(激发波长 390nm,发射波长 470nm,激发和发射夹缝宽均为 5mm)。

蛋白与肽类的疏水值按照以下公式计算,具体如下:

$$\Delta Q = \frac{AA_i/M_i}{\sum AA_i/M_i} \times \Delta f_{ti}$$

式中:AA_i 为每 100g 蛋白质中氨基酸含量(g);M_i 为氨基酸的摩尔质量(g/mol);AA_i/M_i 为氨基酸摩尔数(mol);Δf_{ti} 为氨基酸疏水性值(kJ/mol);Q 为疏水性值。

(七)D-nanoLC-MS/MS 鉴定绿豆免疫调节肽氨基酸序列

用 RP-HPLC 分离得出绿豆肽进行氨基酸序列的鉴定。色谱条件:流动相 A(含 0.1%甲酸的质谱级超纯水)、B(含 0.1%甲酸的质谱级乙腈);流速:200μL/min(分流后 2μL/min);梯度:120min(5%B 15min,5%B~32%B 45min,90%B 35min,5%B 5min,5%B 平衡 20min)。质谱在电喷雾操作电压 3.5kV、离子迁移管温度 250℃条件下运行。为使串联质谱的碎片谱图按同一能量裂解,采用碰撞诱导解离(Collisionally Induced Dissociation,CID),碰撞能量 35%,离子化方式为电喷雾电离(ESI),扫描范围:质荷比(m/z)400~1800。二级质谱检索软件采用 Proteomics Discovery1.2,检索算法 Sequest,绿豆是豇豆属植物,因此搜索范围选取美国国家生物技术信息中心(National Center of Biotechnology Information,NCBI)数据库中的豇豆属数据库。

三、结果与分析

(一)绿豆肽的分子量与免疫调节活性的相关性

表 4-4 所示为采用 Sephadex G-15 分离制备得到的不同级分绿豆免疫调节肽的分子量分布及质量浓度。本研究分别采用不同分子量的标准品绘制标准曲线,根据分子量标准曲线结合表中的结果可知,绿豆免疫调节肽的分子量在 110~860Da。而且 P_2 和 P_3 峰的浓度占到 50% 以上,其分子量在 300~1100Da。

表 4-4　Sephadex G-15 分离制备得到的不同级分绿豆免疫调节肽

样品	浓度/%	平均分子量/Da
P_1	32	1420
P_2	4	1123
P_3	27	860

图 4-15 所示为绿豆肽不同分子量级分对 LPS 诱导的 RAW264.7 细胞 TNF-α 活性的影响。由图 4-15 的试验结果可以看出,不同级分的绿豆肽对 LPS 诱导的巨噬细胞 TNF-α 活性具有显著的抑制作用,且 MBPH-P_3 级分的 TNF-α 活性显著高于 LPS 和绿豆肽刺激的 LPS 诱导细胞($P<0.05$);MBPH-P_1 和 MBPH-P_2 级分的 TNF-α 活性差异不显著,且与 MBPH 组相比具有一定的差异显著性,但均低于 MBPH-P_3 级分。这可能是由于绿豆肽的免疫活性与其分子量相关,分子量越小其免疫活性越强,而 MBPH-P_1 和 MBPH-P_2 由于分子量范围相对集中,大于 MBPH-P_3,因而其免疫活性小于 MBPH-P_3,且小于 MBPH 组。

(二)绿豆肽的氨基酸组成和疏水性与免疫调节活性的相关性

表 4-5 所示为不同级分绿豆肽的游离氨基酸组成。由图可知,不同级分绿豆肽的游离氨基酸组成显著不同($P<0.05$),且不同级分绿豆肽的碱性氨基酸

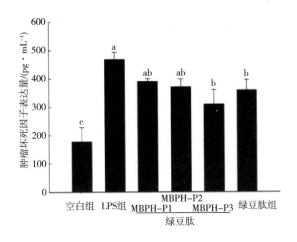

图 4-15 不同级分绿豆肽对巨噬细胞 TNF-α 表达水平的影响

(a~c 表示在同一条件下,各处理组间差异显著,即 $P<0.05$)

含量也呈现显著的不同,其中 MBPH-P_3 的碱性氨基酸组成显著高于其他级分 ($P<0.05$),MBPH-P_2 级分的酸性氨基酸含量显著低于其他级分,芳香族氨基酸含量则是 MBPH-P_1 的含量较低。游离氨基酸的组成不同显著影响肽级分的生物活性(王洪荣,2013)。可以看出,MBPH-P_3 的免疫调节作用强于其他级分以及 MBPH 处理组($P<0.05$),这就说明肽级分的免疫调节活性与碱性氨基酸的含量具有相关性。另外,有研究发现肽段的活性强弱与疏水性氨基酸、芳香族氨基酸呈现一定的相关性,Maestri 等(2016)的研究中也提到具有免疫活性的肽大多都含有碱性氨基酸和疏水性氨基酸末端。疏水性氨基酸分别有酪氨酸(Tyr)、色氨酸(Trp)、苯丙氨酸(Phe)、缬氨酸(Val)、亮氨酸(Leu)、异亮氨酸(ILe)、丙氨酸(Ala)和蛋氨酸(Met);芳香族氨基酸分别有酪氨酸(Tyr)、苯丙氨酸(Phe)、色氨酸(Trp)。从表 4-4 可以看出,MBPH-P_3 级分的 Ala、Ile、Phe 显著高于其他处理组,Leu 和 Tyr 的含量高于 MBPH-P_2 和 MBPH-P_1,但低于 MB-PH,这与图 4-15 的免疫活性研究结果一致,这就表明绿豆肽的免疫活性也与疏水性氨基酸、芳香族氨基酸存在一定的相关性。

表 4-5 不同级分绿豆肽的游离氨基酸组成　　　　单位:nmoL/mg

氨基酸	MBP	MBPH-P$_1$	MBPH-P$_2$	MBPH-P$_3$
Asp	215.41	188.91	157.86	201.76
Thr	71.84	66.07	64.066	67.89
Ser	84.34	80.81	61.03	82.33
Glu	360.29	342.86	169.50	361.78
Gly	138.22	122.18	101.25	124.33
Ala	124.34	89.37	115.31	130.23
(Cys)^2	249.11	178.16	224.38	244.60
Val	0	9.61	0	0
Met	0	5.69	0	0
Ile	100.68	70.47	98.88	101.25
Leu	153.66	80.94	134.11	98.68
Tyr	63.97	21.20	0	48.33
Phe	53.68	29.83	157.56	56.88
His	30.86	25.58	44.63	28.45
Lys	92.09	94.27	27.06	94.75
Arg	51.86	64.29	19.64	67.85
Pro	125.84	116.28	70.31	114.87
Basic amino acid	174.81	184.14	91.33	191.05
Acidic amino acid	575.70	531.77	327.36	563.54
Aromatic amino acid	117.65	51.03	157.56	105.21

目前市场调查发现,荷兰开发的 Glutamin peptide 产品因其富含谷氨酸的肽具有较高的免疫调节活性。从表 4-4 中可知,MBPH-P$_3$ 的谷氨酸含量显著高于 MBPH-P$_2$,与 MBPH 和 MBPH-P$_2$ 的差异不显著。

在肽类的研究中,疏水性多是指肽序列中疏水性氨基酸所占的比例。有研究发现,肽的疏水性与其生物活性具有一定的相关性。图4-16所示为绿豆肽的疏水性与免疫调节活性的相互关系。由图4-16可知,绿豆肽的疏水性与免疫活性呈正比,疏水性大,绿豆肽对LPS诱导的巨噬细胞的TNF-α抑制率就高;反之则越低。MBPH-P$_3$级分的疏水性显著高于其他组($P<0.05$),且MRPH-P$_3$级分对LPS诱导的巨噬细胞TNF-α的影响最大。这可能是由于MBPH-P$_3$级分中的疏水性氨基酸含量较高,结合表4-4的结果可以看出MR-PH-P$_3$级分的疏水性氨基酸含量较高于其他级分,因此该级分的免疫调节活性高于其他处理组。Mercier等(2006)的研究也发现具有较高疏水性的多肽与细胞膜之间的相互作用比较强,从而提高了肽的免疫活性。但也有研究认为肽的疏水性不仅仅与氨基酸组成有关,还与氨基酸在肽序列中的位置有关,因此我们对该级分的序列进行了进一步的鉴定。

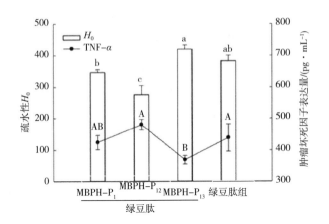

图4-16 绿豆肽的疏水性对巨噬细胞免疫活性的影响

(a~b表示在同一条件下,各处理组间差异显著,即$P<0.05$)

(三)绿豆肽的二级结构与免疫调节活性的相关性

图4-17所示为不同pH条件下绿豆肽酰胺Ⅰ带去卷积图谱。绿豆肽组分的二级结构相对含量决定了该组分酰胺Ⅰ带的吸收峰形状。根据酰胺Ⅰ带的FTIR光谱图进行二阶导数和去卷积所得到的8个子峰面积在总面积中的百分含量,计算各子峰所归属的二级结构含量(表4-6)。由表4-6可以看出,绿豆

肽也存在 α-螺旋、β-折叠、β-转角、无规则卷曲等构象。在中性条件下,绿豆肽的主要二级结构含量为:α-螺旋结构 13.71%,β-折叠结构 32.23%,β-转角结构 18.47%,无规则卷曲结构 23.14%。随着 pH 的变化,绿豆肽中的 α-螺旋、β-折叠、β-转角和无规则卷曲结构的相对含量都有不同程度的变化。这是由于蛋白质或多肽的二级结构主要是依赖于氢键。氢键本质上是一种静电相互作用,其强弱受到溶液中质子浓度(pH)的影响,当 pH 改变时,蛋白质间的氢键被打破,从而改变了绿豆肽的二级结构。我们的研究发现,在 pH=4.0 时,绿豆肽的 α-螺旋结构、β-转角结构和无规则卷曲结构含量较高,这是由于在低 pH 条件下,绿豆肽分子链逐渐质子化,亲水基团暴露在外边,而疏水基团则包埋在蛋白内部,形成松散的无序结构;pH=5.0 时,绿豆肽各个主要二级结构含量与中性条件下差异不显著。这是由于随着 pH 升高,蛋白质/多肽分子链去质子化,蛋白分子间的氢键相互作用降低,导致蛋白的二级结构被破坏。随着 pH 的继续升高,绿豆肽分子所带的负电荷逐渐增多,同种电荷间的相互斥力增强,蛋白质/多肽的 β-转角结构逐渐向 α-螺旋、β-折叠、无规则卷曲等结构变化。因此,当 pH=9.0 时,绿豆肽的二级结构分别为:α-螺旋结构含量 23.02%,β-折叠结构含量 26.07%,β-转角结构含量 14.11%,无规则卷曲结构含量 26.61%,其他 10.19%。

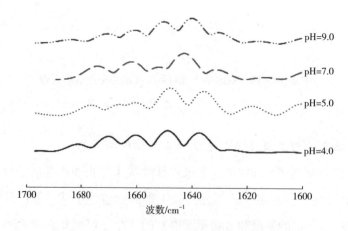

图 4-17 不同 pH 条件下绿豆肽的 FTIR 光谱图

表 4-6 不同 pH 条件下绿豆肽的二级结构

样品	α-螺旋	β-折叠	β-转角	无规则卷曲	其他
pH=4.0	19.51%	16.24%	37.25%	24.77%	2.23%
pH=5.0	13.40%	33.22%	10.13%	24.38%	18.87%
pH=7.0	13.71%	32.23%	18.47%	23.14%	12.45%
pH=9.0	23.02%	26.07%	14.11%	26.61%	10.19%

　　图 4-18 所示为不同 pH 条件下绿豆肽的二级结构变化对巨噬细胞免疫活性的影响。Visser 等(2012)的研究发现,生物活性肽在食品领域,可作为生物免疫系统中对抗外源性病原体的一类物质,对细菌、真菌、病毒以及肿瘤细胞等都有一定的杀伤效果。由于肽在经过消化道的过程中以及前期的加工中,都会受到消化道环境、食品体系等多因素的影响,尤其是 pH,会影响蛋白质以及多肽的结构和功能性质。由图 4-18 可知,绿豆肽经 pH=9.0 的条件处理后,绿豆肽对 LPS 诱导的巨噬细胞 TNF-α 的作用强于其他 pH 体系;pH=3.0 的条件处理后。绿豆肽的免疫活性强于中性体系。结合表 4-6 可以看出,绿豆肽在不同酸碱体系处理后,随着结构的变化其免疫活性也发生了变化。综上所述,绿豆肽的免疫活性与其二级结构具有一定的相关性,而在此体系下,绿豆肽的二级结构中最主要的变化是 α-螺旋结构强于其他结构,这一特性与抗菌肽的结构功能类似。该结果表明,绿豆肽的 α-螺旋结构的变化对其免疫活性具有一定的决定作用。

　　图 4-19 所示为不同温度处理对绿豆肽酰胺 I 带去卷积的图谱。表 4-7 是根据绿豆肽 FTIR 图谱经去卷积、二阶导拟合得出的各个结构含量。由图 4-19 和表 4-7 的结果可以看出,30℃ 时,绿豆肽的二级结构分别是由 α-螺旋(13.71%)、β-折叠(25.32%)、β-转角(19.79%)、无规则卷曲(28.74%)和其他结构(12.44%)。由表 3-7 可以看出,绿豆肽的 α-螺旋和 β-折叠含量随着温度的升高显著减少,β-转角结构明显增加。该结果表明,热处理可使绿豆肽的二级结构中的 α-螺旋、β-折叠、β-转角和无规则卷曲等结

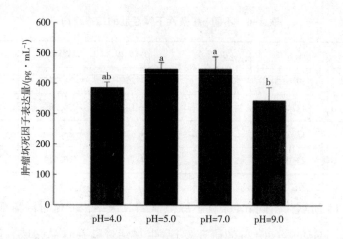

图 4-18　不同 pH 条件下处理绿豆肽对巨噬细胞免疫活性的影响

（a~b 表示在同一条件下,各处理组间差异显著,即 *P*<0.05）

构之间发生相互转化。α-螺旋和 β-折叠结构中存在较多的氢键,会使蛋白二级结构具有一定的刚性;β-转角以及无规则卷曲中不存在氢键或其他相互作用,使肽段中的各个残基间有了更大的自由度,从而具有了极大的柔性。

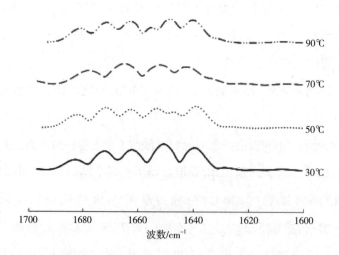

图 4-19　不同温度条件下绿豆肽的 FTIR 光谱图

表 4-7 不同温度条件下绿豆肽的二级结构

样品	α-螺旋	β-折叠	β-转角	无规则卷曲	其他
30℃	13.71%	25.32%	19.79%	28.74%	12.44%
50℃	12.85%	24.82%	32.58%	22.74%	7.01%
70℃	11.89%	21.95%	33.17%	19.89%	13.10%
90℃	10.30%	16.68%	37.46%	20.13%	15.43%

图 4-20 所示为不同温度处理下绿豆肽的二级结构变化对巨噬细胞免疫调节作用的影响。由图 4-20 可以看出,绿豆肽在不同温度条件下处理后对 LPS 诱导的巨噬细胞的免疫活性无显著影响($P>0.05$),说明绿豆肽的免疫调节活性受温度的影响效果小,这一研究结果与白鑫华等(2017)的研究结论一致。

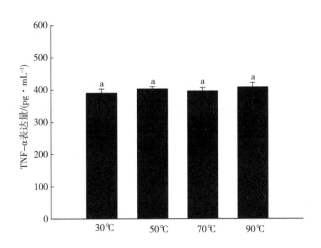

图 4-20 不同温度处理的绿豆肽对巨噬细胞免疫活性的影响

(均为 a 表示在同一处理条件下,各处理组间差异不显著,即 $P>0.05$)

综合以上研究结果可以看出绿豆肽的结构与其免疫调节活性存在一定的相关性。第一,绿豆肽的免疫活性与肽的分子量大小存在一定的关系,本研究结果得出绿豆肽的平均分子量在 860Da 左右时具有较高的免疫活性,这与 Mercier 等得出的具有较高免疫活性的蛋白肽分子量约在 2000Da 左右相悖;第二,绿豆肽的免疫活性与肽的氨基酸含量及种类有关,当肽的游离氨基酸中的碱性氨基酸和芳香族氨基酸含量较高时,具有较强的免疫活性,且这些氨基酸与肽的疏水性还存在一定的相关性,绿豆肽的疏水性越高,免疫活性越强;第三,绿豆肽的免疫活性与其结构存在关系,当蛋白肽的结构发生变化,其免疫活性也发生相应的变化,尤其是二级结构的变化,当 α-螺旋结构含量增加时,蛋白肽的免疫活性增强,这就说明绿豆肽的免疫活性与其结构以及氨基酸残基紧密相关。由以上结果表明,绿豆肽的免疫活性与绿豆肽分子量、疏水性、氨基酸组成和种类以及酸碱性体系有关,其免疫活性是这些因素协同作用的结果。

四、讨论

食源性蛋白肽是蛋白质通过酶解和消化释放出的具有一定生物活性的多肽,Zhang 等的研究已经证实小麦蛋白经碱性蛋白酶水解得到免疫活性肽,而且通过对其构效关系的研究可知,蛋白肽的免疫活性与其碱性氨基酸和疏水性氨基酸残基有关(Carbonaro,2010)。本研究发现,肽的生物活性与其结构以及分子量大小、氨基酸组成、排列顺序等有关。而且大量研究证实,免疫调节肽活性的差异取决于肽段中氨基酸组成和肽的结构。一般来说,免疫反应肽基本上含有与抗氧化肽相似的氨基酸,如疏水性氨基酸(Leu、Ile、Tyr、Pro、Ala 等)和碱性氨基酸(His、Arg、Lys 等)。本研究发现,具有高活性免疫调节能力的绿豆肽具有较高含量的疏水性氨基酸 Ala、Ile、Leu 和 Tyr 等游离氨基酸,这也说明绿豆肽的免疫活性与其疏水性氨基酸和芳香族氨基酸具有很大的相关性。

目前对多肽构效关系的研究发现,蛋白肽的疏水性与其生物活性具有一定的相关性,疏水性大则生物活性较强,反之则弱。本研究发现,绿豆肽的疏水性大对 LPS 诱导的巨噬细胞的 TNF-α 抑制率就高,反之则低。由目前的研究可知,绿豆肽免疫调节活性与肽序列中的疏水性氨基酸组成有关。Pak 等(2005)的研究发现,蛋白肽的活性与其疏水性有关,这是由于肽序列中具有特定的疏水性区域,且该系列的长度为 4 个氨基酸,其中 Pro 残基是该序列中的关键组成。Mercier 等的研究也发现,具有较高疏水性的多肽与细胞膜之间的相互作用比较强,从而提高了肽的免疫活性。但也有研究认为,肽的疏水性不仅与氨基酸组成有关,还与氨基酸在肽序列中的位置有关,这一论断与本研究的结果相符。

红外光谱(FTIR)是一种无损评价蛋白质内部分子结构的技术,而酰胺 I (1600～1680cm^{-1})是研究蛋白质二级结构最有价值的波段。蛋白肽的二级结构与其免疫活性有直接关系。蛋白质分子中肽链结构通常是由 α-螺旋、β-折叠、β-转角和无规则卷曲等结构组成,这些组成(即二级结构)是蛋白肽具有免疫活性的重要基础。但是蛋白质或者多肽在受到温度、pH、体系中溶剂等条件的影响,其结构会发生相应的变化,从而影响其功能特性。本文研究的绿豆肽是为了提高机体的免疫能力,在应用方面多受到温度和体内 pH 条件的影响,因此,本文从体外水平考察了温度和 pH 对绿豆肽二级结构的影响。从本文的研究结果发现,绿豆肽二级结构受温度的影响不显著,pH 对绿豆肽二级结构略有影响,但结果仍不显著,且通过分析后可知,当绿豆肽二级结构的 α-螺旋含量较高时,其免疫活性较强,该趋势与抗菌肽的构效关系相似。

肽主要通过特殊的肽转运系统吸收,蛋白肽的分子量是影响多肽吸收率的关键。通过酶解得到的蛋白肽,可以产生大量自由氨基酸和小分子肽,它们都易于被吸收,本研究中得到的绿豆肽其分子量多在 1000Da 以下,而且经过 Sephadex G-15 分级得到的高活性绿豆免疫调节肽分子量在 800Da 左右。据资料显示,200～1500Da 蛋白肽无需消化,可直接被机体吸收,以补充人体所需的营养素(Chalamaiah,2018)。

五、小结

分子量为 885.1Da、961.06Da、1043.13Da 且疏水性较强的绿豆肽,作用于巨噬细胞后显著增加了巨噬细胞糖原、核酸代谢活性,以及 IL-1β、IL-6 和 IL-10 因子,具有较高的免疫活性。且绿豆肽在 α-螺旋结构含量增加时,其免疫活性增强。因此,绿豆肽发挥免疫调节活性时存在着明显的构效关系。

参考文献

[1]KEONG Y S,KEE B B,YONG H W,et al. In Vivo r,Antioxidant and Hypolipidemic Effects of Fermented Mung Bean on Hypercholesterolemic Mice[J]. Evidence-Based Complementary and Alternative Medicine,2015,2015:1-6. 10. 1155/2015/5080.

[2]滕聪,么杨,任贵兴. 绿豆功能活性及应用研究进展[J]. 食品安全质量检测学报,2018,9(13):953-963.

[3]ZHU Yi-Shen,SUN Shuai,RICHARD FitzGerald. Mung bean proteins and peptides:nutritional,functional and bioactive properties[J]. Food & Nutrition,2018,62:1290. 10. 29219/fnr. v62. 1290.

[4]CHEN M X,ZHENG S X,YANG Y N,et al. Strong seed-specific protein expression from the Vigna radiata storage protein 8SGα promoter in transgenic Arabidopsis seeds[J]. Journal of Biotechnology,2014,174:49-56.

[5]SONKLIN C,LAOHAKUNJIT N,KERDCHOECHUEN O . Assessment of antioxidant properties of membrane ultrafiltration peptides from mungbean meal protein hydrolysates[J]. Peer J,2018,6(7):PeerJ 6:e5337 https://doi. org/10. 7717/peerj. 5337.

[6]UG Y,BHAT I,KARUNASAGAR I,et al. Antihypertensive Activity of Fish Protein Hydrolysates and its Peptides[J]. Critical Reviews in Food Science and Nutrition,2018:01-41.

[7]WUYUAN L. Antimicrobial peptides[J]. Seminars in Cell & Developmental Biology,2019,88(4):105-106.

[8]王鹏,王明爽,刘春雷,等. 榛仁免疫活性肽分离纯化及结构鉴定[J]. 食品科学,2018,39(3):200-205.

[9]CIAN R E,LÓPEZ-Posadas R,DRAGO S R,et al. A Porphyra columbina hydrolysate upregulates IL - 10 production in rat macrophages and lymphocytes

through an NF－κB, and p38 and JNK dependent mechanism[J]. Food Chem. , 2012,134:1982－1990.

[10]Jingjing DIAO, Zhiping CHI, Zengwang GUO, et al. Mung Bean Protein Hydrolysate Modulates theImmune Response Through NF－κB Pathwayin Lipopolysaccharide－Stimulated RAW 264. 7Macrophages[J]. Journal of Food Science, 2019,84(9):2652－2657.

[11]CHALAMAIAH M, YU W L, WU J P. Immunomodulatory and anticancer protein hydrolysates(peptides)from food proteins:A review[J]. Food Chem. ,2018, 245:205－222.

[12]XIAO－Wen P, XIN－Huai Z . In Vitro Proliferation and Anti－Apoptosis of the, Papain－Generated Casein and Soy Protein Hydrolysates towards Osteoblastic Cells(hFOB1. 19)[J]. International Journal of Molecular Sciences,2015,16(12): 13908－13920.

[13]刘效森,王仕凯,王依楠,等 . 补充生物活性肽 QRPR 对巨噬细胞 RAW264. 7 抵御脂多糖刺激的作用[J]. 中国生物制品学杂志,2018,31(6):613－616.

[14]Keong Y S, Kee B B, Yong H W, et al. In Vivo/r, Antioxidant and Hypolipidemic Effects of Fermented Mung Bean on Hypercholesterolemic Mice[J]. Evidence－Based Complementary and Alternative Medicine,2015,2015:1－6.

[15]田茜,张文兰,李群,等 . 绿豆的品质特性及综合利用研究进展[J]. Agricultural Science & Technology,2017,18(01):127－133,136.

[16]UG Y,Bhat I,Karunasagar I,et al. Antihypertensive Activity of Fish Protein Hydrolysates and its Peptides[J]. Critical Reviews in Food Science and Nutrition,2018:145－182.

[17]WUYUAN Lu. Antimicrobial peptides[J]. Seminars in Cell & Developmental Biology,2018.

[18]王鹏,王明爽,刘春雷,等 . 榛仁免疫活性肽分离纯化及结构鉴定[J].

食品科学,2018,39(3):200-205.

[19]HUANG Q,WANG T,WANG H Y . Ginsenoside Rb2 enhances the anti-inflammatory effect of ω-3 fatty acid in LPS-stimulated RAW264. 7 macrophages by upregulating GPR120 expression[J]. Acta Pharmacologica Sinica,2017,38(2):192-200.

[20]吉甜甜. 巨噬细胞极化与记忆性 T 细胞维持中的糖原代谢调控及作用研究[D]. 武汉:华中科技大学,2017.

[21]吴晓勇,李冬云,陈信义. 细胞因子网络调控与免疫性血小板减少性紫癜相关性研究[J]. 现代生物医学进展,2009,9(7):1369-1372.

[22]朱俊宇,范霞,梁华平. AhR 调控炎性细胞因子的研究进展[J]. 免疫学杂志,2017(1):79-83.

[23]HE X Q,CAO W H,PAN G K,et al. Enzymatic hydrolysis optimization of Paphia undulate and lymphocyte proliferation activity of the isolated peptide fractions [J]. Journal of the Science of Food and Agriculture,2015,95(7):1544-1553.

[24]CHALAMAIAH M,Yu W L,Wu J P. Immunomodulatory and anticancer protein hydrolysates(peptides)from food proteins:A review[J]. Food Chemistry,2018,245:205-222.

[25]VISSER M,STEPHAN D,JAYNES J M,et al. A transient expression assay for the in planta efficacy screening of an antimicrobial peptide against grapevine bacterial pathogens[J]. Letters in applied microbiology,2012,54(6):543-551.

[26]白鑫华,徐阳,杨思亮,等. 食品添加剂和温度对鸡蛋壳膜肽抗氧化活性的影响[J]. 中国食品添加剂,2017(8):160-165.

[27]CARBONARO M,NUCARA A. Secondary structure of food proteins by Fourier transform spectroscopy in the mid-infrared region[J]. Amino Acids,2010,38(3):679-690.

[28]ZHANG Y F,LE G W,SHI Y H,et al. The study on immunopeptides of wheat through hydrolyzing wheat isolated proteins by alcalase [J]. Food Mach. ,

2006,22(3):44-46,93.

[29]WASAPORN C,CHOCKCHAI T,SHURYO N. Antioxidative properties of partially purified barley hordein,rice bran protein fractions and their hydrolysates[J]. J. Cereal Sci. ,2009,49(3):422-28.

[30]ZHU M X,WAN W L,LI H S,et al. Thymopentin enhances the generation of T - cell lineage derived from human embryonic stem cells in vitro [J]. Experimental Cell Research,2015,331:387-398.

[31]PAK V V,KOO M S,KASYMOVA T D,et al. Isolation and identification of peptides from soy 11s-globulin with hypocholesterolemic activity[J]. Chemistry of Natural Compounds,2005,41(6):710-714.

[32]MAESTRI E,MARMIROLI M,MARMIROLI N. Bioactive peptides in plant-derived foodstuffs[J]. Journal of Proteomics,2016,147:140-155.

[33]陈玉璨. α-螺旋短肽的端基氨基酸对其结构及生物活性的影响研究[D]. 青岛:中国石油大学(华东),2015.

[34]WONGEKALAK L O,HONGSPRABHAS P. Influence of carbohydrates on self-association of mung bean protein hydrolysate in the presence of amphiphilic Asiatic acid[J]. International Journal of Food Science & Technology,2014,49:1294-1301.

[35]WU N,WEN Z S,XIANG X W,et al. Immunostimulative activity of low molecular weight chitosans in RAW264. 7 macrophages[J]. Marine Drugs,2015,13(10):6210-6225.

第五章　绿豆免疫活性肽的作用机制

第一节　绿豆肽对 RAW264.7 巨噬细胞的
免疫调节作用机制

巨噬细胞是重要的免疫细胞,通过分泌促炎细胞因子、趋化因子、NO、PGE2(Prostaglandin E2,简称 PGE2,前列腺素 E2)以及炎症蛋白的表达来调节炎症和宿主防御(Abarikwu,2014)。巨噬细胞的过度激活具有破坏性作用,如感染性休克,可导致多器官功能障碍综合征和死亡(Valledor,2010),而且连续的炎症反应会导致慢性炎症的发展,如类风湿关节炎、牛皮癣和炎症性肠病。因此,调控巨噬细胞的活化对于预防机体的慢性疾病具有实际意义。食品中分离得到的生物活性肽已被国内外研究者发现具有免疫调节和免疫抑制等功效(Dia,2014;Marcone,2015),而且由于其易吸收、无免疫原性等良好的功能特性而引起国内外学者的广泛关注(Miner-Williams,2014)。巨噬细胞作为先天免疫应答的重要组成部分,是机体的主要免疫细胞,在机体抵抗外界刺激(如入侵病原体和细菌感染)和免疫抑制方面发挥着重要作用。巨噬细胞可以通过其膜结合表面受体或模式识别受体(PRRs)识别病原体,包括 Toll 样受体(TLRs)、受体激酶和 c 型凝集素受体(CLRs)。刺激启动转录因子的激活,如核转录因子-κB(NF-κB)和丝裂原活化蛋白激酶(MAPK),然后调节巨噬细胞的活动和功能,导致细胞因子和趋化因子的分泌和其他在炎症介质中的过量产生(Chawla,2011;Ginhoux,2014)。Cian 等(2012)的研究发现,*phorphyra columbina* 水解物的免疫调节机制是通过激活 NF-κB、p38 和 JNK 通路上调大鼠巨噬细胞中 IL-10,从而达到提高机体免疫活性的能力。Kim 等(2013)的研究发现,高分子量的贻贝蛋白水解物对 LPS 诱导的 RAW264.7 细胞有显著的抗炎效果,且这种抗炎作用经由 NF-κB 和 MAPK 通路调控。作者的前期研究已发现,绿豆肽具有免疫调节作用,但对于绿豆肽在先天免疫方面是如何发挥免疫调节作用的机制还不甚清楚。

一、实验材料与设备

(一)实验材料

RAW264.7 细胞购自武汉大学细胞保藏中心。实验所用试剂见表 5-1。

表 5-1　主要试剂及其生产公司

试剂名称	货号	生产公司	产地
DMEM 培养基	12100-46	Gibco	美国
胎牛血清	SH30084.03	Hyclone	美国
PBS	P10033	双螺旋	中国
胰酶	C0203	碧云天	中国
LPS	L-2880	Biosharp	美国
MTT	M-2128	Sigma	美国
全蛋白提取试剂盒	wanleibio	WLA019	中国
BCA 蛋白浓度测定试剂盒	wanleibio	WLA004	中国
一抗二抗去除液	wanleibio	WLA007	中国
SDS—PAGE 凝胶快速制备试剂盒	wanleibio	WLA013	中国
Western 洗涤液	wanleibio	WLA025	中国
SDS—PAGE 电泳液(干粉)	wanleibio	WLA026	中国
SDS—PAGE 蛋白上样缓冲液	wanleibio	WLA005	美国
ECL 发光液	wanleibio	WLA003	中国
预染蛋白分子量标准	Fermentas	96616	加拿大
PVDF 膜	Millipore	IPVH00010	美国

试剂名称	货号	生产公司	产地
脱脂奶粉	伊利	Q/NYLB 0039S	中国
LC3 antibody	wanleibio	WLA023	中国
P62 antibody	BOSTER	BA2849	中国
羊抗兔 IgG-HRP	wanleibio	WLA023	中国
内参抗体 β-actin	wanleibio	WL01845	中国
Super M-MLV 反转录酶	PR6502	BioTeke	中国
高纯总 RNA 快速提取试剂盒	RP1201	BioTeke	中国
RNase 固相清除剂	3090-250	天恩泽	中国
Powder 琼脂糖	111860	Biowest	法国
50×TAE	N10053	Amresco	美国
2×Power Taq PCR MasterMix	PR1702	BioTeke	中国
SYBR Green	SY1020	Solarbio	中国
DMSO	D-5879	Sigma	美国

（二）实验设备

实验所用主要仪器设备见表5-2。

表5-2　实验用仪器设备

仪器名称	生产厂家
紫外凝胶成像系统	美国 Bio-Rad 公司
酶标仪	美国 BIOTEK 公司
基因定量仪	美国 Amersham 公司
超声波破碎仪	美国 Sonics & Materials Inc. 公司
全自动氨基酸分析仪	日本日立公司
高效液相色谱分析仪	美国 Agilent 公司
近红外变换光谱分析仪	美国 PE 公司
倒置相差显微镜	麦克奥迪
超纯水系统	Heal Force 公司
电泳仪	北京六一仪器厂

仪器名称	生产厂家
转移槽	北京六一仪器厂
双垂直蛋白电泳仪	北京六一仪器厂
凝胶成像系统	北京六一仪器厂
超速冷冻离心机	湖南湘仪实验室仪器开发有限公司
酶标仪	美国伯腾仪器有限公司(BIOTEK)
紫外分光光度计	美国 Thermo 公司
荧光定量 PCR 仪	韩国 Bioneer 公司
电热恒温培养箱	天津泰斯特仪器有限公司

二、试验方法

(一)绿豆肽激活 RAW264.7 细胞激活 MAPK 信号通路检测

RAW264.7 细胞以 1×10^5 个/mL 的浓度接种到 96 孔板,在 37℃、5% CO_2 的饱和湿度条件下培养,24h 后,加入 2μg/mL LPS 溶液刺激 12h,然后分别加入浓度为 10μg/mL、100μg/mL、200μg/mL 和 400μg/mL 的绿豆肽溶液,继续培养 24h。移除培养基,加入细胞裂解液,收集细胞悬液,12000r/min 和 4℃条件下离心 10min,分离上清液为所得的蛋白质抽提物。细胞处理结束后,采用蛋白裂解液提取蛋白,BCA(二喹啉甲酸)法测定蛋白浓度。各组取等量蛋白上样品,SDS-PAGE 电泳后,采用半干法将蛋白转移至 PVDF 膜上,含 5%脱脂奶粉的 TBST 室温封闭 1h,加入 p38、JNK 和 ERK 抗体和 β-actin 抗体 4℃孵育过夜。次日用 TBST 洗膜 5 次,每次 10min。洗膜后加入二抗,室温孵育 2h,TBST 洗膜,采用 ECL 显影成像。并采用 Image J 2x 软件对结果进行分析。

(二)总 RNA 提取

(1)将样本中加入 1mL RL 裂解液,充分混匀,室温下放置 5min。

(2)加入 200μL 氯仿,盖好管盖,充分混匀,室温下放置 3min。

(3)4℃和 12000r/min 条件下离心 10min,样品分成三层:黄色的有机相,中间层和无色的水相,RNA 主要在水相中,水相的体积约为所用 Trizol 试剂的50%。把水相转移到新管中,进行下一步操作。

(4)缓慢加入 1 倍体积 70%乙醇,混匀。将得到溶液和沉淀一起转入吸附柱 RA 中,4℃和 12000r/min 条件下离心 30s,除去收集管中的废液。

(5)向吸附柱 RA 中加入 500μL 去蛋白液 RE,4℃和 12000r/min 离心 30s,弃废液。

(6)向吸附柱 RA 中加入 500μL 漂洗液 RW,室温静置 2min,4℃和 12000r/min 条件下离心 30s,去除残余液体。

(7)将吸附柱放入 1.5mL 收集管中,4℃和 12000r/min 条件下离心 2min,去除残余液体。

(8)将吸附柱 RA 转入一个新的离心管中,加 30μL RNase-free ddH$_2$O,室温放置 2min,4℃和 12000r/min 条件下离心 2min,所得即为样本总 RNA。

(三)反转录

将得到的 RNA 样本进行反转录,具体用量见表 5-3。

表 5-3　反转录 RNA 样本用量表

样本	样本上样量/μL	ddH$_2$O 使用量/μL
PBS 空白对照	4.9	5.6
LPS 阳性对照	5.5	5.0
10μg/mL	6.1	4.4
100μg/mL	4.7	5.8
200μg/mL	4.2	6.3
400μg/mL	5.0	5.5

对上步实验所得的 RNA 样本进行反转录以得到对应的 cDNA。反转录步骤如下。

(1)在冰浴的无核酸酶的离心管中加入反应混合物[oligo(dT)$_{15}$:1μL;random:1μL;dNTP(2.5mmol/L):2μL;加 ddH$_2$O 至总反应体系为 14.5μL],根据提取的 RNA 样本浓度加入 RNA 样本,保证 RNA 上样浓度一致。

（2）70℃加热5min后迅速在冰上冷却2min。简短离心收集反应液后加入以下各组分：5×Buffer：4μL；RNasin：0.5μL。

（3）加1μL（200U）M-MLV，轻轻用移液器混匀。

（4）25℃温浴10min，42℃温浴50min。

（5）95℃加热5min终止反应。

以上步骤由PCR仪完成，最后得到20μL cDNA样本，可置于-20℃保存或用于下步实验。

（四）实时荧光定量分析

首先将引物稀释至10μmol/L（或根据引物不同情况稀释），引物信息见表5-4。

表5-4　引物序列表

名称	序列（5'¬ 3'）	长度	T_m/℃	PCR产物的长度
iNOS F	GCAGGGAATCTTGGAGCGAGTTG	23	67.1	139
iNOS R	GTAGGTGAGGGCTTGGCTGAGTG	23	65.0	
IL-6 F	ACTTCCATCCAGTTGCCTTCTT	22	59.7	174
IL-6 R	TCATTTCCACGATTTCCCAGA	21	60.3	
TNF-α F	TTCTACTGAACTTCGGGGTGAT	22	58.2	158
TNF-α R	CACTTGGTGGTTTGCTACGA	20	56.9	
IL-1β F	TTTGAAGTTGACGGACCCC	19	57.9	149
IL-1β R	ATCTCCACAGCCACAATGAGTG	22	59.8	
β-actin F	CTGTGCCCATCTACGAGGGCTAT	23	64.5	155
β-actin R	TTTGATGTCACGCACGATTTCC	22	63.2	

反应体系：

cDNA模板　　　　　　　　　　　1μL

上下游引物（10μmol/L）　　　　各0.5μL

SYBR GREEN mastermix　　　　10μL

用ddH₂O补足至20μL

反应条件：

95℃	10min
95℃	10s
60℃	20s ⎫ ×40 个循环
72℃	30s ⎭
4℃	5min

（五）抗 TLR1 抗体阻断绿豆肽刺激巨噬细胞分泌细胞因子的测定

以 $1×10^5$ 个/mL 浓度的 RAW264.7 巨噬细胞接种于 24 孔培养板上，置于 37℃,5%CO_2 培养箱中继续培养 24h 后,使用 TLR1 和 TLR4 的阻断抗体分别孵育细胞 30min,同时以未添加阻断剂处理组作为对照。在 RAW264.7 细胞中加入的绿豆肽浓度为 2μg/mL,放入培养箱中共同培养。收集刺激 8h 后的细胞培养上清液及空白对照上清液,采用 ELISA 法分别测定 TNF-α、IL-6 和 IL-1β 的分泌量。

（六）抗 TLR1 抗体阻断绿豆肽刺激巨噬细胞 MAPK 信号通路的检测

RAW264.7 巨噬细胞以 $1×10^5$ 个/mL 的浓度接种到 96 孔板,在 37℃,5% CO_2 的饱和湿度条件下培养 24h 后,加入 2μg/mL LPS 溶液刺激 12h,然后分别加入浓度为 10μg/mL、100μg/mL、200μg/mL 和 400μg/mL 的绿豆肽溶液,继续培养 24h。移除培养基,加入细胞裂解液,收集细胞悬液,在 12000r/min 和 4℃条件下离心 10min,分离上清液为所得的蛋白质抽提物。细胞处理结束后,采用蛋白裂解液提取蛋白,BCA（二喹啉甲酸）法测定蛋白浓度。各组取等量蛋白上样品,SDS-PAGE 电泳后,采用半干法将蛋白转移至 PVDF 膜上,含 5%脱脂奶粉的 TBST 室温封闭 1h,加入 p38、JNK 和 ERK 抗体（所有抗体的稀释倍数均为 1∶500）和 β-actin（稀释倍数 1∶500）抗体 4℃孵育过夜。次日用 TBST 洗膜 5 次,每次 10min。洗膜后加入二抗,室温孵育 2h,TBST 洗膜,采用 ECL 显影成像。并采用 Image J 2x 软件对结果进行分析。

（七）MAPK 信号传导通路抑制剂对绿豆肽激活 RAW264.7 巨噬细胞分泌细胞因子的影响

以 $1×10^5$ 个/mL 浓度的 RAW264.7 巨噬细胞接种于 24 孔培养板上,置于

37℃的 CO_2 培养箱中继续培养 24h 后,使用 p38(SB203580)、ERK(PD98059)、JNK(SP600125)等细胞信号传导通路抑制剂孵育细胞 30min,同时以未添加阻断剂处理组作为对照。在 RAW264.7 巨噬细胞中加入的绿豆肽浓度为 $2\mu g/mL$,放入培养箱中共同培养。收集刺激 8h 后的细胞培养上清液及空白对照上清液,采用 ELISA 法分别测定 TNF-α、IL-6 和 IL-1β 的分泌量。

三、实验结果与分析

(一)绿豆肽对巨噬细胞 TLR1、TLR2 和 TLR4 蛋白表达的影响

TLR 受体家族在先天免疫中发挥关键作用。免疫系统中有很多细胞都能够表达 TLR 受体。其中 TLR4 能与各种细胞外信号结合,从而激活巨噬细胞,因此被确定为巨噬细胞的主要受体。TLR2 是 TLRs 家族成员中表达范围最广、识别病原微生物及其产物种类最多的分子,参与炎症信号传导,介导天然抗感染免疫,因而被认为是一种中枢型模式识别受体。TLR1 和 TLR2 联合可识别细菌的脂蛋白,而且 TLR2 常与 TLR1 或 TLR6 结合为二聚体共同发挥作用。

图 5-1 所示为绿豆肽刺激 RAW264.7 巨噬细胞不同时间的 TLR1、TLR2 和 TLR4 mRNA 表达水平,图 5-2 所示为绿豆肽经由 TLR1、TLR2、TLR4 通路介导 RAW264.7 巨噬细胞促炎细胞因子的分泌情况。图 5-1 和图 5-2 采用 PCR 技术分析不同处理组的 TLR1、TLR2 和 TLR4 受体 mRNA 表达量水平。由图可知,LPS 组的 TLR1、TLR2 和 TLR4 受体 mRNA 表达量显著提高,但绿豆肽组对巨噬细胞的不同受体表达量显著不同,其中对 TLR1 和 TLR4 受体表达量有一定影响,对 TLR2 受体无明显影响,但绿豆肽均能显著抑制 LPS 诱导巨噬细胞的 TLR1、TLR2 和 TLR4 受体 mRNA 表达量。该结果说明,TLR1 和 TLR4 可能参与巨噬细胞的激活。

(二)TLR 通路参与绿豆肽诱导 IL-1β、IL-6 和 TNF-α 的产生

图 5-3 所示为采用 TLR1 和 TLR4 抗体对 RAW264.7 巨噬细胞进行处理,分别测定阻断 TLR 受体,考验 TLR 受体是否参与绿豆肽对 RAW264.7 巨噬细

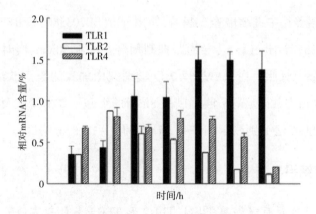

图 5-1　绿豆肽刺激 RAW264.7 巨噬细胞不同时间的

TLR1、TLR2 和 TLR4 受体 mRNA 表达水平

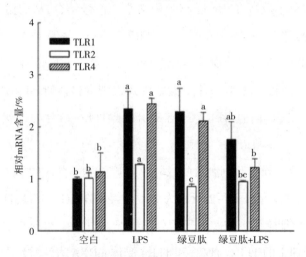

图 5-2　绿豆肽对 LPS 诱导 RAW264.7 巨噬细胞

TLR1、TLR2 和 TLR4 mRNA 的表达水平

（a~c 表示在同一条件下,各处理组间差异显著,即 $P<0.05$）

胞的细胞因子表达。由图 5-3 可知,未经 TLR 抗体预处理的细胞因子分泌显著高于其他处理组,阻断 TLR1 和 TLR4 处理组的 IL-6、IL-1β 和 TNF-α 的细胞因子分泌水平显著低于 MBPs 组,但 TLR1 抗体阻断组和 TLR4 抗体阻断组相比,TLR1 阻断组的细胞因子分泌水平显著被抑制,且抑制水平达到 50% 以上。这些数据表明,绿豆肽激活巨噬细胞促进细胞因子的分泌可能是依赖多条 TLR

通路,其中尤以 TLR1 通路传递信号为主。

(三)绿豆肽对巨噬细胞 MAPK 通路调节免疫活性的研究

1. 绿豆肽对 RAW264.7 巨噬细胞 MAPK 通路的影响

为了说明绿豆肽对巨噬细胞的免疫调节机制,本研究采用 western blotting 方法对 p38、ERK1/2 和 JNK 以及其磷酸化表达水平进行分析。图 5-4 所示为

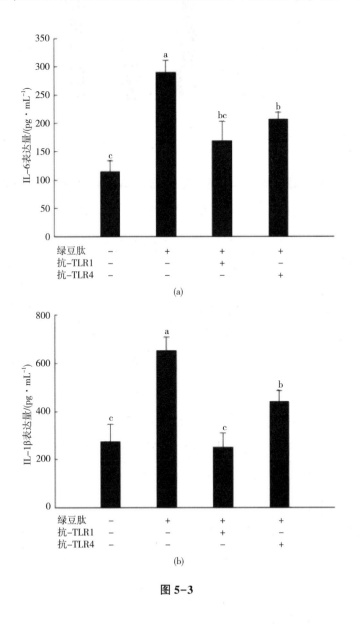

图 5-3

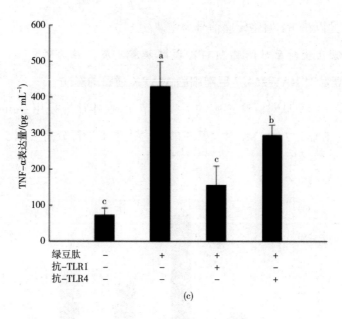

(c)

图 5-3　阻断 TLR1 和 TLR4 抑制绿豆肽诱导 RAW264. 7 巨噬细胞因子的分泌

(a~c 表示在同一条件下,各处理组间差异显著,即 $P<0.05$)

绿豆肽对 RAW264. 7 巨噬细胞 MAPK 通路活化的影响。由图 5-4 可知,LPS 刺激巨噬细胞处理组的 JNK、ERK 和 p38 磷酸化蛋白水平分别提高了约 4. 84 倍、3. 72 倍和 9. 20 倍,采用不同浓度绿豆肽培养巨噬细胞的 JNK、ERK 和 p38 磷酸化水平均显著高于对照组,分别比对照组提高了约 1. 98 倍、3. 11 倍和 8. 4 倍,比 LPS 组分别低 2. 44 倍、1. 20 倍和 1. 10 倍,且都呈浓度依赖性变化。本研究结果表明,绿豆肽可激活巨噬细胞 MAPK 通路。

2. 绿豆肽对 LPS 诱导的 RAW264. 7 巨噬细胞 MAPK 通路的影响

LPS 在刺激巨噬细胞以及其他细胞的炎症反应中起着重要的作用,其可以激活 MAPK 通路。MAPK 属于丝氨酸/苏氨酸蛋白激酶家族,包括三个亚基,分别为 ERK1/2、JNK1/2 和 p38 MAPK。本研究采用 western blotting 方法分析了 ERK1/2、JNK1/2 和 p38MAPK 磷酸化的变化情况。图 5-5 所示为绿豆肽对 MAPK 通路三个亚基蛋白表达水平的影响。由图 5-5 可以看出,LPS 刺激巨噬细胞组的 ERK1/2、JNK1/2 和 p38 MAPK 蛋白磷酸化水平显著提高,然而,绿豆肽对 LPS 刺激组的

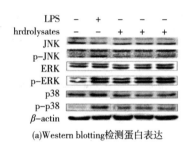

(a)Western blotting检测蛋白表达

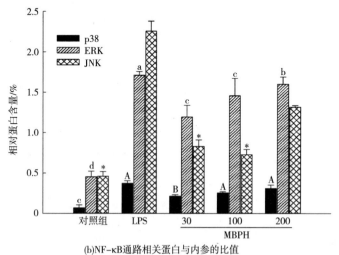

(b)NF-κB通路相关蛋白与内参的比值

图5-4 绿豆肽对巨噬细胞 MAPK 通路相关蛋白表达的影响

(a~d 不同表示在同等处理条件下,各个处理组间 JNK 表达量的差异显著,即 $P<0.05$;

A~C 不同表示在同等处理条件下,各个处理组间 JNK 表达量的差异显著,即 $P<0.05$;

＊表示在同等处理条件下,不同处理组的 p38 表达量与空白组的差异显著性,即 $P<0.05$)

JNK1/2 和 p38 MAPK 两个亚基的蛋白磷酸化水平呈现剂量依赖性抑制作用,对 ERK1/2 则呈剂量依赖性提高作用,这表明绿豆肽可以在机体中通过抑制 JNK1/2 和 p38 MAPK 的活化、诱导 ERK1/2 的活化抑制巨噬细胞的成熟,从而在机体中发挥抗炎作用。

3. 抗 TLR1 抗体阻断绿豆肽诱导的 RAW264.7 巨噬细胞 MAPK 通路的影响

前期的研究发现,绿豆肽能显著激活 RAW264.7 细胞的 MAPK 通路,从而激发细胞的免疫因子的表达,且这一过程可被阻断 TLR1 的抗体所抑制,这就说明绿豆肽诱导巨噬细胞激活 MAPK 通路可能依赖 TLR1 受体。由于巨噬细胞被

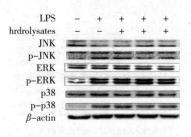

(a)Western blotting检测蛋白表达

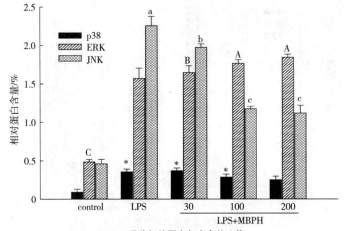

(b)NF-κB通路相关蛋白与内参的比值

图5-5 绿豆肽对 LPS 诱导巨噬细胞 MAPK 通路相关蛋白表达的影响

(a~d 不同表示在同等处理条件下,各个处理组间 JNK 表达量的差异显著,即 P<0.05;

A~C 不同表示在同等处理条件下,各个处理组间 JNK 表达量的差异显著,即 P<0.05;

* 表示在同等处理条件下,不同处理组的 p38 表达量与空白组的差异显著性,即 P<0.05)

激活时会上调参与先天免疫相关的基因转录。因此,为了进一步验证绿豆肽诱导巨噬细胞 MAPK 通路的激活,本试验研究了阻断 TLR1 受体预处理巨噬细胞对 MAPK 通路三个主要亚基蛋白的表达。

如图 5-6~图 5-8 所示分别是抗 TLR1 抗体对绿豆肽诱导 RAW264.7 巨噬细胞 p38 MAPK、ERK1/2 和 JNK 等亚基蛋白的表达。由图 5-6 可以看出,与正常组相比,不同浓度(50mg/mL、100mg/mL 和 200mg/mL)绿豆肽可显著激活 MAPK 信号通路中 p38 MAPK 基因的表达,且呈浓度依赖性(P<0.05),这与之前的研究结

果一致。且大量研究已经证实,MAPK 信号通路可被很多细胞外信号或刺激物所激活,然后将细胞外的信号传导至细胞核内,从而激活一系列相关免疫反应的通路,而且激活的 MAPK 可发挥细胞增殖、分化及凋亡的调节作用,而且与炎症以及其他慢性疾病相关。抗 TLR1 阻断组的 p38 MAPK 表达水平显著低于正常组($P<0.05$),而采用不同浓度绿豆肽对 anti-TLR1 预处理组细胞诱导后,p38 MAPK 表达量有所增加,且呈剂量依赖性,但总体与正常组差异不显著($P>0.05$),而且 anti-TLR1 处理组和正常绿豆肽组相比,其 p38 MAPK 蛋白表达水平差异显著,说明绿豆肽能通过 TLR1 刺激巨噬细胞激活 MAPK 通路的 p38 信号通路。

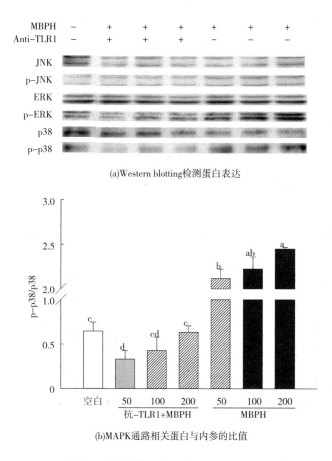

(a)Western blotting检测蛋白表达

(b)MAPK通路相关蛋白与内参的比值

图 5-6　TLR1 阻断绿豆肽诱导的巨噬细胞 MAPK(p38)通路相关蛋白表达

(a~d 不同表示在同等处理条件下,各个处理组的表达量的显著差异性,即 $P<0.05$)

　　图5-7所示为抗TLR1抗体对绿豆肽诱导RAW264.7巨噬细胞ERK1/2蛋白的表达。由图可以看出,与正常组相比,ERK1/2和p38 MAPK基因表达趋势一致,均表现为不同浓度(50mg/mL、100mg/mL和200mg/mL)绿豆肽可显著激活MAPK信号通路中ERK1/2基因的表达,且呈浓度依赖性($P<0.05$)。有研究发现,ERK1/2的激活能引起TNF-α、IL-1和IL-6等细胞因子的分泌,而且之前的研究也发现,当绿豆肽刺激巨噬细胞时,RAW264.7巨噬细胞大量分泌TNF-α、IL-1和IL-6,当采用抗TLR1阻断剂处理巨噬细胞后,细胞的促炎细胞因子分泌量显著降低。由此推测绿豆肽激活巨噬细胞可能经由TLR1。图5-6已证实当抗TLR1抗体阻断剂处理后,MAPK通路的p38发生显著降低。图5-7表明,当采用anti-TLR1预处理巨噬细胞后,RAW264.7细胞的ERK1/2的表达量均低于正常组和绿豆肽组;当采用不同绿豆肽刺激anti-TLR1预处理细胞,RAW264.7细胞的ERK1/2蛋白表达有所升高,但与anti-TLR1组相比,差异不显著($P>0.05$)。

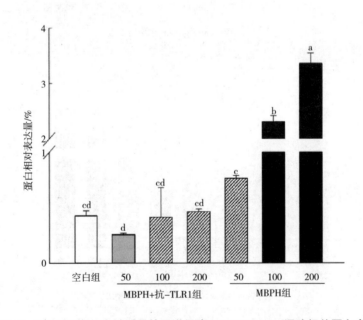

图5-7　TLR1阻断绿豆肽诱导的巨噬细胞MAPK(ERK)通路相关蛋白表达

(a~d表示在同一条件下,各处理组间差异显著,即$P<0.05$)

图 5-8 所示为抗 TLR1 抗体对绿豆肽诱导 RAW264.7 巨噬细胞 JNK 蛋白的表达。由图可以看出,绿豆肽组能显著诱导 JNK 蛋白的表达($P<0.05$),而且随着浓度的增加其表达量显著增加。而 anti-TLR1 处理后其 JNK 蛋白的表达量显著降低($P<0.05$),采用不同浓度绿豆肽对 anti-TLR1 组进行处理,结果发现各组的 JNK 蛋白表达量有所升高,但总体差异不显著($P>0.05$)。当采用 50mg/mL 的绿豆肽处理 anti-TLR1 细胞后,JNK 蛋白的表达量较 anti-TLR1 降低,但差异不显著;100mg/mL 和 200mg/mL 绿豆肽刺激 anti-TLR1 组的 JNK 蛋白表达差异不显著($P>0.05$)。

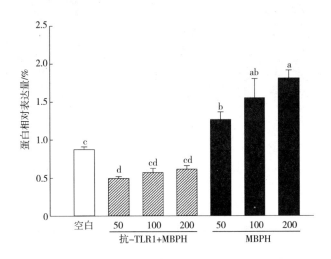

图 5-8　TLR1 阻断绿豆肽诱导的巨噬细胞 MAPK(JNK)通路相关蛋白表达

(a~d 表示在同一条件下,各处理组间差异显著,即 $P<0.05$)

4. 绿豆肽激活 RAW264.7 巨噬细胞细胞因子的表达依赖于 MAPK 相关的信号通路

图 5-9 所示为 MAPK 信号通路各因子对绿豆肽激活巨噬细胞分泌细胞因子分泌量的影响。本研究分别采用 MAPK 三个亚基的抑制剂 p38(SB203580)、ERK1/2(PD98059)、JNK(SP600125)预处理巨噬细胞,然后再加入绿豆肽刺激,分别测定巨噬细胞的 TNF-α 和 IL-6 分泌量。由图可知,添加绿豆肽组和不同 MAPK 三个亚基抑制剂的绿豆肽组的 TNF-α 差异显著($P<0.05$)。对于 MAPK

通路的三个亚基而言,JNK 抑制剂对巨噬细胞 TNF-α 的分泌量与 p38 和 ERK 抑制剂组的差异显著($P<0.05$)。由 IL-6 的研究结果可以看出,不同处理组对巨噬细胞分泌 IL-6 的差异显著,三个亚基抑制剂处理组的 IL-6 分泌量较绿豆肽组的分泌量分别降低了 40%、34% 和 23%。这些结果说明,绿豆肽激活细胞因子的表达依赖于 MAPK 相关的信号通路,且 p38 和 ERK1/2 对巨噬细胞的细胞因子分泌起主要作用。

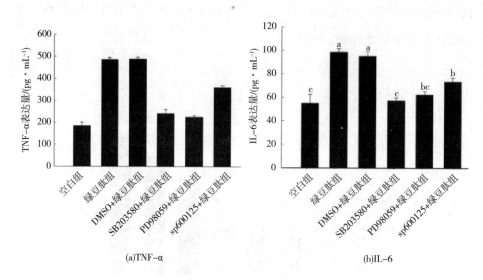

(a)TNF-α　　　　　　　　　　　　　(b)IL-6

图 5-9　MAPK 信号通路各因子对绿豆肽诱导的巨噬细胞细胞因子分泌量的影响

(a~d 表示在同一条件下,各处理组间差异显著,即 $P<0.05$)

(四)绿豆肽对巨噬细胞 NF-κB 通路相关免疫调节活性的研究

1. 绿豆肽对 RAW264.7 巨噬细胞 NF-κB 通路的影响

为了进一步探讨绿豆肽对 RAW264.7 细胞的激活反应机制,本研究采用 western blot 方法分析了 NF-κB 通路中 p65、IκBα 蛋白的磷酸化水平。图 5-10 所示为绿豆肽对 RAW 264.7 巨噬细胞 NF-κB 通路的影响结果。与空白对照组相比,绿豆肽处理组的细胞核中 NF-κB p65 蛋白表达量显著提高($P<0.05$),且呈剂量依赖性,但显著低于 LPS 处理组($P<0.05$)。该结果说明,LPS 刺激组明显促进了 p65 核移位,绿豆肽组也在一定程度上促进了 p65 的核移位,说明绿

豆肽对巨噬细胞具有促进激活作用。绿豆肽处理细胞组细胞质中IκBα蛋白的磷酸化水平呈剂量性升高,其中高剂量组的 IκBα 蛋白的磷酸化水平与 LPS 组的差异不显著。研究发现,LPS 可强烈刺激诱导 NF-κB 通路中 IκBα 的磷酸化和 p65 的核移位,而绿豆肽可以激活 NF-κB 的核移位,但其入核程度显著低于LPS,这说明绿豆肽可适当促使机体分泌细胞因子,从而保护机体免受外界刺激。

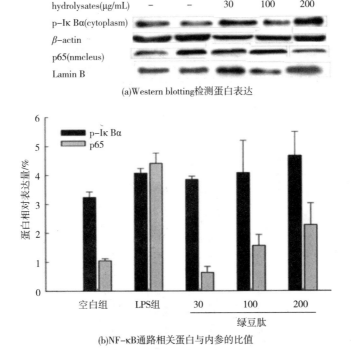

(a)Western blotting检测蛋白表达

(b)NF-κB通路相关蛋白与内参的比值

图 5-10　绿豆肽对巨噬细胞 NF-κB 通路相关蛋白表达的影响

2. 绿豆肽对 LPS 诱导 RAW264.7 巨噬细胞 NF-κB 通路的影响

NF-κB 是机体免疫过程中的关键调节因子,参与炎症反应、调节细胞分化和凋亡的转录调控(Natoli,2012)。NF-κB 主要控制多种类型炎性介质的转录,从而在巨噬细胞激活中起着重要作用,其成员有 p50、p65、c-Rel、p52 和 RelB(Mathes,2008)。LPS 可通过调控各种炎症介质的表达激活 NF-κB 通路,其中

p65 的核移位是 LPS 刺激机体释放炎症因子的标志。当 LPS 激活 NF-κB,IκBα 抑制蛋白被 IκBα 酶磷酸化,泛素化,IκBα 发生降解,p65 发生核移位。IκBα 的磷酸化是 NF-κB 核因子转录的必要条件。NF-κB 通路的调节直接影响着参与机体免疫反应的炎症介质的表达(Li,2016)。因此,本研究采用 western blotting 技术分析了绿豆肽对 NF-κB 通路中 IκBα 磷酸化和核内 p65 蛋白水平。

图 5-11 是绿豆肽对 NF-κB 通路中 IκBα 磷酸化和核内 p65 蛋白水平的试验结果。

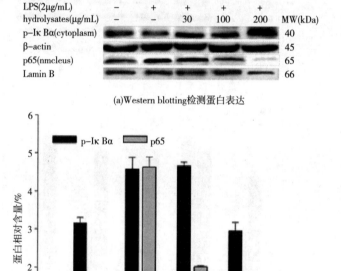

(a)Western blotting检测蛋白表达

(b)NF-κB通路相关蛋白与内参的比值

图 5-11　绿豆肽对 LPS 诱导巨噬细胞 NF-κB 通路相关蛋白表达的影响

由图 5-11(a)可知,与空白组相比,LPS 处理组的核内 p65 和细胞质中 IκBα 磷酸化显著积聚。采用图像分析软件对电泳条带的蛋白表达水平分析结果见图 5-11（b），LPS 处理组的细胞核内 p65 和细胞质中 IκBα 的相对蛋白表达水平显著升高，而采用不同浓度绿豆肽处理 LPS 诱导组的细胞核内 p65 和细胞质中 IκBα 相对蛋白表达水平呈浓度依赖性降低。IκBα 的磷酸化和 p65 的核移位是 NF-κB 通路激活的关键因素，激活的 NF-κB 进入细胞核内，与核内的靶向基因相结合，从而调节包括生长因子、转录因子、趋化因子等在内的基因转录。其中 IκBα 的磷酸化是 NF-κB 通路激活的首要条件（Kundu，2006）。本研究结果表明，绿豆肽可以抑制 IκBα 的磷酸化，从而抑制 NF-κB 通路的激活。Cheng 和 Li（2016）的研究表明生物活性肽可作为抗炎因子，通过抑制 LPS 诱导巨噬细胞的 NF-κB 通路的激活。激活的 NF-κB 可释放促炎活性介质和细胞因子。以上研究表明，绿豆肽可剂量依赖性降低 LPS 诱导巨噬细胞产生的 NO/iNOS、IL-6 和 IL-1β。结合该结果得出结论，绿豆肽可减弱 p65 的核移位和细胞质间 IκBα 蛋白的磷酸化，从而抑制 NF-κB 通路的激活。

3. 绿豆肽激活 RAW264.7 巨噬细胞细胞因子的表达依赖于 NF-κB 信号通路

图 5-12 所示为绿豆肽是否通过激活巨噬细胞的 NF-κB 通路增加细胞因子的表达。

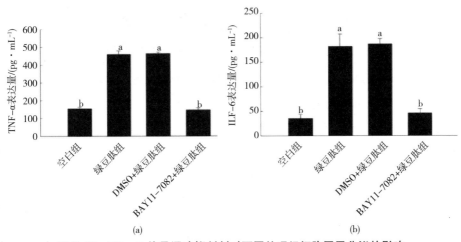

(a)　　　　　　　　　　(b)

图 5-12　NF-κB 信号通路抑制剂对不同处理组细胞因子分泌的影响

（a~b 不同表示在同一条件下各个处理组间差异显著，即 $P<0.05$）

本研究采用 NF-κB 通路抑制剂(BAY11-7082)处理巨噬细胞,然后加入绿豆肽刺激一段时间,采用 ELISA 检测各细胞因子的分泌量。由图 5-12 可知,绿豆肽组和 NF-κB 通路抑制剂组的 TNF-α 和 IL-6 分泌量存在显著差异,这就说明绿豆肽激活细胞因子的表达依赖于 NF-κB 信号通路。

(五)绿豆肽激活巨噬细胞可能的信号转导通路

图 5-13 所示为绿豆肽激活巨噬细胞发挥非特异性免疫活性可能的信号转导通路。巨噬细胞的激活过程中会有大量的参与先天免疫的基因转录的上调。研究发现,大部分的 TLR 受体活化后可以诱导机体的防御系统,产生 IL-6、IL-1 和 TNF-α 等细胞因子,从而调节机体的天然免疫和获得性免疫。本文研究了绿豆肽对巨噬细胞 TLR1、TLR2、TLR4 mRNA 表达,分析得出绿豆肽对 TLR1 和 TLR4 mRNA 表达量相对较高。同时又采用 anti-TLR1、anti-TLR4 受体阻断剂对绿豆肽诱导的巨噬细胞进行预处理。图 5-13 结果表明,绿豆肽对 anti-TLR1 受体阻断剂处理的巨噬细胞分泌 IL-1β、IL-6 和 TNF-α 影响显著,推测 TLR1 参与绿豆肽激活巨噬细胞的主要结合受体。文献记载 NF-κB 可调控下游多种类型的炎性介质的转录,在巨噬细胞激活中起重要作用。在本研究中,使用特定的 NF-κB 通路抑制剂处理巨噬细胞,能显著抑制 IL-1β、IL-6 和 TNF-α 等炎性介质的产生,表明 NF-κB 通路参与绿豆肽激活巨噬细胞。而且在前期的研究中发现,巨噬细胞的激活与 MAPK 通路有很大的相关性。在本研究中发现绿豆肽能诱导 MAPK 通路的 p38、ERK1/2 和 JNK1/2 的磷酸化,且存在一定的剂量依赖性,但其中 p38 和 ERK1/2 激活较 JNK1/2 显著。该结果表明,绿豆肽激活巨噬细胞依赖 MAPK 通路的 p38 和 ERK1/2。

四、讨论

近年来的研究发现,蛋白质的水解产物——低分子量的多肽比蛋白质更容易消化吸收,具有较高的生物可利用性。郭健等(2006)对绿豆肽的免疫活性进行了相关研究,其研究主要是采用绿豆肽饲喂小鼠,然后分别提取小鼠淋巴细胞、腹腔巨噬细胞、NK 细胞,测定相关细胞免疫活性指标。其研究结果表明,绿

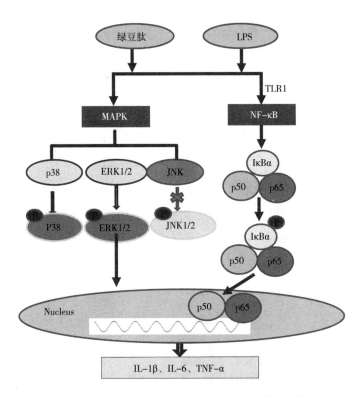

图 5-13 绿豆肽激活巨噬细胞可能的信号转导通路图

豆肽具有增强机体免疫能力的效果。本论文是建立免疫低下小鼠模型,考察绿豆肽是如何改善免疫低下小鼠的免疫功能及其作用机理,侧重点不同。汪少芸等(2004)的研究则综述性地报道了绿豆蛋白通过酶处理可发挥生物活性。本研究发现绿豆肽的分子量在1000Da以下具有较高的免疫调节作用。

免疫系统是由细胞、组织和器官组成的网络体系,其作用是清除潜在的有害物质,如细菌、真菌、病毒,并阻止癌细胞的生长。免疫又分为先天免疫和获得性免疫,其中先天免疫又称为非特异性免疫,是特异性免疫的基础;相反,特异性免疫所产生的免疫物质又能增强非特异性免疫的作用。先天免疫系统是通过模式识别受体识别外源性抗原,目前研究较为深入的模式识别受体多是Toll-like家族。TLR可激活先天免疫反应,并通过诱导产生细胞因子增加获得性免疫反应,增强机体的细胞免疫和体液免疫。且TLR是一种跨膜蛋白,表达于巨噬细胞、树突状细胞等天然免疫系统的细胞上。本研究发现,大部分的 TLR 受体活化后可以诱导机体的防御系统,产生 IL-6、IL-1 和 TNF-α 等细胞因子,从而调节机体的天然免疫和获得性免疫。研究发现,人类的 TLR 1、TLR2、TLR6 mRNA 主要表达于单核细胞、单核细胞来源的未成熟树突状细胞以及粒细胞表面(Nakao,2005;Yiu,2017)。Yiu 等(2017)的研究发现,机体的慢性炎性反应发生时 TLR1 和 TLR2 受体的表达很活跃。Renshaw 等(2002)的研究发现,老龄小鼠腹腔巨噬细胞 TLR1-9 的表达显著降低,且其功能下降。有研究认为,自身免疫调节因子能够上调小鼠巨噬细胞 RAW264.7 TLR1、TLR3 和 TLR8 的表达。本课题组前期研究已发现绿豆肽可以作为抗炎剂,抑制 LPS 诱导的炎症反应,结合 Shuto 等的研究推测绿豆肽抑炎作用可能是通过下调 NF-κB 通路表达的炎症应答产生,从而降低 IL-1β、IL-6 和 TNF-α 的分泌。

前人的研究奠定了本研究的基础理论,进一步探讨 TLR1、TLR2 和 TLR4 是否为绿豆肽发挥免疫调节作用的受体。结果发现,绿豆肽作用后的巨噬细胞 TLR1、TLR2、TLR4 mRNA 表达,分析可知,绿豆肽对 TLR1 和 TLR4 mRNA 表达量相对较高。同时又采用 anti-TLR1、anti-TLR4 受体阻断剂对绿豆肽诱导的巨噬细胞进行预处理,结果表明,绿豆肽对 anti-TLR1 受体阻断剂处理的巨噬细胞分泌 IL-1β、IL-6 和 TNF-α 影响显著,因此推测 TLR1 是参与绿豆肽激活巨噬细胞的主要结合受体。

巨噬细胞通过其膜结合表面受体或 PRRs,包括 TLRs、受体激酶和 C 型凝集素受体(CLRs)来识别和区分病原体(Moore,2006),从而刺激启动转录因子的活化,如 NF-κB 和丝裂原活化蛋白激酶(MAPK),这些信号通路的活化调控巨噬细胞的活化和功能,从而介导细胞因子和趋化因子的分泌,以及其他炎症调节因子的过量分泌。当然激活的巨噬细胞是通过介导一系列信号转导途径实现的,包括 MAPK、NF-κB 和磷酸肌醇等,其中 MAPK 有 ERK1/2、JNK1/2 和 p38 三个主要亚基。大量研究已证实,巨噬细胞的这三个 MAPK 亚基都可以被胞外刺激物激活,如 LPS、生物活性肽、多糖等。NF-κB 是能参与调节免疫和多种炎症反应基因的转录因子。Cian 等(2012)报道 Porphyra columibina 的水解物可上调大鼠巨噬细胞和淋巴细胞 IL-10 的分泌量,其作用机制主要是能诱导巨噬细胞 NF-κB、p38MAPK 和 JNK 磷酸化。因此,本研究推测小鼠巨噬细胞 RAW264.7 的 MAPK 能被绿豆肽激活。试验结果发现,绿豆肽可激活 MAPK 细胞信号通路,分泌细胞因子;同时采用 p38MAPK、ERK1/2 和 JNK MAPK 亚基抑制剂;IL-1β、IL-6 和 TNF-α 等细胞因子分泌量显著降低,尤其是 p38 和 ERK1/2 亚基;绿豆肽诱导巨噬细胞产生细胞因子是通过 MAPK 通路。

NF-κB 在巨噬细胞激活中同样起到重要作用,在静息细胞中,NF-κB 和 IκB 形成复合体,以无活性形式存在于胞浆中。当细胞受外界信号刺激后,IκB 激酶复合体(IκB kinase,IKK)活化将 IκB 磷酸化,使 NF-κB 暴露核定位点。游离的 NF-κB 迅速移位到细胞核,与特异性 IκB 序列结合,诱导相关基因转录。本研究中使用 NF-κB 通路抑制剂,明显降低了 IL-1β、IL-6 和 TNF-α 等细胞因子的产生,这就说明在绿豆肽激活巨噬细胞中是通过 NF-κB 通路。从本文结果看出,TLR1 是绿豆肽激活小鼠巨噬细胞的主要受体。推测出绿豆肽激活巨噬细胞的一条信号通路可能是依赖 TLR1 途径激活 MAPK 通路中 p38 和 ERK 信号通路和 NF-κB 通路,最终诱导 IL-1β、IL-6 和 TNF-α 等细胞因子的表达。

五、小结

采用 PCR 技术分析不同处理组的 TLR1、TLR2 和 TLR4 受体 mRNA 表达量水平,结果表明,LPS 组的 TLR1、TLR2 和 TLR4 mRNA 表达量显著提高($P<0.05$);绿豆肽组对巨噬细胞 TLR1 和 TLR4 受体表达量有一定影响,但对 TLR2 受体无明显影响;绿豆肽能显著抑制 LPS 诱导巨噬细胞的 TLR1、TLR2 和 TLR4 mRNA 表达量。采用 anti-TLR1 和 anti-TLR4 抗体对 RAW264.7 巨噬细胞进行处理,测定绿豆肽对阻断 TLR 受体的处理组的细胞因子表达水平,结果表明,anti-TLR1 和 anti-TLR4 处理组的 IL-6、IL-1β 和 TNF-α 的细胞因子分泌水平显著低于 MBPs 组,且 TLR1 阻断组的细胞因子分泌水平显著被抑制,抑制水平达到50%以上。从这些研究结果推断出,TLR1 是绿豆肽激活巨噬细胞的主要

受体。

采用 western blotting 方法对 MAPK 的三个主要亚基 p38、ERK1/2 和 JNK 及其磷酸化表达水平和 NF-κB 通路的相关蛋白进行分析,结果为绿豆肽对巨噬细胞 MAPK 通路的三个主要亚基 p38、ERK1/2 和 JNKLPS 的表达量有显著影响。采用 MAPK 信号通路的 p38 抑制剂(SB203580)、ERK 抑制剂(PD98059)、JNK 抑制剂(SP600125)处理巨噬细胞,分别测定绿豆肽对巨噬细胞的 TNF-α 和 IL-6 分泌量,结果表明,p38 和 ERK1/2 抑制剂对巨噬细胞 TNF-α 和 IL-6 的分泌量影响较大,表明绿豆肽激活细胞因子的表达依赖于 MAPK 相关的信号通路,且 p38 和 ERK 对巨噬细胞的细胞因子分泌起主要作用。LPS 处理组的细胞核内 p65 和细胞质中 IκBα 的相对蛋白表达水平显著升高,而采用不同浓度绿豆肽处理 LPS 诱导组的细胞核内 p65 和细胞质中 IκBα 相对蛋白表达水平呈浓度依赖性降低;绿豆肽可以激活 NF-κB 的核移位,但其入核程度显著低于 LPS。采用 NF-κB 通路的特定抑制剂处理巨噬细胞,发现绿豆肽处理组的 TNF-α 和 IL-6 的分泌量较正常组小,这表明绿豆肽激活细胞因子的表达依赖于 MAPK 和 NF-κB 通路。

第二节　绿豆肽对 TLR 受体介导的小鼠腹腔巨噬细胞免疫活性的影响

食源性生物活性肽是从蛋白质中释放出来的片段,其在母体蛋白中并不活跃,但经机体消化代谢或者加工等方式释放出来后具有对机体健康有促进作用的片段(Ryu,2008)。食源性生物活性肽因其安全性高、易吸收、具有生物活性功能等特点而受到国内外专家的广泛关注,而且是目前的研究热点。研究发现,生物活性肽与机体的多种生理活动有关,尽管很多研究已证实生物活性肽具有抗炎和免疫调节作用,但还没有对免疫活性肽作用机制做系统的深入研究。本章节在前期研究的基础上,对绿豆肽免疫活性可能的作用机制进行系统的体内探索试验,以揭示绿豆蛋白肽免疫活性作用的机理,阐明绿豆肽的免疫调节作用。

一、实验材料与设备

(一)实验材料

RAW264.7 巨噬细胞购自武汉大学细胞保藏中心。实验所用试剂见表 5-5。

表 5-5　主要试剂及其生产公司

试剂名称	货号	生产公司	产地
DMEM 培养基	12100-46	Gibco	美国
胎牛血清	SH30084.03	Hyclone	美国
PBS	P10033	双螺旋	中国
胰酶	C0203	碧云天	中国
LPS	L-2880	Biosharp	美国
MTT	M-2128	Sigma	美国
全蛋白提取试剂盒	wanleibio	WLA019	中国
BCA 蛋白浓度测定试剂盒	wanleibio	WLA004	中国
一抗二抗去除液	wanleibio	WLA007	中国
SDS—PAGE 凝胶快速制备试剂盒	wanleibio	WLA013	中国
Western 洗涤液	wanleibio	WLA025	中国
SDS—PAGE 电泳液(干粉)	wanleibio	WLA026	中国
SDS-PAGE 蛋白上样缓冲液	wanleibio	WLA005	美国
ECL 发光液	wanleibio	WLA003	中国
预染蛋白分子量标准	Fermentas	96616	加拿大
PVDF 膜	Millipore	IPVH00010	美国
脱脂奶粉	伊利	Q/NYLB 0039S	中国
LC3 antibody	wanleibio	WLA023	中国
P62 antibody	BOSTER	BA2849	中国
羊抗兔 IgG-HRP	wanleibio	WLA023	中国
内参抗体 β-actin	wanleibio	WL01845	中国
Super M-MLV 反转录酶	PR6502	BioTeke	中国

试剂名称	货号	生产公司	产地
高纯总 RNA 快速提取试剂盒	RP1201	BioTeke	中国
RNase 固相清除剂	3090-250	天恩泽	中国
Powder 琼脂糖	111860	Biowest	法国
50×TAE	N10053	Amresco	美国
2×Power Taq PCR MasterMix	PR1702	BioTeke	中国
SYBR Green	SY1020	Solarbio	中国
DMSO	D-5879	Sigma	美国

（二）实验设备

实验所用主要仪器设备见表 5-6。

表 5-6　试验用仪器设备

仪器名称	生产厂家
紫外凝胶成像系统	美国 Bio-Rad 公司
酶标仪	美国 BIOTEK 公司
基因定量仪	美国 Amersham 公司
超声波破碎仪	美国 Sonics & Materials Inc. 公司
全自动氨基酸分析仪	日本日立
高效液相色谱分析仪	美国 Agilent 公司
近红外变换光谱分析仪	美国 PE 公司
倒置相差显微镜	麦克奥迪
超纯水系统	Heal Force 公司
电泳仪	北京六一仪器厂
转移槽	北京六一仪器厂
双垂直蛋白电泳仪	北京六一仪器厂
凝胶成像系统	北京六一仪器厂
超速冷冻离心机	湖南湘仪
酶标仪	BIOTEK

仪器名称	生产厂家
紫外分光亮度计	美国 Thermo 公司
荧光定量 PCR 仪	韩国 Bioneer 公司
电热恒温培养箱	天津泰斯特

二、实验方法

（一）绿豆肽激活 RAW264.7 巨噬细胞激活丝裂原活化蛋白激酶（MAPK）信号通路检测

RAW264.7 巨噬细胞以 $1×10^5$ 个/mL 的浓度接种到 96 孔板,在 37℃、5% CO_2 的饱和湿度条件下培养,24h 后,加入 $2\mu g/mL$ LPS 溶液刺激 12h,然后分别加入浓度为 $10\mu g/mL$、$100\mu g/mL$、$200\mu g/mL$ 和 $400\mu g/mL$ 的绿豆肽溶液,继续培养 24h。移除培养基,加入细胞裂解液,收集细胞悬液,12000r/min,4℃,离心 10min,分离上清液即为所得的蛋白质抽提物。细胞处理结束后,采用蛋白裂解液提取蛋白,BCA(二喹啉甲酸)法测定蛋白浓度。各组取等量蛋白上样品,SDS—PAGE 电泳后,采用半干法将蛋白转移至 PVDF 膜上,含 5%脱脂奶粉的 TBST 室温封闭 1h,加入 p38、JNK 和 ERK 抗体和 β-actin 抗体,4℃条件下孵育过夜。次日用 TBST 洗膜 5 次,每次 10min。洗膜后加入二抗,室温孵育 2h,TBST 洗膜,采用 ECL 显影成像。并采用 Image J 2x 软件对结果进行分析。

（二）总 RNA 提取

(1)将样本中加入 1ml RL 裂解液,充分混匀,室温放置 5min。

(2)加入 $200\mu L$ 氯仿,盖好管盖,充分混匀,室温放置 3min。

(3)4℃条件下 12000r/min 离心 10min,样品分成三层:黄色的有机相、中间层和无色的水相,RNA 主要在水相中,水相的体积约为所用 Trizol 试剂的 50%。把水相转移到新管中,进行下一步操作。

(4)缓慢加入 1 倍体积 70%乙醇,混匀。将得到溶液和沉淀一起转入吸附柱 RA 中,4℃条件下 12000r/min 离心 30s,弃掉收集管中的废液。

(5)向吸附柱 RA 中加入 500μL 去蛋白液 RE,4℃条件下 12000r/min 离心 30s,弃废液。

(6)向吸附柱 RA 中加入 500μL 漂洗液 RW,室温静置 2min,4℃条件下 12000r/min 离心 30s,去除残余液体。

(7)将吸附柱放入 1.5mL 收集管中,4℃条件下 12000r/min 离心 2min,去除残余液体。

(8)将吸附柱 RA 转入一个新的离心管中,加 30μL RNase-free ddH$_2$O,室温放置 2min,4℃条件下 12000r/min 离心 2min,所得到的即为样本总 RNA。

(三)反转录

将得到的 RNA 样本进行反转录,具体用量见表 5-7。

表 5-7　反转录 RNA 样本用量表

样品	样本上样量/μL	ddH$_2$O 使用量/μL
PBS 空白对照	4.9	5.6
LPS 阳性对照	5.5	5.0
10μg/mL	6.1	4.4
100μg/mL	4.7	5.8
200μg/mL	4.2	6.3
400μg/mL	5.0	5.5

对上步实验所得的 RNA 样本进行反转录以得到对应的 cDNA。其反转录步骤如下。

(1)在冰浴的无核酸酶的离心管中加入如下反应混合物,根据提取的 RNA 样本浓度加入 RNA 样本,保证 RNA 上样浓度一致。

oligo(dT)$_{15}$:1μL

random:1μL

dNTP(2.5mmol/L each):2μL

加 ddH$_2$O 至总反应体系为 14.5μL。

（2）70℃加热 5min 后迅速在冰上冷却 2min。简短离心收集反应液后加入以下各组分：5×Buffer(4μL)、RNasin(0.5μL)。

（3）加 1μL(200U)M-MLV，轻轻用移液器混匀。

（4）25℃温浴 10min，42℃温浴 50min。

（5）95℃加热 5min 终止反应，置冰上进行后续实验或冷冻保存。

以上步骤由 PCR 仪完成，最后得到 20μL cDNA 样本，可置于-20℃保存或进行下步实验。

（四）实时荧光定量分析

首先将引物稀释至 10μM（或根据引物不同情况稀释），引物信息见表 5-8。

表 5-8　引物序列表

名称	序列(5′¬ 3′)	长度	T_m/℃	PCR 产物的长度
iNOS F	GCAGGGAATCTTGGAGCGAGTTG	23	67.1	139
iNOS R	GTAGGTGAGGGCTTGGCTGAGTG	23	65.0	
IL-6 F	ACTTCCATCCAGTTGCCTTCTT	22	59.7	174
IL-6 R	TCATTTCCACGATTTCCCAGA	21	60.3	
TNF-α F	TTCTACTGAACTTCGGGGTGAT	22	58.2	158
TNF-α R	CACTTGGTGGTTTGCTACGA	20	56.9	
IL-1 β F	TTTGAAGTTGACGGACCCC	19	57.9	149
IL-1 β R	ATCTCCACAGCCACAATGAGTG	22	59.8	
β-actin F	CTGTGCCCATCTACGAGGGCTAT	23	64.5	155
β-actin R	TTTGATGTCACGCACGATTTCC	22	63.2	

反应体系：

cDNA 模板　　　　　　　　　　1μL

上下游引物(10μmol/L)　　　　各 0.5μL

SYBR GREEN mastermix　　　10μL

用 ddH$_2$O 补足至 20μL

反应条件：

95℃	10min
95℃	10s
60℃	20s
72℃	30s
4℃	5min

95℃ 10s、60℃ 20s、72℃ 30s ×40 个循环

(五)抗 TLR1 抗体阻断绿豆肽刺激巨噬细胞分泌细胞因子的测定

以 $1×10^5$ 个/mL 浓度的 RAW264.7 巨噬细胞接种于 24 孔培养板上,置于 37℃的 CO_2 培养箱中继续培养 24h 后,使用 TLR1 和 TLR4 的阻断抗体分别孵育细胞 30min,同时以未添加阻断剂处理组作为对照。在 RAW264.7 巨噬细胞中加入的绿豆肽浓度为 2μg/mL,放入培养箱中共同培养。收集刺激 8h 后的细胞培养上清液及空白对照上清液,采用 ELISA 法分别测定 TNF-α、IL-6 和 IL-1β 的分泌量。

(六)抗 TLR1 抗体阻断绿豆肽刺激巨噬细胞 MAPK 信号通路的检测

RAW264.7 细胞以 $1×10^5$ 个/mL 的浓度接种到 96 孔板,在 37℃、5%CO_2 的饱和湿度条件下培养,24h 后,加入 2μg/mL LPS 溶液刺激 12h,然后分别加入浓度为 10μg/mL、100μg/mL、200μg/mL 和 400μg/mL 的绿豆肽溶液,继续培养 24h。移除培养基,加入细胞裂解液,收集细胞悬液,12000r/min、4℃条件下离心 10min,分离上清液为所得的蛋白质抽提物。细胞处理结束后,采用蛋白裂解液提取蛋白,BCA(二喹啉甲酸)法测定蛋白浓度。各组取等量蛋白上样品,SDS-PAGE 电泳后,采用半干法将蛋白转移至 PVDF 膜上,含 5%脱脂奶粉的 TBST 室温封闭 1h,加入 p38、JNK 和 ERK 抗体(所有抗体的稀释倍数均为 1:500)和 β-actin(稀释倍数 1:500)抗体 4℃孵育过夜。次日用 TBST 洗膜 5 次,每次 10min。洗膜后加入二抗,室温孵育 2h,TBST 洗膜,采用 ECL 显影成像。并采用 Image J 2x 软件对结果进行分析。

(七)MAPK 信号传导通路抑制剂对绿豆肽激活 RAW264.7 巨噬细胞分泌细胞因子的影响

以 $1×10^5$ 个/mL 浓度的 RAW264.7 巨噬细胞接种于 24 孔培养板上,置于

37℃的 CO_2 培养箱中继续培养 24h 后,使用 p38 抑制剂(SB203580)、ERK 抑制剂(PD98059)、JNK 抑制剂(SP600125)等细胞信号传导通路抑制剂孵育细胞30min,同时以未添加阻断剂处理组作为对照。在 RAW264.7 巨噬细胞中加入的绿豆肽浓度为 2μg/mL,放入培养箱中共同培养。收集刺激 8h 后的细胞培养上清液及空白对照上清液,采用 ELISA 法分别测定 TNF-α、IL-6 和 IL-1β 的分泌量。

三、实验结果与分析

(一)TLR1 受体阻断剂对小鼠腹腔巨噬细胞分泌细胞因子的影响

为了确定绿豆肽是否可通过 TLR1 受体的活化诱导细胞分泌相关细胞因子,本研究采用 TLR1 抗体对小鼠腹腔巨噬细胞进行预处理。

图 5-14 所示为绿豆肽对小鼠腹腔巨噬细胞分泌细胞因子的影响。由试验结果可以看出,随着绿豆肽浓度的增加,小鼠腹腔巨噬细胞的 TNF-α 分泌量显著增加[图 5-14(a)],分别为 213pg/mL、634pg/mL、1312pg/mL 和 2210pg/mL;而经 TLR1 阻断剂处理后的小鼠腹腔巨噬细胞的 TNF-α 分泌量发生显著变化($P<0.05$),其 TNF-α 分泌量较未处理组显著降低,且不同浓度绿豆肽对小鼠巨噬细胞的 TNF-α 分泌量影响无差异($P>0.05$)。绿豆肽对 TLR1 阻断剂预孵的小鼠腹腔巨噬细胞 IL-6 分泌情况如图 5-14(b)所示,由图可以看出,不同浓度绿豆肽可显著增加小鼠腹腔巨噬细胞的 IL-6 分泌量($P<0.05$),50μg/mL、100μg/mL 和 200μg/mL 绿豆肽组的 IL-6 分泌量,分别较对照组增加了 1.09倍、1.12 倍和 1.17 倍;而 TLR1 阻断剂处理后各组的 IL-6 分泌量显著低于单独绿豆肽组。以上数据表明,绿豆肽激活小鼠细胞因子的释放是依赖 TLR1 通路。

(二)TLR1 受体阻断剂对小鼠腹腔巨噬细胞 MAPK 信号通路的影响

在体外研究中已发现,绿豆肽能够诱导 RAW264.7 巨噬细胞激活细胞因子的表达,也已表明绿豆肽激活细胞产生细胞因子的表达可能是通过 TLR1 以及与其相关的信号通路。本部分研究采用 TLR1 阻断剂预处理小鼠腹腔巨噬细胞,从体内水平研究绿豆肽是否通过 TLR1 受体激活小鼠腹腔巨噬细胞的

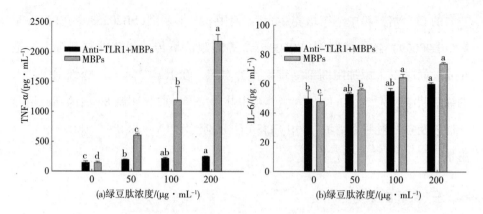

图 5-14 绿豆肽对 BALB/c 小鼠巨噬细胞分泌细胞因子的影响

(a~d 表示在同一条件下,各处理组间差异显著,即 $P<0.05$)

MAPK 信号通路,从而促进细胞因子的表达。

图 5-15 所示为绿豆肽对 anti-TLR1 预处理后的小鼠腹腔巨噬细胞 MAPK 信号通路的影响。

由图 5-15 可知,anti-TLR1+绿豆肽处理组的 p38MAPK、ERK1/2、JNK 等蛋白表达均显著低于绿豆肽组($P>0.05$)。与正常组相比,其 MAPK 各个亚基蛋白的表达量也较低,但相对而言,差异不显著。从图 5-15 中还可以得知,绿豆肽组可呈剂量依赖性地激活小鼠腹腔巨噬细胞的 MAPK 信号通路,而且绿豆肽对 anti-TLR1 处理后的小鼠腹腔巨噬细胞各个蛋白的表达也呈剂量依赖性增加,但差异不显著($P<0.05$)。结合细胞水平的研究结果可知,绿豆肽激活小鼠腹腔巨噬细胞的免疫能力主要依赖于 TLR1 受体,且对细胞因子的表达依赖于 MAPK 通路。

(三)TLR1 受体阻断剂对小鼠腹腔巨噬细胞 NF-κB 信号通路的影响

图 5-16 所示为绿豆肽诱导 BALB/c 小鼠巨噬细胞激活 NF-κB 信号通路的表达情况。

本部分主要是研究绿豆肽是否能够诱导 p65 发生磷酸化以及发生核转位。由图 5-16 试验结果可以看出,在无刺激的细胞中,NF-κB p65 几乎没有发生核转位,而绿豆肽刺激组的 NF-κB p65 随着浓度的增加其磷酸化程度增加,且在

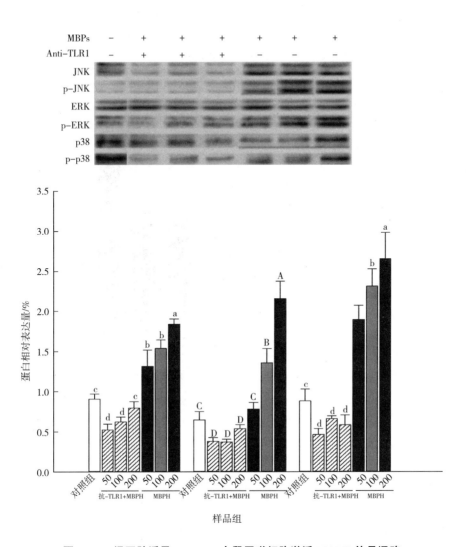

图 5-15 绿豆肽诱导 BALB/c 小鼠巨噬细胞激活 MAPK 信号通路

(a~d 表示在同一条件下,各处理组间差异显著,即 $P<0.05$;A~D 表示在同一条件下,

各处理间差异显著,即 $PP<0.05$)

核内的表达量增加;而采用 TLR1 阻断剂处理后,NF-κB p65 的磷酸化与未处理组的差异不显著,与绿豆肽组相比,其差异显著。该结果进一步证明,绿豆肽可诱导小鼠腹腔巨噬细胞激活 NF-κB p65 磷酸化并发生核转位,且该信号通路的激活是通过 TLR1 受体。

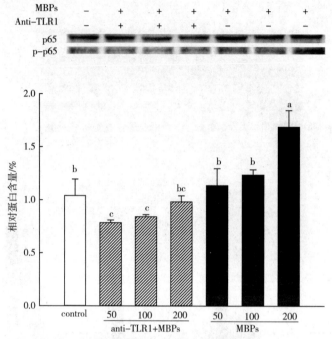

图 5-16　绿豆肽诱导 BALB/c 小鼠巨噬细胞激活 NF-κB 信号通路

（a~c 表示在同一条件下，各处理组间差异显著，即 $P<0.05$）

四、小结

采用 ELISA、PCR 和 western blotting 技术分析绿豆肽对 BALB/c 小鼠腹腔巨噬细胞免疫活性以及相关信号转导通路进行研究，结果得出绿豆肽组小鼠腹腔巨噬细胞的 TNF-α 分泌量显著增加，而经 TLR1 阻断剂处理后的小鼠腹腔巨噬细胞的 TNF-α 分泌量较未处理组显著降低，且不同浓度绿豆肽对小鼠巨噬细胞的 TNF-α 分泌量影响无差异。不同浓度绿豆肽可显著增加小鼠腹腔巨噬细胞的 IL-6 分泌量；而 TLR1 阻断剂处理后各组的 IL-6 分泌量显著低于绿豆肽组。绿豆肽可以通过调节 MAPK 和 NF-κB 信号通路调节绿豆肽诱导 TNF-α 和 IL-6 等细胞因子的产生，证明绿豆肽是通过 MAPK 和 NF-κB 信号通路激活巨噬细胞。

参考文献

［1］ABARIKWU S O. Kolaviron，a natural flavonoid from the seeds of Garcinia kola,reduces LPS-induced inflammation in macrophages by combined inhibition of IL-6 secretion,and inflammatory transcription factors,ERK1/2,NF-kappaB,p38,Akt,p-c-JUN and JNK[J]. Biochimica et Biophysica Acta,2014,1840(7):2373-2381.

[2]VALLEDOR A F,COMALADA M,Santamaria-Babi L F,et al. Macrophage proinflammatory activation and deactivation:a question of balance[J]. Advances in Immunology,2010,108:1-20.

[3]DIA V P,BRINGE N A,MEJIA de E G. Peptides in pepsin-pancreatin hydrolysates from commercially available soy products that inhibit lipopolysaccharide-induced inflammation in macrophages[J]. Food Chem. ,2014,152:423-431.

[4]MARCONE K,HAUGHTON P J,SIMPSON O,et al. Milk-derived bioactive peptides inhibit human endothelial-monocyte interactions via PPAR-γ dependent regulation of NF-κB[J]. Journal of inflammation,2015,12(1):2-13.

[5]MINER-WILLIAMS,STEVENS W M B R,MOUGHAN P. Are intact peptides absorbed from the healthy gut in the adult human? [J]. Journal of Nutrition Research Reviews,2014,27:308-329.

[6]CHAWLA A,NGUYEN K D,GOH Y P. Macrophage-mediated inflammation in metabolic disease[J]. Nat. Rev. Immunol. ,2011,11:738-749.

[7]GINHOUX F,JUNG S. Monocytes and macrophages:developmental pathways and tissue homeostasis[J]. Nat. Rev. Immunol. ,2014,14:392-404.

[8]KAWAI T,AKIRA S. The role of pattern-recognition receptors in innate immunity:update on Toll-like receptors[J]. Nat. Immunol. ,2010,11:373-384.

[9]LESTER S N,Li K. Toll-like receptors in antiviral innate immunity[J]. J. Mol. Biol. ,2014,426:1246-1264.

[10]TAKANO M,OHKUSA M,OTANI M,et al. Lipid A-activated inducible nitric oxide synthase expression via nuclear factor-κB in mouse choroid plexus cells [J]. Immunol. Lett. ,2015,167:57-62.

[11]CIAN R E,LÓPEZ-POSADAS R,DRAGO S R,et al. A Porphyra colum-bina hydrolysate upregulates IL-10 production in rat macrophages and lymphocytes through an NF-κB,and p38 and JNK dependent mechanism[J]. Food Chem,2012,134:1982-1990.

[12] NATOLI G. NF-κB and chromatin:Ten years on the path from basic mechanisms to candidate drugs[J]. Immunological Reviews,2012,246(1):183-192.

[13]MATHES E,O'DEA E L,HOFFMANN A,et al. NF-κB dictates the degra-dation pathway of IκBα[J]. The EMBO Journal,2008,27(9):1357-1367.

[14]LI W,CHEN Y H,ZHANG L,et al. Rice protein hydrolysates(RPHs)in-hibit the LPS-stimulated inflammatory response and phagocytosis in RAW 264.7 macrophages by regulating the NF-κB signaling pathway[J]. Royal Society of Chem-istry,2016,6:71295-71304.

[15]KUNDU J K,SHIN Y K,SURH Y J. Resveratrol modulates phorbol ester-induced pro-inflammatory signal transduction pathways in mouse skin in vivo:NF-kappaB and AP-1 as prime targets[J]. Biochemical Pharmacology,2006,72(11):1506-1515.

[16] CARBONARO M,NUCARA A. Secondary structure of food proteins by Fourier transform spectroscopy in the mid-infrared region[J]. Amino Acids,2010,38:679-690.

[17] YOSHIKA M,FUJITA H,MATOBA N,et al. Bioactive peptides derived from food proteins preventing lifestyle-related diseases[J]. Biofactors,2000,12(1):143-146.

[18]PAK V V,KOO M S,KASYMOVA T D,et al. Isolation and identification of peptides from soy 11s-globulin with hypocholesterolemic activity[J]. Chemistry of Natural Compounds,2005,41(6):710-714.

[19]ALEXOPOULOU L,THOMAS V,SCHNARE M,et al. Hyporesponsiveness

to vaccination with Borrelia burgdorferi OspA in humans and in TLR1-and TLR 2-deficient mice[J]. Nature Medicine,2002,8:878-884.

[20]NAKAO Y,FUNAMI K,KIKKAWA S,et al. Surface-expressed TLR6 participates in the recognition of diacylated lipopeptide and peptidoglycan in human cells[J]. Journal of Immunology,2005,174:1566-1573.

[21]YIU J H,DORWEILER B,WOO C W. Interaction between gut microbiota and toll-like receptor:from immunity to metabolism[J]. Journal of Molecular and Medsine,2017,95(1):13-20.

[22]RENSHAW M, ROCKWELL J, ENGLEMAN C,et al. Cutting edge impaired Toll-like receptor expression and function in aging[J]. Journal of Immunol. 2002,169(9):4697-4701.

[23]CHEN S T. Toll-like receptors and their crosstalk with other innate receptors in infection and immunity[J]. Immunity,2011,34(5):637-650.

[24]MOORE K A,LEMISCHKA I R. Stem cells and their niches[J]. Science, 2006,311(5769):1880-1885.

[25]DAI J N,ZONG Y,ZHONG L M,et al. Gastrodin inhibits expressionof inducible NO synthase,cyclooxygenase-2 and proinflammatory cytokines in cultured LPS-stimulated microglia via MAPK pathways[J]. Plos One,2011,6(7):e21891.

[26]陈路,张日俊. 饲料活性肽饲料添加剂的研究和应用[J]. 动物营养学报,2004, 16(2):12-16.

[27]郭健,李延平. 绿豆蛋白多肽对小鼠缺氧耐受力和免疫力提高的研究[J]. 食品与生物技术学报,2010,9(5):23-32.

[28]RYU S,HAN M Y,MAULTZSCH J. Reversible basal plane hydrogenation of graphene[J]. Nano Letters,2008,8(12):4597-4602.

[29]汪少芸,叶秀云,饶平凡. 绿豆生物活性物质及功能的研究进展[J]. 中国食品学报,2004,4(1):98-101.

第六章　绿豆免疫活性肽的应用研究

第一节　绿豆肽对免疫力低下小鼠免疫活性的影响

本课题组前期研究发现绿豆肽对巨噬细胞内糖原、核酸、酸性 ATP 酶、溶菌酶和超氧化物歧化酶等活性物质有促进作用,也验证了绿豆肽对巨噬细胞 NO 分泌、iNOS 的活性以及 iNOS mRNA 表达的促进作用,初步分析了其对巨噬细胞的免疫激活机理,并对其进行了结构表征,但是,绿豆肽在机体中是否会发挥同等效果还不甚了解。因此,本章节采用隔天皮下注射环磷酰胺(CY)制造免疫功能低下小鼠模型,通过口腔灌胃低、中、高不同剂量的绿豆肽,并与空白对照组、阴性对照组相比较,从机体免疫系统角度研究绿豆肽对 CY 造成的免疫能力低下小鼠的免疫调节作用,以期为绿豆肽免疫活性的深入研究提供理论基础。

一、实验材料与设备

(一)实验动物

SPF 级昆明种小鼠,雌雄各半,体重(25±2)g。

(二)实验材料

绿豆肽(实验室自制,水解度 25%);绿豆蛋白(实验室自制,蛋白纯度 90%);注射用环磷酰胺(江苏盛迪医药有限公司,国药准字 H32020857);盐酸左旋咪唑片(广西南国药业有限公司);胎牛血清(Hyclone);DMEM 培养基

（Gibco）；青霉素—链霉素溶液（碧云天生物技术有限公司）；PBS（索莱宝生物科技有限公司）；胰酶（碧云天生物技术有限公司）；LPS（Biosharp）；切片用石蜡（山东宝丽来有限公司）；苏木精染色素（上海蓝季科技发展有限公司）；伊红染色素（上海蓝季科技发展有限公司）；乳酸脱氢酶测定试剂盒（南京建成生物工程研究所）；酸性磷酸酶测定试剂盒（南京建成生物工程研究所）；无水碳酸钠（汕头市西陇化工厂有限公司）；亚硝酸钠（衡阳市凯信化工试剂有限公司）；钠石灰（上海纳辉干燥试剂厂）；小鼠 IL-1α、IL-6、IFN-γ、IgG、IgM ELISA 试剂盒（上海酶联生物科技有限公司）。

（三）实验仪器设备

实验所用主要仪器设备见表 6-1。

表 6-1　实验所用主要仪器设备

仪器名称	生产厂家
HF-90CO$_2$ 恒温培养箱	上海力申科学仪器有限公司
AE31 倒置显微镜	麦克奥迪实业集团有限公司
SW-CJ-IF 型超净工作台	北京东联哈尔仪器制造有限公司
MEK-7222 血细胞分析仪	上海恺梵实业有限公司
MULTISKAN MK3 型酶标仪	美国 Thermo 公司
LEICA RM2235 石蜡切片机	德国徕卡有限公司
101-1 型电热鼓风恒温干燥箱	上海东星建材实验设备有限公司
BD-326 型卧式冷冻冰柜	青岛海尔冷冻总公司

二、实验方法

（一）绿豆肽的制备

绿豆蛋白→加水（底物浓度 1∶10）→加热处理（95℃，10min）→冷却→调 pH=8.5，温度 60℃→加 3 % Alcalase 2.4L 碱性蛋白酶→恒温恒 pH 水解 3h→灭酶（95℃，10min）→调 pH=7.0，温度 50℃→加 2%风味蛋白酶→恒温恒 pH 水解 3h→灭酶（95℃，10min）→300Da 的透析袋流动水透析脱盐 48h→1kDa

膜过滤→取分子量 1kDa 以下的肽液→冷冻干燥→绿豆肽。

(二) 动物分组及给药

将小鼠随机分为六组,每组 12 只,采用基础饲料饲喂,自由采食饮水,具体给药方法如表 6-2 所示。每组每天灌胃(ig)给药,连续灌胃给药 10 天,同时,除正常对照组外,其余各组隔天皮下注射(sc)环磷酰胺制造免疫能力低下小鼠模型。

表 6-2 动物实验分组及给药情况

分组	给药方法及剂量
正常对照组	ig NS 0.1mL/10g+Sc NS 40mg/kg q.o.d
阴性对照组	ig NS 0.1mL/10g+Sc CY 40mg/kg q.o.d
阳性对照组	ig LH 20mg/(kg·d),10d+Sc CY 40mg/kg q.o.d
绿豆肽低剂量组	ig MBPs 100 mg/(kg·d),10d+Sc CY 40mg/kg q.o.d
绿豆肽中剂量组	ig MBPs 300mg/(kg·d),10d+Sc CY 40mg/kg q.o.d
绿豆肽高剂量组	ig MBPs 500mg/(kg·d),10d+Sc CY 40mg/kg q.o.d

注 q.o.d 表示给药方法,口服一天一次。

(三) 绿豆肽对免疫能力低下小鼠免疫调节作用的研究

1. 体重及免疫器官指数测定

末次给药后使小鼠禁食 12h,宰杀前称体重并记录,颈椎脱臼法处死,分别取胸腺和脾脏称湿重,计算小鼠胸腺、脾脏指数。

胸腺指数=胸腺重量(mg)/体重(g)

脾脏指数=脾脏重量(mg)/体重(g)

2. 脾脏病理学切片测定

取完好无损的同一部位脾脏用 PBS 缓冲液洗净,储存于 10% 中性多聚甲醛溶液中固定。横切一块脾脏组织,不同浓度乙醇常规脱水后石蜡包埋,切 3mm 切片于温水浴中展平,平铺于载玻片上并置于 37℃ 恒温箱过夜后,在 4℃ 冰箱内保存。

HE 染色操作:二甲苯脱蜡→95% 酒精脱水→100% 酒精脱水→苏木精染

色→流水冲洗→1%盐酸酒精分化→流水冲洗→饱和硫酸锂水溶液复蓝→流水冲洗→1%伊红溶液染色→流水冲洗→80%酒精处理→90%酒精处理→95%酒精处理→无水乙醇→水杨酸甲酯→二甲苯→中性树脂膜封片。制作好的脾脏病理切片于显微镜下镜检。

3. 脾脏中乳酸脱氢酶及酸性磷酸酶活性的测定

将小鼠脾脏器官采用4℃的生理盐水冲洗干净,置于15mL的离心管中,并加入相当于小鼠脾脏19倍重量的生理盐水,在4℃下将离心管充分匀浆,制成5%脾脏组织液,3000r/min离心10min,取上清液备用。

(1)乳酸脱氢酶(LDH)活性的测定。乳酸脱氢酶测定方法如表6-3所示。

表6-3 乳酸脱氢酶测定方法

项目	空白管/mL	标准管/mL	测定管/mL	对照管/mL
蒸馏水	0.05+0.01	0.05		0.05
2mmol/L 标准液		0.01		
待测样本			0.01	0.01
基质缓冲液	0.25	0.25	0.25	0.25
辅酶 I			0.05	
混匀,37℃水浴15min				
2,4 二硝基苯肼	0.25	0.25	0.25	0.25
混匀,37℃水浴15min				
0.4mol/L NaOH 溶液	2.5	2.5	2.5	2.5

将以上各管旋涡振荡混匀,室温静置3min后,采用酶标仪测定各管吸亮度,按照公式计算LDH酶活性。

$$\text{LDH 酶活性}(\text{U/g prot}) = \frac{OD_{样} - OD_{对}}{OD_{标} - OD_{空}} \times C_{标准蛋白浓度} \div C_{样品蛋白浓度}$$

(2)酸性磷酸酶(ACPase)活性的测定。酸性磷酸酶测定方法如表6-4所示。

表 6-4 酸性磷酸酶测定方法

项目	测定管/mL	标准管/mL	空白管/mL
待测组织样本	0.03		
0.1mg/mL 标准应用液		0.03	
双蒸水			0.03
缓冲液	0.5	0.5	0.5
基质液	0.5	0.5	0.5
混匀,37℃水浴15min			
碱液	1.0	1.0	1.0
显色剂	1.5	1.5	1.5

将以上各管旋涡振荡混匀,室温静置 10min 后,采用酶标仪测定各管吸亮度,按照公式计算 ACPase 酶活性。

$$ACPase\ 酶活性(U/g\ prot) = \frac{OD_样 - OD_对}{OD_标 - OD_空} \times C_{酶标准品浓度} \div C_{样品蛋白浓度}$$

4. 对免疫能力低下小鼠淋巴细胞增殖能力的影响

末次给药 1h 后处死动物,75%酒精浸泡 5min,无菌环境中取出脾脏,剪碎后过 200 目医用纱布,收集得到脾细胞悬液,1000r/min 离心 5min,取细胞沉淀,加 4mL 红细胞裂解液吹打均匀,室温静置 5min 后,1000r/min 离心 5min,取沉淀采用 4mL PBS 洗涤 3 遍,重悬于含 10%胎牛血清的高糖 DMEM 培养基中,置于 37℃、5% CO_2 培养箱中培养 2h,去除贴壁细胞,悬浮的细胞为脾淋巴细胞,然后按 5×10^6 个/孔接种于 6 孔板进行培养。将处于对数生长期的脾细胞按照 1×10^4 个/孔接种于 96 孔板,按照试验分组培养 12h 后,采用 WST-1 法检测细胞增殖,将各组细胞加入 20μL WST-1 溶液,置于细胞培养箱内继续孵育 2h 后,将 96 孔板置于摇床上摇动 1min,以充分混匀待检测体系,以酶标仪波长 630nm 作为参考波长,在波长 450nm 处测定吸光度。

5. 对免疫能力低下小鼠血液指标的影响

末次给药后,小鼠禁食 12h,小鼠眼眶采血 50μL,通过全自动血细胞分析仪对小鼠血中红细胞(RBCs)、血红蛋白(Hb)、白细胞(WBCs)和血小板积压

（PCT）含量进行检测。

6. 对免疫能力低下小鼠血清 IL-1α、IL-6、IFN-γ 含量的影响

末次给药后,小鼠禁食 12h,小鼠眼眶采血 50μL,采用 ELISA 法检测 IL-1α、IL-6、IFN-γ 含量。

7. 对免疫能力低下小鼠血清 IgM、IgG 含量的影响

末次给药后,小鼠禁食 12h,小鼠眼眶采血 50μL,采用 ELISA 法检测 IgM、IgG 含量。

三、结果与分析

（一）绿豆肽对免疫能力低下小鼠体重的影响

表 6-5　绿豆肽对免疫能力低下小鼠的体重影响

组别	初体重/g	终体重/g	体重增长率/%
正常对照组	27.12±1.68	31.77±2.96	17.16
阴性对照组	27.17±2.12	28.22±3.25	3.86±1.44[#]
阳性对照组	25.92±1.95	29.74±3.74	14.75±1.62[*#]
绿豆肽低剂量组	27.14±1.88	28.71±2.66	5.78±1.62[#]
绿豆肽中剂量组	26.88±2.04	29.19±2.41	8.60±1.08[*#]
绿豆肽高剂量组	26.69±2.37	30.47±3.07	14.16±1.31[*#]

注　#表示与正常对照组差异显著,且 $P<0.05$;＊表示与阴性对照组差异显著,且 $P<0.05$。

体重直接或间接影响机体健康状况,因此,体重的测定在研究机体免疫功能方面和健康状况具有重要的意义。由表 6-5 可知,与正常组相比,阴性对照组的体重增长率显著下降,表明 CY 诱导免疫抑制小鼠模型建立成功;与阴性对照组相比,绿豆肽低、中、高剂量组的小鼠体重增长率均有不同幅度提高。体重增长率下降是免疫能力低下模型造模成功的一个重要标志。在绿豆肽对免疫能力低下小鼠的体重试验中,与正常组相比,其余五组的体重增长率均有不同程度的下降,这表明免疫能力低下小鼠建模成功;绿豆肽中、高剂量组的体重增长率均有所上升,说明绿豆肽对 CY 所致体重增长率的下降具有一定的恢复作用。

(二)绿豆肽对免疫能力低下小鼠免疫器官的影响

绿豆肽对各组小鼠免疫器官指数的影响结果见表 6-6,对各组小鼠免疫器官的形态影响见图 6-1。

表 6-6　绿豆肽对免疫能力低下小鼠的免疫器官指数影响

组别	胸腺指数/$(mg \cdot g^{-1})$	脾脏指数/$(mg \cdot g^{-1})$
正常对照组	4.89±0.24	3.68±0.11
阴性对照组	2.46±0.17[#]	1.57±0.16[#]
阳性对照组	4.36±0.22[*#]	3.16±0.10[*#]
绿豆肽低剂量组	3.15±0.34[*#]	2.54±0.18[*#]
绿豆肽中剂量组	3.98±0.29[*#]	3.12±0.21[*#]
绿豆肽高剂量组	4.74±0.31[*]	3.31±0.19[*#]

注　#表示与正常对照组差异显著,且 $P<0.05$；* 表示与阴性对照组差异显著,且 $P<0.05$。

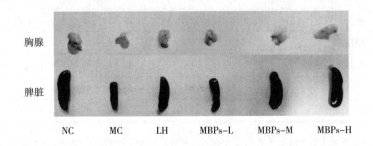

图 6-1　绿豆肽对免疫能力低下小鼠免疫器官形态的影响

NC—正常对照组　MC—阴性对照组　LH—阳性对照组　MBPs-L—绿豆肽低剂量组

MBPs-M—绿豆肽中剂量组　MBPs-H—绿豆肽高剂量组

免疫器官是指担负和控制着机体免疫功能的器官,根据功能性的不同可分为中枢免疫器官和外周免疫器官,其中胸腺和脾脏是两类免疫器官的重要代表。胸腺是机体发育中出现最早的免疫器官和淋巴组织。研究表明,摘除新生动物体的胸腺后,外周血和淋巴器官中的淋巴细胞显著减少,对异体移植器官的排斥力显著下降。脾脏是机体细胞免疫及体液免疫系统的调控中枢,也是血液通路中的过滤器官。在一定程度上,器官指数可以反映机体器官功能。器官指数上升表明器官可能发生充血、水肿、肥厚等病变,器官指数降低表明器官可能正在发生萎缩衰竭,而且器官的功能是建立在一个完整和正常的组织结构基础上。机体免疫器官的发育和状态直接决定着免疫系统的应答能力。目前,免疫器官指数是反映和评价机体免疫系统和免疫状态的重要指标之一(肖晓玲,2014)。由表 6-6 可知,与正常组相比,阴性对照组的胸腺指数和脾脏指数显著下降,由正常组的胸腺指数[(4.89±0.24)mg/g]、脾脏指数[(3.68±0.11)mg/g]分别下降至[(2.46±0.17)mg/g]、[(1.57±0.16)mg/g](P<0.05),说明 CY 能抑制小鼠免疫器官的发育并诱发免疫器官萎缩;与 CY 阴性对照组相比,绿豆肽低、中、高剂量组的小鼠胸腺指数和脾脏指数均有不同程度的改善,绿豆肽高剂量组和正常组的胸腺指数并无显著性差异(P>0.05);绿豆肽高剂量组的胸腺指数和脾脏指数均高于左旋咪唑阳性对照组。综上所述,绿豆肽能明显缓解环磷酰胺导致的小鼠免疫器官的萎缩,并促进其发育,增强免疫能力。

(三)绿豆肽对免疫能力低下小鼠脾脏病理学切片的影响

绿豆肽对免疫能力低下小鼠病理学切片的影响结果见图 6-2。

脾脏是机体最大的淋巴器官,也是血液循环中的过滤器官,按组织结构可分为白髓和红髓两部分。白髓是 T、B 淋巴细胞的集中之处,主要发挥防御外界微生物感染的作用,按聚集淋巴的种类可分为胸腺依赖区和非胸腺依赖区。胸腺依赖区是 T 淋巴细胞集中区域,其结构特征是淋巴细胞围绕着中央小动脉呈现鞘状分布;非胸腺依赖区是 B 细胞淋巴集中区域,主要由淋巴小结构成。红髓位于白髓周围,由脾索和脾窦组成。脾索是呈结缔组织的淋巴细胞组成的网状结构,而脾窦是网状结构所构成的网洞结构,其内部含有大量的免疫活性细胞,如树突状细胞、浆细胞、巨噬细胞等。脾索和脾窦上的免疫活性细胞能够发挥过滤血液、清除凋亡细胞和吞噬病原体的功能。脾脏发挥生物功能的基础是完整、正常的网状组织结构(张文,2012;廖方容,2005)。从图 6-2 可以看出,正常组脾脏结构中的红髓和白髓的界限明显,脾索所形成的网状结构均匀,所围

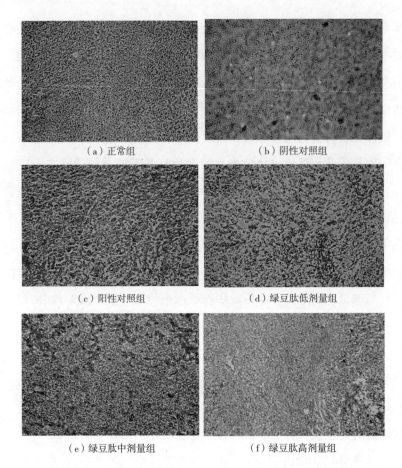

（a）正常组　　　　　　　　　　　（b）阴性对照组

（c）阳性对照组　　　　　　　　　（d）绿豆肽低剂量组

（e）绿豆肽中剂量组　　　　　　　（f）绿豆肽高剂量组

图6-2　绿豆肽对免疫能力低下小鼠脾脏病理学切片的影响

成的脾窦分布均匀，在光镜下无肉眼可见的病理变化；阴性对照组脾脏结构的红髓和白髓界限消失，脾索所围成的网状结构遭到严重破坏，几乎变成单一的组织细胞，脾窦明显变大；与阴性对照组相比，绿豆肽低剂量组的脾脏网状结构有所恢复，但是仍存在脾窦增大，红髓白髓界限明显；绿豆肽中剂量组的脾脏网状结构较为明显，脾窦变窄，红髓白髓界限清晰；绿豆肽高剂量组的脾脏结构中红髓白髓界限清晰，脾索所形成的网状结构较为质密均匀，脾窦分布较为均匀。综上所述，绿豆肽对环磷酰胺导致的小鼠脾脏的病理变化有显著的改善作用。

（四）绿豆肽对免疫能力低下小鼠脾脏LDH活性的影响

绿豆肽对小鼠脾脏中LDH活性的影响结果见图6-3。

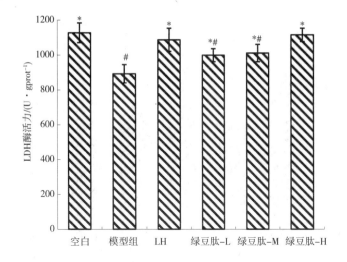

图 6-3　绿豆肽对免疫能力低下小鼠脾脏 LDH 活性的影响

(#为正常对照组差异显著,且 $P<0.05$; *为与阴性对照组差异显著,且 $P<0.05$)

LH—阳性对照组　绿豆肽-L—绿豆肽低剂量组　绿豆肽-M—绿豆肽中剂量组

绿豆肽-H—绿豆肽高剂量组

　　乳酸脱氢酶(LDH)是葡萄糖酵解所必需的酶,能将葡萄糖催化脱氢生成乳酸,并且释放能量供给机体新陈代谢。LDH 活性直接影响机体胞内糖酵解释放能量的速率。巨噬细胞吞噬作用所需的能量也来源于糖酵解,并且 LDH 催化糖酵解的过程中会产生大量的乳酸,引起巨噬细胞胞内 pH 下降,有利于巨噬细胞胞内免疫活性物质和免疫功能的应答(胡敬峰,2014)。由图 6-3 可知,与正常组相比,阴性对照组的 LDH 活性显著降低($P<0.05$),表明环磷酰胺对脾脏中的 LDH 活性有显著的抑制作用;与模型组相比,绿豆肽低、中、高剂量组均可显著提高脾脏中 LDH 活性($P<0.05$),并且绿豆肽高剂量组的脾脏 LDH 酶活力和正常组无显著性差异($P>0.05$)。综上所述,绿豆肽可以在一定程度上缓解环磷酰胺导致的小鼠脾脏中 LDH 酶活力的降低,从而增强免疫能力。

(五)绿豆肽对免疫能力低下小鼠脾脏酸性磷酸酶活性的影响

　　绿豆肽对小鼠脾脏中酸性磷酸酶(ACPase)活性的影响结果见图 6-4。

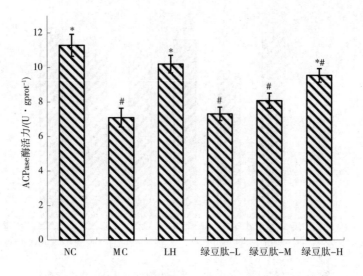

图6-4　绿豆肽对免疫能力低下小鼠脾脏 ACPase 活性的影响

(#表示与正常对照组差异显著,且 $P<0.05$; * 表示与阴性对照组差异显著,且 $P<0.05$)

NC—正常对照组　MC—阴性对照组　LH—阳性对照组　绿豆肽-L—绿豆肽低剂量组

绿豆肽-M—绿豆肽中剂量组　绿豆肽-H—绿豆肽高剂量组

　　酸性磷酸酶是高等动物巨噬细胞中溶酶体酶系的标志酶之一,它能直接参与人体肝、脾、红细胞、骨髓等处磷酸盐基团的转移和代谢。ACPase 的活性水平能在一定程度上反映巨噬细胞的活化能力。当外界病原体入侵机体时,巨噬细胞能发挥识别功能并启动免疫应答机制吞噬病原体进行胞内裂解,而以 ACPase 为主的溶酶体酶是发挥胞内裂解的主要物质(李阳,2015)。由图 6-4 可知,与正常组相比,CY 阴性对照组的 ACPase 酶[活力显著降低($P<0.05$)],表明环磷酰胺对脾脏中的 ACPase 活性有显著的抑制作用;与阴性对照组相比,绿豆肽高剂量组可显著提高脾脏中 ACPase 活性($P<0.05$);虽然绿豆肽低、中剂量组与阴性对照组的脾脏 ACPase 活性无显著性差异,但也有上升趋势。综上所述,绿豆肽可以在一定程度上缓解环磷酰胺导致的小鼠脾脏中 ACPase 活性的降低,从而增强免疫能力。

(六)绿豆肽对免疫能力低下小鼠淋巴细胞增殖的影响

　　绿豆肽对免疫能力低下小鼠淋巴细胞增殖能力的影响结果见图 6-5。

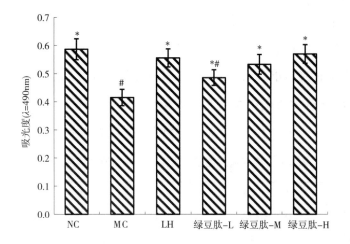

图 6-5 绿豆肽对免疫能力低下小鼠脾脏淋巴细胞增殖能力的影响

(#表示与正常对照组差异显著,且 $P<0.05$;*表示与阴性对照组差异显著,且 $P<0.05$)

NC—正常对照组 MC—阴性对照组 LH—阳性对照组 绿豆肽-L—绿豆肽低剂量组

绿豆肽-M—绿豆肽中剂量组 绿豆肽-H—绿豆肽高剂量组

脾脏是大量免疫细胞的聚集地和发挥免疫功能的场所,包括淋巴细胞、巨噬细胞和树突状细胞。淋巴细胞增殖是细胞免疫和体液免疫发生级联反应的重要环节。成熟的 B 淋巴细胞主要定居于淋巴小结和脾脏中的红髓及白髓内,并且普遍认为免疫球蛋白主要是由 B 淋巴细胞分泌的。B 淋巴细胞的特异性表面标志就是膜表面免疫球蛋白,能识别抗原位点并刺激 B 淋巴细胞分化成浆细胞,介导体液免疫功能。各种淋巴细胞在应答免疫中相互协作和制约,一起完成免疫系统对抗原和病原体等物质的识别、反应和清除,从而达到机体内环境稳定的作用,在免疫系统中扮演十分重要的角色。当淋巴细胞受到外界刺激时会发生增殖和分化,胞内的核酸和蛋白合成转化增加,代谢能力增强并分裂为淋巴母细胞。淋巴细胞的增殖能力在一定程度上反映了淋巴细胞功能的高低,也在一定程度上体现了机体体液免疫的能力。在机体免疫能力低下时受到外界刺激,淋巴细胞活性和增殖能力显著降低。由图 6-5 可知,与正常组相比,CY 阴性对照组的淋巴细胞增殖能力显著下降($P<0.05$),这表明 CY 能抑制淋巴细胞增殖,降低机体的体液免疫和细胞免疫能力;与 CY 阴性对照组相比,绿

豆肽低、中、高剂量组可以显著提升淋巴细胞增殖能力($P<0.05$),并且绿豆肽中、高剂量组和正常组差异不显著($P>0.05$)。综上所述,绿豆肽可以显著缓解环磷酰胺导致的免疫能力低下小鼠脾脏淋巴细胞增殖能力的降低。

（七）绿豆肽对免疫能力低下小鼠血液指标的影响

绿豆肽对免疫能力低下小鼠血液指标的影响结果见表6-7。

表6-7　绿豆肽对免疫能力低下小鼠血液指标的影响

组别	RBCs(红细胞)	WBCs(白细胞)	PLTs(血小板)	Hb(血红蛋白)
正常对照组	8.99±0.24	3.73±0.11	608.24±24.36	137.16±8.11
阴性对照组	5.44±0.18#	1.88±0.09#	308.33±17.42#	84.27±7.92#
阳性对照组	8.77±0.19*	3.24±0.10*#	517.88±13.29*#	124.36±8.16*
绿豆肽低剂量组	7.44±0.21*#	1.92±0.18#	386.61±16.88*#	114.26±7.81*#
绿豆肽中剂量组	8.29±0.16*#	2.42±0.16*#	477.38±21.22*#	137.81±9.12*
绿豆肽高剂量组	9.16±0.27*	3.34±0.12*#	529.41±17.61*#	142.73±8.24*

注　#为与正常对照组差异显著,且$P<0.05$;*为与阴性对照组差异显著,且$P<0.05$。

血液由血浆和血细胞组成,包含大量的免疫细胞,也是免疫应答发生的重要场所。血液内的免疫细胞和免疫活性物质共同构成机体的血液免疫屏障,在机体防御外界病原体入侵和发挥免疫防御功能起着重要的作用(郑姝颖,2009)。血细胞由红细胞(RBC)、白细胞(WBC)和血小板(PLT)组成。RBC能促进T淋巴细胞依赖反应,增强巨噬细胞吞噬作用,还能识别清除体液循环中抗原—抗体免疫复合物。机体RBC数目下降会对相关器官的免疫功能造成一定的影响。而血红蛋白(Hb)存在于成熟的红细胞胞质中,在机体内主要起结合与运输O_2和CO_2作用,它的水平和RBC的水平有密切关联。WBC水平的变化是观察、诊断免疫能力低下疾病和急性感染性疾病的重要参考指标。PLT具有介导炎症反应、激活机体免疫系统、促进伤口愈合形成血栓的作用。由表6-7可知,与正常组相比,CY阴性对照组的血液指标RBCs、WBCs、PLTs和Hb均显著下降($P<0.05$),这表明CY可引起机体血液屏障的损害,降低机体免疫防御能力;与阴性对照组相比,绿豆肽低剂量组可以显著提升血液指标中RBCs、

PLTs 和 Hb 水平($P<0.05$),但是并不能使 WBCs 得到显著性提升($P>0.05$);绿豆肽中剂量组可以显著提升 RBCs、WBCs、PLTs 和 Hb 水平($P<0.05$),且 Hb 水平和正常组无显著性差异($P>0.05$);绿豆肽高剂量组可以显著提升 RBCs、WBCs、PLTs 和 Hb 水平($P<0.05$),且 RBCs 和 Hb 水平与正常组无显著性差异($P>0.05$)。综上所述,绿豆肽对因环磷酰胺所致的小鼠免疫能力低下的血液指标具有显著改善作用。

(八)绿豆肽对免疫能力低下小鼠血清 IL-1α 的影响

绿豆肽对免疫能力低下小鼠血清 IL-1α 的影响结果见图 6-6。

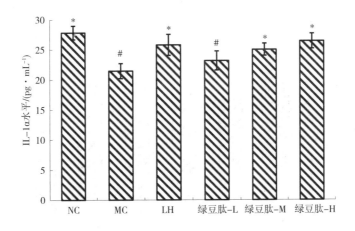

图 6-6 绿豆肽对免疫能力低下小鼠血清 IL-1α 的影响

(#表示与正常对照组差异显著,且 $P<0.05$;＊表示与阴性对照组差异显著,且 $P<0.05$)

NC—正常对照组　MC—阴性对照组　LH—阳性对照组　绿豆肽-L—绿豆肽低剂量组

绿豆肽-M—绿豆肽中剂量组　绿豆肽-H—绿豆肽高剂量组

IL-1 家族的细胞因子通常具有促炎特性,能诱导细胞因子分泌部位的血管通透性增强,并促进白细胞向感染病灶迁移。IL-1 不仅能在非特异性免疫中发挥重要作用,还能在特异性免疫中介导淋巴细胞的活化和成熟(黄薇,2015)。此外 IL-1 还发挥全身调节作用,可引起机体产生急性期蛋白(如 IFN-α、IL-6 和趋化因子等)。IL-1α 是 IL-1 家族中的典型代表之一,又称淋巴细胞活化因子,对机体的多个系统均具有调控作用,尤其是在免疫和炎症反应及机体生长代谢方面有着不可或缺的功能(杨谛,2009)。由图 6-6 可知,与正常组相比,CY 阴性对照组的 IL-1α 水平显著下降($P<0.05$),这表明 CY 能抑制机体免疫活性物质 IL-1α 的分泌和表达;与阴性对照组相比,绿豆肽中、高剂量组可以显著提升小鼠血清中 IL-1α 水平($P<0.05$),并且和正常组差异不显著($P>0.05$)。综上所述,绿豆肽可以显著缓解 CY 所致的免疫能力低下小鼠体内 IL-1α 的水平降低。

(九)绿豆肽对免疫能力低下小鼠血清 IL-6 的影响

绿豆肽对免疫能力低下小鼠血清 IL-6 的影响结果见图 6-7。

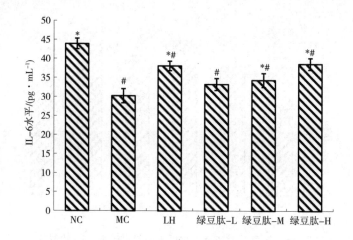

图 6-7　绿豆肽对免疫能力低下小鼠血清 IL-6 的影响

(#表示与正常对照组差异显著,且 $P<0.05$;∗表示与阴性对照组差异显著,且 $P<0.05$)

NC—正常对照组　MC—阴性对照组　LH—阳性对照组　绿豆肽-L—绿豆肽低剂量组

绿豆肽-M—绿豆肽中剂量组　绿豆肽-H—绿豆肽高剂量组

IL-6 是由机体多种免疫细胞产生的一种糖蛋白,主要作用的靶细胞是 B 淋巴细胞,又称为 B 细胞刺激因子。IL-6 除具有刺激 T、B 淋巴细胞增殖、分化、成熟的生物学效应外,还具有促进造血干细胞和巨噬细胞等增殖和活性增强等作用。由图 6-7 可知,与正常组相比,CY 阴性对照组的 IL-6 水平显著下降($P<0.05$),这表明 CY 可以抑制机体免疫活性物质 IL-6 的分泌和表达;与

CY 阴性对照组相比,绿豆肽中、高剂量组可以显著提升 IL-1α 水平($P<0.05$)。综上所述,绿豆肽可以显著缓解环磷酰胺导致的免疫能力低下小鼠体内 IL-6 的水平降低。

（十）绿豆肽对免疫能力低下小鼠血清 IFN-γ 的影响

绿豆肽对免疫能力低下小鼠血清 IFN-γ 的影响结果见图 6-8。

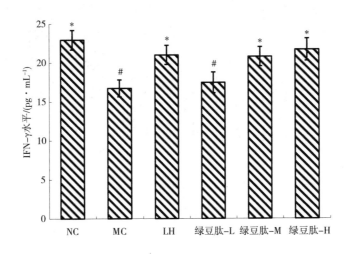

图 6-8　绿豆肽对免疫能力低下小鼠血清 IFN-γ 的影响

(#表示与正常对照组差异显著,且 $P<0.05$; ＊表示与阴性对照组差异显著,且 $P<0.05$)

NC—正常对照组　MC—阴性对照组　LH—阳性对照组　绿豆肽-L—绿豆肽低剂量组

绿豆肽-M—绿豆肽中剂量组　绿豆肽-H—绿豆肽高剂量组

IFN-γ 是特异性免疫的调节剂,能诱导 Th0 型细胞分化成 Th1 型细胞,并且能激活巨噬细胞和细胞毒性 T 细胞以及清除胞内病原体(李剑,2014)。由图 6-8 可知,与正常组相比,CY 阴性对照组的 IFN-γ 水平显著下降($P<0.05$),这表明 CY 可以显著抑制机体免疫活性物质 IFN-γ 的分泌和表达;与 CY 阴性对照组相比,绿豆肽中、高剂量组可以显著提升 IFN-γ 水平($P<0.05$),且和正常组无显著性差异($P>0.05$)。综上所述,绿豆肽可以显著缓解环磷酰胺导致的免疫能力低下小鼠体内 IFN-γ 的水平降低。

（十一）绿豆肽对免疫能力低下小鼠血清 IgG 的影响

绿豆肽对免疫能力低下小鼠血清 IgG 的影响结果见图 6-9。

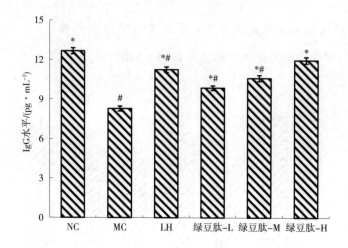

图 6-9　绿豆肽对免疫能力低下小鼠血清 IgG 的影响

（#表示与正常对照组差异显著，且 $P<0.05$；＊表示与阴性对照组差异显著，且 $P<0.05$）

NC—正常对照组　　MC—阴性对照组　　LH—阳性对照组　　绿豆肽-L—绿豆肽低剂量组

绿豆肽-M—绿豆肽中剂量组　　绿豆肽-H—绿豆肽高剂量组

IgG 是体液免疫应答所产生的主要抗体，约占血清中抗体总量的 80%，具有抗菌、中和病毒及免疫调节等生物活性。IgG 是机体中唯一能通过胎盘屏障进入胎儿体内发挥免疫功能的免疫球蛋白，也是胎儿和新生儿体内抗感染免疫的主要物质基础。IgG 的分子量仅为 150KDa，与抗原的亲和能力高，导致其更易参与组织和体表的防御作用且分布广泛。当机体抗原部位有足够多的 IgG 分子，就能以适当构型聚集在抗原表面激活补体级联反应，进一步增强 IgG 的免疫效能。由图 6-9 可知，与正常组相比，CY 阴性对照组的 IgG 水平显著下降（$P<0.05$），这说明 CY 可以抑制机体 IgG 的分泌和表达；与 CY 阴性对照组相比，绿豆肽低、中、高剂量组可以显著提升 IgG 水平（$P<0.05$），且绿豆肽高剂量组 IgG 水平和正常组无显著性差异（$P>0.05$）。综上所述，绿豆肽可以显著缓解环磷酰胺导致的免疫能力低下小鼠体内 IgG 的水平降低。

（十二）绿豆肽对免疫能力低下小鼠免疫球蛋白 IgM 的影响

绿豆肽对免疫能力低下小鼠免疫球蛋白 IgM 的影响结果见图 6-10。

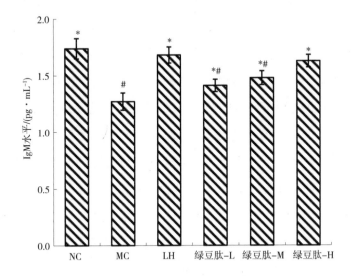

图 6-10　绿豆肽对免疫能力低下小鼠免疫球蛋白 IgM 的影响

（#表示与正常对照组差异显著，且 $P<0.05$；* 表示与阴性对照组差异显著，且 $P<0.05$）

NC—正常对照组　　MC—阴性对照组　　LH—阳性对照组　　绿豆肽-L—绿豆肽低剂量组

绿豆肽-M—绿豆肽中剂量组　　绿豆肽-H—绿豆肽高剂量组

IgM 是 B 淋巴细胞分泌产生最早的免疫球蛋白，也是 B 细胞膜表面表达的最早抗体，在绝大多数的动物血清中的含量仅次于 IgG。当人工免疫或病原体感染时，免疫应答反应中首先分泌的是 IgM，随后才产生其他免疫球蛋白，因此 IgM 是机体初次免疫应答中分泌最早的抗体，在抵御原发性感染的过程中发挥着重要作用。由图 6-10 可知，与正常组相比，CY 阴性对照组的 IgM 水平显著下降（$P<0.05$），这表明 CY 能显著抑制机体免疫活性物质 IgM 的分泌和表达；与 CY 阴性对照组相比，绿豆肽低、中、高剂量组可以显著提升机体血清的 IgM 水平（$P<0.05$），且绿豆肽高剂量组和正常组无显著性差异（$P>0.05$）。综上所述，绿豆肽可以显著缓解环磷酰胺导致的免疫能力低下小鼠体内 IgM 的水平降低。

四、讨论

免疫功能是指生物体对疾病和外界刺激的抵抗能力,是在生物进化过程中与各种致病因子和环境刺激的免疫应答中逐渐形成的,具有抵抗和清除病原体的感染、维持机体内环境平衡的作用。免疫能力低下是机体受到不利应激后导致免疫系统出现异常,从而引起机体的免疫应答反应功能出现短暂性或永久性紊乱的现象。免疫能力低下的主要危害是影响机体的免疫应答能力和降低抗应激能力,导致对疾病的易感性增高,发病率及死亡率增高(Ha,2013;Park,2013)。环磷酰胺(CY)是一种双功能烷化剂和细胞周期非特异性药物,能干扰DNA和RNA功能且能抑制DNA的合成,可以抑制多种免疫细胞活性,是目前最强的免疫抑制剂。在临床上,CY作为一种免疫抑制剂和抗癌药物使用,但是在杀灭癌细胞的同时也会对正常细胞的增殖造成严重的影响,能显著抑制机体的体液免疫和细胞免疫功能(Salva,2014;Liang,2013;Zhe,2014;Wu,2015)。因此,CY是动物实验中最常用的免疫能力低下动物模型的造模药物之一。本实验中采用隔天皮下注射(sc)40mg/kg CY制造免疫能力低下小鼠模型,小鼠体重增长率、免疫器官指数显著下降,而体重增长率、脾脏指数和胸腺指数是反映动物免疫功能的最基本和最常规的指标,表明小鼠免疫能力低下模型建立成功。因此,本研究采用隔天皮下注射CY制造免疫功能低下小鼠模型,通过口腔灌胃低、中、高不同剂量的绿豆肽,并与对照组相比较,从机体免疫系统和抗应激等角度研究绿豆肽对CY造成的免疫能力低下小鼠的免疫活性作用,以期为绿豆肽免疫活性的深入研究提供理论基础。

免疫系统是指机体控制和执行免疫功能的系统,也是机体对外界应激产生免疫应答的组织学基础。该系统由免疫器官、免疫细胞和免疫活性物质三部分组成。而担负和控制着机体免疫功能的器官成为免疫器官,根据功能性的不同可分为中枢免疫器官和外周免疫器官,其中胸腺和脾脏是两类免疫器官的重要代表。胸腺是胚胎最早发育的淋巴组织之一,也是T细胞分化成熟的重要器官,其免疫功能主要体现在促进T细胞发挥功能和分泌胸腺激素两方面。脾脏含有大量的淋巴细胞和巨噬细胞,是人体细胞免疫和体液免疫调节中枢,也是血液通路中的过滤器官。多数的免疫增强剂尤其是活性肽类如油茶粕多肽(龚吉军,2011)、麦麸多肽(曹向宇,2009)、猪血多肽(方俊,2006)、油菜籽粕多肽(薛照辉,2004)以及大豆多肽(荣建华,2001)等对于免疫器官的发育和免疫功能的发挥均具有显著促进作用。因此,试验通过测定小鼠的体重变化、免疫器官指数和脾脏病理学切片,评价绿豆肽对免疫能力低下小鼠的免疫调节作用。结果表明,环磷酰胺能显著降低小鼠的体重增长率和免疫器官指数,这与 Chen(2012)和 Meng(2017)的研究结果相一致;绿豆肽各剂量组均能显著提高小鼠的体重增长率、胸腺和脾脏指数($P<0.05$),并能对环磷酰胺导致的小鼠脾脏的病理变化有显著的改善作用,这表明绿豆肽可以促进免疫能力低下小鼠的中枢和外周免疫器官的发育并具有一定的保护作用,从而提高机体免疫能力。

免疫细胞是指参与免疫应答或与免疫应答有关的细胞,主要包括先天性淋巴细胞、吞噬细胞、能识别抗原并产生特异性免疫应答的淋巴细胞等。白细胞主要分为粒细胞、单核细胞和淋巴细胞三大类,是免疫细胞和血液免疫屏障的重要组成部分。白细胞水平能在一定程度上反映出机体免疫细胞的数量,也是观察、诊断免疫能力低下疾病和急性感染性疾病的重要参考指标。巨噬细胞是机体中重要的免疫细胞之一,活化的巨噬细胞能分泌产生多种酶类(如溶酶体酶、溶菌酶、过氧化物酶等)、反应性氧中间产物、防御素、细胞因子和其他生物活性物质,增强胞内消化作用。因此,活化是巨噬细胞高效参与免疫功能的先决条件。乳酸脱氢酶(LDH)和酸性磷酸酶(ACPase)是巨噬细胞发挥生物学作用的两种重要酶类,其酶活力在一定程度上反映了巨噬细胞的活化能力。淋巴细胞是组成机体免疫系统的主要细胞群体,可分为 T 淋巴细胞、B 淋巴细胞和自然杀伤(NK)细胞。T 淋巴细胞主要参与细胞免疫,能抗胞内感染、肿瘤细胞和凋亡细胞。B 淋巴细胞主要参与体液免疫,能识别呈递抗原、分泌抗体和细胞因子。NK 细胞则不依赖抗原和病原体的刺激就能直接发挥细胞免疫效应,具有杀伤靶细胞的作用。各种淋巴细胞在免疫应答的过程中相互协调、相互制约,一起完成免疫系统对抗原和病原体等物质的识别、反应和清除,从而达到机体内环境稳定的作用,在免疫系统中扮演着十分重要的角色。因此,淋巴细胞的增殖能力在一定程度上反映了淋巴细胞功能的高低,也在一定程度上体现了机体体液免疫的能力。研究表明,CY 显著降低了白细胞水平、巨噬细胞的活性及淋巴增殖能力,而绿豆肽能显著改善 CY 导致的免疫能力低下小鼠的白细胞水平,脾脏 ACPase、LDH 的活性及淋巴增殖能力的下降,这和 Chalamaiah(2014)的研究结果一致。这也表明绿豆肽可以恢复 CY 对小鼠血液屏障的损伤,改善脾脏中的巨噬细胞活性和淋巴细胞增殖能力,能通过改善机体免疫系统中的免疫细胞状态提高机体免疫能力。

免疫活性物质是由免疫细胞或非免疫细胞分泌的具有免疫活性的小分子物质,与免疫应答、调节和信息传递都有着密切的关系,主要由细胞因子、免疫球蛋白、溶菌酶和补体等组成。非特异性免疫和特异性免疫的效应大都由细胞因子和免疫球蛋白所介导。细胞因子具有调节机体免疫应答、激活免疫细胞分化成熟、介导引发炎症反应、参与造血功能和修复受损组织等功能外,还可作为细胞间的信号传递分子,通过对免疫细胞传递信号以增强或降低某些酶的活性或者改变其转录程序,从而改变或增强其效应功能(Nurrochmad,2015;Ma,2015)。在机体抗感染免疫、炎症免疫、肿瘤免疫及自身免疫的过程中,细胞因子和细胞因子,细胞因子和免疫细胞、细胞因子和免疫器官之间通过相互作用和信息传递组成了相互协调、相互协同和相互拮抗的复杂免疫调控网络。免疫球蛋白主要存在于机体的血液和体液中,分为 IgA、IgD、IgE、IgG、IgM 五类。免疫球蛋白在机体的生长发育、抵御外界刺激及调节生理代谢方面具有强大的效能。机体的免疫能力水平及疾病都和血清中的免疫球蛋白水平变化有关。研究表明,CY 降低小鼠体内细胞因子和免疫球蛋白水平,对机体的免疫功能有一定的抑制作用;而绿豆肽能显著提高免疫能力低下小鼠体内细胞因子和免疫球蛋白水平,这和之前的报道相一致。这表明绿豆肽可以通过调节机体细胞因子和免疫球蛋白的分泌和表达,增强细胞通信功能和抗体表达能力,提高机体免疫能力;这也表明绿豆肽可以通过改善机体免疫系统中的免疫活性分子的表达提高机体免疫能力。

综上发现,绿豆肽能促进免疫能力低下小鼠的免疫器官的发育;能激活免疫细胞活性和增强淋巴细胞增殖能力;能调节机体细胞因子和免疫球蛋白的分泌和表达,这表明绿豆肽可以通过激活和保护免疫系统中的免疫器官、免疫细胞和免疫活性物质发挥免疫调节作用,进而增强机体的免疫防御能力。

五、小结

绿豆肽能提高 CY 诱导免疫能力低下小鼠的体重生长率、免疫器官指数和改善脾脏病理学变化;提高免疫能力低下小鼠体内 LDH 和 ACPase 活性、淋巴细胞增殖能力和血液指标中 WBCs、RBCs、Hb、PLT 水平;同时能提高免疫能力低下小鼠的细胞因子(IL-1α、IL-6、IFN-γ)和免疫球蛋白(IgG、IgM)的水平。这表明绿豆肽可以通过促进免疫能力低下小鼠的中枢和外周免疫器官的发育、改善机体免疫细胞状态、调节体内免疫活性物质的分泌表达,从而提高机体免疫能力,发挥其免疫活性。

第二节　绿豆肽对脂多糖诱导急性肺
损伤小鼠的保护作用研究

急性肺损伤(acute lung injury,ALI)和急性呼吸窘迫综合征(acute respiratory distress syndrome,ARDS)是指心源性以外的各种肺内外致病因素引起的肺泡上皮细胞及毛细血管内皮细胞损伤,造成弥漫性肺间质及肺泡水肿,最终导致急性、进行性、缺氧性急性呼吸功能不全或衰竭(施展,2016;Butt,2016)。ALI/ARDS 的主要特征是炎症介质的强烈应答,导致肺组织破坏,中性粒细胞浸润以及促炎性细胞因子的释放,包括 TNF-α、IL-1β、IL-6 等(Matthay,2005)。目前,急性肺损伤作为一种肺部疾病,诸多因素都会导致这种疾病的发生,而临床上多数是靠药物来缓解病情,尚无特效药和特效疗法。如果单靠药物在发病后再去治疗势必会对机体造成不良影响,因此,研制一种具有保护肺组织的保健性食品或者特异性强的药物对于预防急性肺损伤的发生具有重要意义。绿豆蛋白的水解产物绿豆肽,含有多种活性物质。绿豆肽不仅能提高缺氧耐受力,提高人体的免疫力,还具有抗氧化性、ACE 抑制活性、抗肿瘤、降血压、降胆固醇、改善肾功能等作用(Mohd,2012;Hashiguchi,2017;Balibrea,2003),但是,国内关于绿豆肽抗炎作用的研究鲜有报道。因此,本节采用 LPS 构建炎症模型,从动物实验角度阐述绿豆肽的抗炎作用,以期为绿豆功能性成分的开发和研究提供基础的理论参考。

一、实验材料与设备

(一)实验材料

实验所用主要材料见表 6-8。

表 6-8　试验材料与试剂

材料名称	生产厂家
RAW264.7 巨噬细胞	中科院上海细胞库
6 周龄 SPF 级 C57BL/6 雄性小鼠(18~22g)	北京维通利华实验动物中心
绿豆肽	实验室自制(水解度 30%)
绿豆蛋白粉	山东招远市温记食品有限公司
碱性蛋白酶	丹麦诺维信公司
胎牛血清	杭州四季青生物工程材料有限公司
DMEM 培养基	Hyclone
青霉素-链霉素溶液	碧云天生物技术有限公司
PBS	索莱宝生物科技有限公司
LPS	Sigma
LDH 试剂盒	南京建成生物工程研究所
MPO 试剂盒	南京建成生物工程研究所
GSH 试剂盒	南京建成生物工程研究所
BCA 蛋白浓度测定试剂盒	碧云天生物技术有限公司
细胞因子试剂盒	联科生物有限公司
WST-1 试剂盒	碧云天生物技术有限公司

续表

材料名称	生产厂家
中性红试剂盒	碧云天生物技术有限公司
瑞氏-姬姆萨复合染液	索莱宝生物科技有限公司
地塞米松磷酸钠注射液	江苏四环生物制药有限公司

(二)实验仪器设备

实验所用主要仪器与设备见表6-9。

表6-9 试验仪器与设备

仪器名称	生产厂家
AE31 倒置显微镜	麦克奥迪实业集团有限公司
HF-90CO$_2$ 恒温培养箱	上海力申科学仪器有限公司
SW-CJ-IF 型超净工作台	北京东联哈尔仪器制造有限公司
DIJ640 紫外分光光度计	美国 Beckman 公司
ELX-800 酶标仪	美国 BIOTEK 仪器有限公司
H-2050R 低温高速冷冻离心机	湖南湘仪离心机仪器有限公司
FM40 型雪花制冰机	北京长流科学仪器有限公司
人工智能气候室	济南旭邦电子科技有限公司
MM400 球磨仪	德国 RETSCH 公司
DHG-9030A 电热恒温鼓风干燥箱	上海精宏实验设备有限公司
AR2140 电子天平	梅特勒托利多仪器上海有限公司
LS-3781L-PC 型高压灭菌锅	日本松下健康医疗器械株式会社
超纯水系统	美国密理博公司
-80℃超低温冰箱	中国美菱有限责任公司

二、实验方法

(一)动物饲喂

选取健康的 SPF 级 C57 BL/6 雄性小鼠 72 只,6 周龄,体重 18~22g。自由饮水采食,每日循环给予12h光照/12h黑暗,动物饲养室温度保持在(24±1)℃,湿度为40%~80%。所有的操作和实验流程遵守《实验动物管理条例》。

(二)脂多糖诱导急性肺损伤小鼠模型的建立

参照王婧超(2016)建立模型的方法构建本研究的急性肺损伤小鼠模型,小鼠经腹腔注射10%的戊巴比妥钠溶液(60mg/kg)进行麻醉,待小鼠昏迷后,对照组小鼠经鼻腔滴入100μL 0.9%的生理盐水,其余组鼻腔滴入100μL浓度为10mg/mL的LPS。造模5h后将小鼠断颈处死。

(三)动物分组及给药

将72只小鼠适应性喂养4天,随机分组,每组12只,共6组,分别是:对照组、模型组(LPS,5mg/kg)、MBPH组(125、250、500mg/kg)、地塞米松组(DEX,5mg/kg)。在造模前10天,MBPH组通过灌胃给予小鼠低、中、高剂量的绿豆肽,其他组小鼠灌胃相同体积的生理盐水。第11天,在造模前1h,DEX组小鼠通过腹腔注射地塞米松磷酸钠,其他组注射相同体积的生理盐水。1h后,所有维经腹腔注射10%的戊巴比妥钠溶液(60mg/kg)将小鼠麻醉,对照组鼻腔滴入100μL生理盐水,其余组鼻腔滴入100μL浓度为10mg/mL的LPS。造模5h将小鼠断颈处死。

(四)绿豆肽对脂多糖诱导急性肺损伤小鼠的保护作用

1. 肺组织病理学切片制作

(1)取材、固定:取未制备肺泡灌洗液的小鼠左肺,PBS冲洗2次,用无尘纸吸去其表面水分,切取小块肺组织(厚度约为0.2cm)置于4%多聚甲醛溶液中固定2天。

(2)冲洗:将固定好的肺组织用PBS冲洗2次。

(3)脱水:依次在浓度为100%、95%、90%、80%、70%的乙醇溶液中将组织脱水,每次1h。

(4)透明:将脱水后的肺组织先置于无水乙醇:二甲苯(V/V)=1:1的混合溶液中浸泡20min,再放入二甲苯中浸泡2次,每次10min,待组织呈半透明即可。

（5）浸蜡与包埋：将肺组织置于二甲苯∶石蜡＝1∶1的混合液30min，再置于石蜡（Ⅰ）1h，然后置于石蜡（Ⅱ）1h，待其凝固。

（6）切片、展片、烘片：将组织块进行切片，厚度约3mm。然后将切片置于37~40℃水中展片，待无褶皱后，取出，置于37~40℃烘箱中烘干。

（7）脱蜡：将切片放入二甲苯中脱蜡（2次，每次5min），乙醇中水化（按梯度进行），最后PBS冲洗干净。

（8）染色：苏木精染色3min→流水冲至蓝化→脱水（80％乙醇3min，90％乙醇3min）→伊红染色5min→95％乙醇3min→无水乙醇3min→无水乙醇3min→二甲苯5min→二甲苯5min。

（9）封片：向组织中央滴加一滴中性树胶，滴加后立即盖上盖玻片，待晒干后光学显微镜下观察炎性细胞浸润、肺泡水肿、肺间质水肿等病理学变化。

2. 肺脏湿干重比（W/D）的测定

打开未制备肺泡灌洗液的小鼠胸腔，取出肺脏。将取出的肺脏用滤纸吸干表面水分和血液，称量得到肺湿重。80℃恒温箱中干燥48h，再次称量得到肺干重。湿重与干重的比值比即为湿干重比W/D，初步评估肺组织水肿程度。

3. 肺泡灌洗液的制备

打开胸腔，分离气管，将自制插管插入气管中并固定，向肺部注入4℃预冷的PBS，分3次进行，每次0.5mL，抽出的液体收集于1.5mL离心管中。将肺泡灌洗液进行离心（4℃，3000r/min，10min），收集上清液，存放于−20℃冰箱中。

4. 细胞计数

采用Wright-Giemsa法进行染色，将制备的肺泡灌洗液进行离心（4℃，3000r/min10min），弃上清液，收集细胞沉淀，加入1mL PBS缓冲液重新悬浮细胞，取适量悬液平铺于载玻片，室温下自然干燥。向涂片中央滴加2~3滴瑞氏-姬姆萨染色液使其覆盖整个涂片。2min后，向涂片中滴加等量的0.01mol/L PBS缓冲液（pH＝6.4~6.8），轻轻摇动，使其与瑞氏-姬姆萨染色液充分混匀，继续染色5min。用流水缓慢冲洗涂片，晾干后镜检，每片至少计数200个细胞。

5. 肺泡灌洗液(BALF)中细胞因子含量的测定

取制备的肺泡灌洗上清液,采用 ELISA 法检测肺泡灌洗液中 TNF-α、INF-γ、IL-1β、IL-6、IL-10 的含量,操作步骤如下所示。

(1)向标准品孔中各加入 50μL 不同浓度的标准品。

(2)先向样品孔中加入 40μL 样品稀释液,然后加入 10μL 待测样品,轻轻晃动孔板使板内液体混合均匀。

(3)除空白孔以外,向各孔加入 100μL 酶标试剂。

(4)将孔板用封板膜封板,然后置于 37℃生化培养箱中温育 60min。

(5)用蒸馏水将洗涤液稀释 20 倍。

(6)揭开封板膜,弃去孔内液体,甩干,然后向各孔加入 300μL 洗涤液,静置 30s,移去孔内液体,此操作重复 5 次,甩干。

(7)向各孔内分别加入 50μL 的显色剂 A 和显色剂 B,轻轻晃动使孔板内液体混合均匀,37℃避光处理 15min。

(8)向各孔加入 50μL 终止液。

(9)以空白孔进行调零,在波长 450nm 处,测量吸亮度值。

6. 肺泡灌洗液(BALF)中白蛋白含量的测定

取肺泡灌洗液的上清液,采用 BCA 法检测肺泡灌洗液中白蛋白含量,操作步骤如下所示。

(1)25mg/mL 蛋白标准品的配制:向 30mg BSA(蛋白标准品)中加入 1.2mL 蛋白标准配制液,溶解后漩涡震荡混匀,分装后保存于−20℃冰箱中。

(2)0.5mg/mL 蛋白标准品的配制:按照蛋白标准溶液:PBS 稀释液 = 1:49 的比例对 25mg/mL 蛋白标准品进行稀释,漩涡震荡混匀后备用。

(3)BCA 工作液的配制:根据样本数量需求现用现配,按照试剂 A:试剂 B = 50:1 的比例进行配制,漩涡震荡混匀后备用。

(4)向标准孔中分别加入 0、1μL、2μL、4μL、8μL、12μL、16μL、20μL 浓度为 0.5mg/mL 的标准品稀释液,各孔体积不足 20μL 的,加标准品稀释液进行补足。

(5)加适当体积的样本到样本孔中,样品不足 20μL 时,加稀释液补足。

（6）向各孔加入 BCA 工作液 200μL，于 37℃生化培养箱中静置 30min。

（7）取出后，在波长 540~595nm，采用酶标仪测定吸光值。

7. 髓过氧化物酶活性（MPO）测定

打开未取过肺泡灌洗液的小鼠胸腔，准确称取肺组织重量，采用配制好的试剂盒中 2 号试剂溶液作为匀浆介质，按照试剂重量：样本体积=1∶19 的比例向样本中加入匀浆介质，用球磨仪进行组织捣碎后，取出 0.9mL 组织匀浆，加入 0.1mL 3 号试剂，漩涡震荡混匀后在 37℃水浴锅中静置 15min，取出后待测。测定方法参照试剂盒说明书，具体操作步骤如表 6-10 所示。

表 6-10　髓过氧化物酶活性检测方案

	对照管	测定管
双蒸水/mL	3	
样本/mL	0.2	0.2
试剂四/mL	0.2	0.2
显色剂/mL	3	3
混匀,37℃水浴 15min		
试剂七/mL	0.05	0.05

将上述样本漩涡振荡充分混匀后，置于 60℃水浴锅中水浴 10min，样本取出后立即测定其吸亮度值（预先设置紫外分光光度计波长为 460nm，光径为 1cm，采用双蒸水调零）。

$$MPO\ 酶活力（U/g\ 湿重）=\frac{OD_{测定}-OD_{对照}}{11.3\times 取样量}$$

三、实验结果与分析

（一）绿豆肽对 ALI 小鼠肺组织病理学切片形态的影响

图 6-11 是各组小鼠肺组织经过 HE 染色后的病理学观察结果。研究表明，肺组织的病理学可以反映 LPS 诱导小鼠急性肺损伤的严重程度（McClintock，2006；Hästbacka，2014）。由图 6-11 可知，经过 HE 染色后可以观察到

对照组小鼠肺组织结构正常,肺泡壁完好,肺泡腔清晰可见,肺泡及肺间质无明显水肿现象,未观察到炎性细胞浸润。与对照组相比,模型组小鼠在

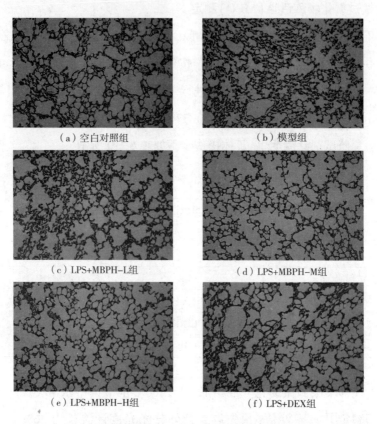

（a）空白对照组　　　　　　　　（b）模型组

（c）LPS+MBPH-L组　　　　　　（d）LPS+MBPH-M组

（e）LPS+MBPH-H组　　　　　　（f）LPS+DEX组

图6-11　绿豆肽作用下的急性肺损伤小鼠病理学变化（HE,200倍）

鼻腔吸入LPS 5h之后肺组织出现病理学变化,肺泡结构破坏、肺泡壁水肿、肺间质增厚、大量炎性细胞浸润。与模型组相比,MBPH低剂量组炎症程度有所减轻,但效果不明显;MBPH中、高剂量组肺泡结构较为完整,肺间质渗出减少,炎性细胞浸润程度明显减轻。结果表明,中、高剂量的MBPH对LPS诱导的急性肺损伤具有一定的保护作用。

（二）绿豆肽对ALI小鼠肺组织湿干重比（W/D）的影响

图6-12是绿豆肽对急性肺损伤小鼠肺组织湿干重比影响的测定结果。

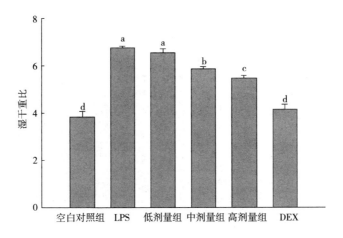

图6-12　绿豆肽作用下的急性肺损伤小鼠肺湿干重比变化

(a~d表示同一处理条件下,各处理组差异显著,即$P<0.05$)

水肿是急性肺损伤的一个典型症状,可以通过肺组织湿干比来评估肺水肿的程度(付云贺,2013)。由图6-12可知,与对照组相比,模型组小鼠的 W/D 显著增加($P<0.05$)。与模型组(LPS组)相比,通过灌胃不同剂量的绿豆肽溶液后,MBPH实验组小鼠的 W/D 均有一定程度的下降,并且高剂量组效果最佳。结果表明,通过预先灌胃中、高浓度的MBPH能抑制LPS诱导引起的肺湿干重比的升高,对小鼠肺组织具有一定的保护作用。

(三)绿豆肽对ALI小鼠肺组织髓过氧化物酶活性的影响

图6-13是绿豆肽对急性肺损伤小鼠肺组织内髓过氧化物酶活性影响的测定结果。

髓过氧化物酶(MPO)是一种位于中性粒细胞初级颗粒中的酶,因此,肺实质中的MPO活性反映了肺中中性粒细胞的黏附和边缘化。由图6-13可知,与对照组相比,模型组(LPS组)肺组织中MPO活性显著增加($P<0.05$)。与模型组相比,MBPH组小鼠肺组织中MPO活性显著下降($P<0.05$),并且随着MBO浓度的升高,MPO活性逐渐下降,呈现量效关系。结果表明,MBO对LPS诱导引起的小鼠肺组织MPO活性升高具有抑制作用。

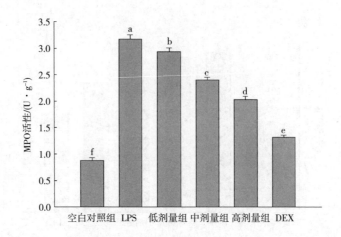

图 6-13　绿豆肽作用下的急性肺损伤小鼠肺组织中 MPO 活性变化

(a~d 表示同一处理条件下,各处理组间差异显著,即 $P<0.05$)

(四)绿豆肽对 ALI 小鼠肺泡灌洗液中 TNF-α 含量的影响

图 6-14 是绿豆肽对急性肺损伤小鼠肺泡灌洗液中肿瘤坏死因子 TNF-α 含量影响的测定结果。

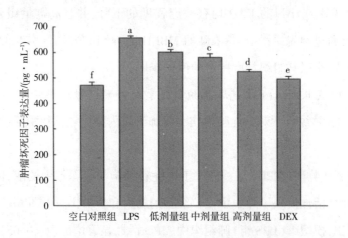

图 6-14　绿豆肽作用下的急性肺损伤小鼠 BALF 中 TNF-α 含量变化

(a~d 表示同一处理条件下,各处理组间差异显著,即 $P<0.05$)

TNF-α 是 LPS 诱导引起的炎症反应中重要的炎症介质,它可以加快中性粒细胞向炎症部位转移的速率,从而导致机体损伤,是急性肺损伤中重要的标志物。由图6-14可知,与对照组相比,模型组小鼠肺泡灌洗液中 TNF-α 含量明显升高($P<0.05$)。与模型组相比,不同剂量的 MBO 均能降低肺泡灌洗液中 TNF-α 的含量,并且随着 MBO 浓度的升高,效果逐渐增强,呈现明显的剂量关系。结果表明,MBO 可以降低 LPS 诱导引起的 ALI 小鼠肺泡灌洗液中 TNF-α 的升高。

(五)绿豆肽对 ALI 小鼠肺泡灌洗液中 IL-1β 含量的影响

图6-15是绿豆肽对急性肺损伤小鼠肺泡灌洗液中白介素 IL-1β 含量影响的测定结果。

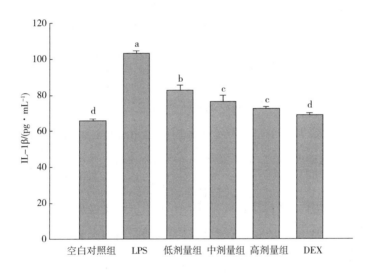

图6-15　绿豆肽作用下的急性肺损伤小鼠 BALF 中 IL-1β 含量变化

(a~d 表示同一处理条件下,各处理组间差异显著,即 $P<0.05$)

IL-1β 作为炎症反应初期的一种促炎性细胞因子,能与 TNF-α 共同启动炎症反应,激活炎症细胞,加快炎症介质的释放,放大炎症反应程度。由图6-15可知,与对照组相比,模型组肺泡灌洗液中 IL-1β 含量显著升高($P<0.05$)。与模型组相比,不同剂量的 MBO 均能降低小鼠肺泡灌洗液中 IL-1β 的含量,但是中、高剂量组的效果没有显著性差异,不具有统计学意义。结果表明,MBO 对 LPS 诱导的 ALI 小鼠肺泡灌洗液中 IL-1β 含量的升高具有降低作用。

（六）绿豆肽对 ALI 小鼠肺泡灌洗液中 IL-6 含量的影响

图 6-16 是绿豆肽对急性肺损伤小鼠肺泡灌洗液中 IL-6 含量影响的测定结果。

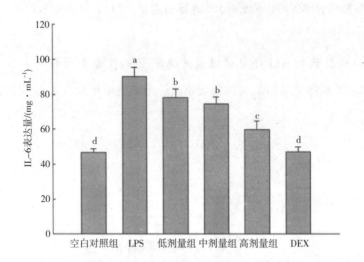

图 6-16　绿豆肽作用下的急性肺损伤小鼠 BALF 中 IL-6 含量变化

（a~d 表示同一处理条件下，各处理组间差异显著，即 $P < 0.05$）

IL-6 主要来源于血液中活化的单核巨噬细胞，能够加重组织损伤，其含量的升高会导致多种疾病的发生。由图 6-16 可知，与对照组相比，模型组肺泡灌洗液中 IL-6 显著升高（$P < 0.05$）。与模型组（LPS 组）相比，不同剂量的 MBO 均能降低肺泡灌洗液中 IL-6 的含量，但是低、中剂量组的效果没有显著性差异，不具有统计学意义，而高剂量组小鼠肺泡灌洗液中 IL-6 含量最低，效果最显著。结果表明，MBO 对 LPS 诱导的 ALI 小鼠肺泡灌洗液中 IL-6 含量的升高具有降低作用，且高浓度的 MBO 效果最好。

（七）绿豆肽对 ALI 小鼠肺泡灌洗液中 IL-10 含量的影响

图 6-17 是绿豆肽对急性肺损伤小鼠肺泡灌洗液中 IL-10 含量影响的测定结果。

IL-10 是由活化的单核—巨噬细胞分泌的多功能能抗炎性细胞因子，能够抑

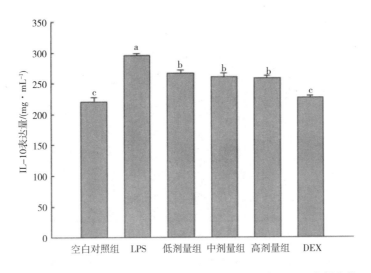

图 6-17　绿豆肽作用下的急性肺损伤小鼠 BALF 中 IL-10 含量变化

(a~d 表示的是同一处理条件下,各处理组间差异显著,即 $P<0.05$)

制多种炎症介质的生成从而减轻炎症损伤程度,对炎症反应调控起着至关重要的作用。由图 6-17 可知,与对照组相比,模型组(LPS 组)肺泡灌洗液中 IL-10 显著升高($P<0.05$)。与模型组相比,通过预先给小鼠灌胃不同剂量的 MBO 均能下调肺泡灌洗液中 IL-10 的水平,但是随着 MBO 浓度的升高,降低作用并不明显。结果表明,MBO 可以降低肺泡灌洗液中 IL-10 的含量,但是不具有量效关系。

(八)绿豆肽对 ALI 小鼠肺泡灌洗液中 INF-γ 含量的影响

图 6-18 是绿豆肽对急性肺损伤小鼠肺泡灌洗液中干扰素-γ 含量影响的测定结果。

INF-γ 属于促炎性细胞因子,能够加剧炎症反应。由图 6-18 可知,与对照组相比,模型组(LPS 组)肺泡灌洗液中 INF-γ 含量显著升高($P<0.05$)。与模型组相比,不同剂量的 MBO 均能下调肺泡灌洗液中 INF-γ 的水平,但是中、高剂量组没有显著性差异。结果表明,一定浓度的 MBO 可以降低肺泡灌洗液中 INF-γ 的含量,对急性肺损伤小鼠具有一定的保护作用。

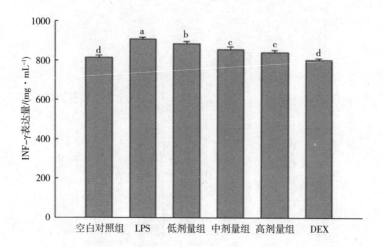

图 6-18　绿豆肽作用下的急性肺损伤小鼠 BALF 中 INF-γ 含量变化

（a~d 表示同一处理条件下,各处理组间差异显著,即 $P<0.05$）

（九）绿豆肽对 ALI 小鼠支气管肺泡灌洗液（BALF）中蛋白浓度的影响

图 6-19 是绿豆肽对急性肺损伤小鼠 BALF 中蛋白浓度影响的测定结果。

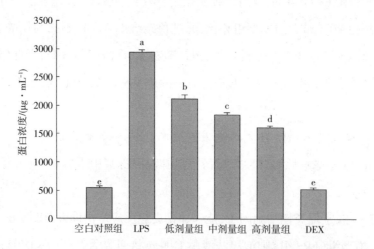

图 6-19　绿豆肽作用下的急性肺损伤小鼠 BALF 中蛋白浓度变化

（a~d 表示同一处理条件下,各处理组间差异显著,即 $P<0.05$）

　　支气管肺泡灌洗液（BALF）中的蛋白浓度反映肺组织渗透性的变化,当机体处于急性肺损伤病理进程时,肺泡毛细血管屏障受损,通透性增强,富含蛋白质的水肿液浸入肺间质及肺泡中,因此,肺泡灌洗液中的蛋白含量可以作为衡量肺毛细血管渗透性的指标(施昀,2013)。由图 6-19 可知,与对照组相比,模型组 BALF 中白蛋白浓度显著升高($P<0.05$)。与模型组相比,MBO 组蛋白浓度显著下降($P<0.05$),并且随 MBO 浓度的升高,蛋白浓度逐渐降低,呈现量效关系。结果表明,MBO 能显著缓解 LPS 诱导引起的 BALF 中白蛋白浓度的升高。

(十)绿豆肽对 ALI 小鼠肺泡灌洗液中中性粒细胞数目的影响

图 6-20 是绿豆肽对急性肺损伤小鼠肺泡灌洗液中中性粒细胞数目的影响结果。

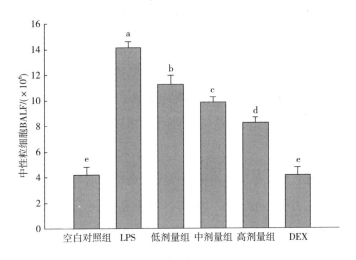

图 6-20　绿豆肽作用下的急性肺损伤小鼠 BALF 中中性粒细胞数目变化

(a~d 表示的是同一处理条件下,各处理组间差异显著,即 $P<0.05$)

在 ALI 病理中,大量中性粒细胞被募集到肺部,进一步加剧内皮—上皮细胞屏障破坏,最终导致肺损伤。因此,BALF 中中性粒细胞数目可以反映肺损伤的严重程度,并且 ALI 的损伤程度与中性粒细胞的数量呈正相关(潘垒昌,2015;Fialkow,2006)。由图 6-20 可知,与对照组相比,模型组 BALF 中中性粒细胞数目显著增加($P<0.05$)。与模型组相比,MBO 组中性粒细胞数目显著下降($P<0.05$),并且随着 MBO 浓度的升高,中性粒细胞数目逐渐减少,呈现量效

关系。结果表明,MBO 能显著缓解 LPS 诱导引起的 BALF 中中性粒细胞数目的升高。

四、讨论

肺实质中中性粒细胞聚集,并伴随 MPO 活性的增加,是急性肺损伤的组织学标志(Kunkel,1991)。中性粒细胞的活化会促使氧自由基和颗粒酶的过量产生(Moraes,2006;Guo,2007),导致肺实质损伤。在本研究中,实验数据证实,LPS 的施用显著增加了中性粒细胞数目,同时增强了 MPO 活性,而经过灌胃 MBO 的小鼠情况发生了逆转,表明 MBO 可有效缓解 LPS 诱导的小鼠组织损伤。为了量化肺水肿的严重程度,实验过程中检测了肺湿干重比,结果显示,MBO 显著降低了小鼠肺湿干重比。作为肺通透性的另一个指标,检测了小鼠肺泡灌洗液的蛋白浓度,从结果可以看出,MBO 能防止富含蛋白质的水肿液渗透到肺组织中。肺湿干重比作为肺水肿指数显示了肺中水含量变化,和肺泡灌洗液蛋白浓度的结果相一致。这些结果表明,MBO 可以减轻 LPS 暴露引起的肺水肿。

前人研究表明,急性肺损伤小鼠肺屏障通透性的增加是由中性粒细胞介导引起的(Chignard,2000;Abraham,2000)。本研究中,小鼠经 LPS 滴注后,发现大量中性粒细胞浸润,而 MBO 减少了肺组织中中性粒细胞的增多。此外,细胞计数的结果得到了 LPS 诱导的急性肺损伤小鼠肺水肿、中性粒细胞浸润的组织病理学特征改变的支持。各项指标数据表明,MBO 对 LPS 诱导的急性肺损伤小鼠的保护作用可能与肺部炎症过程有关。实验和临床研究表明,TNF-α 常与 IL-1β、IL-6 通过协同作用引发炎症级联反应并促成了急性肺损伤的发生。TNF-α 不仅可以诱导肺泡上皮细胞产生 IL-6,还可以激活中性粒细胞,这两者都会导致肺损伤的严重程度增加(Borregaard,2007)。在本研究中,探讨了 MBO 对肺泡灌洗液中细胞因子积聚的影响,发现经 LPS 诱导后促炎性细胞因子快速产生,而给小鼠预先灌胃绿豆肽可以显著缓解此情况。这些实验结果进一步证实,MBO 对 LPS 诱导的急性肺损伤小鼠的保护作用归因于对其肺部炎症反应的影响。

五、小结

本研究以绿豆肽为原材料,通过动物实验研究了绿豆肽的抗炎作用。实验结果表明,绿豆肽可以改善 LPS 诱导的急性肺损伤小鼠的损伤程度,能通过减轻肺水肿和肺微血管渗漏、改善肺组织的病理学变化、减少 BALF 中中性粒细胞浸润及抑制炎性细胞分泌炎性细胞因子来发挥其保护作用。

第三节　绿豆肽对免疫力低下小鼠应激能力的影响

应激反应是受到神经系统、内分泌系统和免疫系统共同调控实现的。在调控应激反应的过程中,神经、内分泌、免疫系统三者之间不仅存在整体回路调控,而且还存在双向反馈作用调节,这种相互之间的联系是通过系统之间共同作用的神经递质、内分泌激素、免疫活性物质及受体来实现的。因此,机体的抗应激能力受到免疫系统、神经系统、内分泌系统三者的共同调控。免疫系统是应激反应过程中的重要调控组成部分。在应激原的刺激下,机体细胞能分泌具有神经内分泌激素样功能的激素、递质、信号因子等活性物质,这些活性物质不仅能在局部发挥生理调控作用,还能通过循环系统发挥内分泌激素样作用,从而对免疫系统发挥调控作用。同时,免疫系统感受到应激原刺激时,能通过分泌抗体、细胞因子等免疫活性分子发挥防御反应,同时免疫系统还能分泌具有反馈调节神经和内分泌系统的递质和激素,使神经—内分泌系统能持续感知和防御非识别性应激原,从而起到反向调节作用。据报道,许多小分子肽具有显著的抗应激活性,在缓解机体应激反应和提高抗应激能力等方面具有独特的优势,如原料纯天然、无毒副作用和易吸收等。包汇慧等(2013)研究发现,在热应激条件下口服抗菌肽可以降低热应激对机体免疫器官的损伤,降低高温对肉鸡增重的影响。迟强等(2009)研究发现,胸腺五肽乙酯能显著提高小鼠抗热应激和抗慢性应激能力。徐天等(2014)研究表明,大豆低聚肽增加了小鼠的抗疲劳和抗应激功能,具有较好的增强体力和抗疲劳的功效,其起效剂量为 0.5g/kg。赵心宇等(2015)研究发现,阿片肽能通过调节前脑啡肽和前强啡肽在脑部组织的表达调控机体慢性应激反应。张香敏等(2014)研究发现,肌肽能通过减轻脑组织内的氧化应激反应发挥神经保护机制。

一、实验材料与设备

(一)实验动物

SPF 级昆明种小鼠,雌雄各半,体重(25±2)g。

(二)实验试剂

绿豆肽:实验室自制,水解度 25%;绿豆蛋白:实验室自制,蛋白纯度 90%;注射用环磷酰胺(江苏盛迪医药有限公司,国药准字 H32020857);盐酸左旋咪唑片(广西南国药业有限公司);胎牛血清(Hyclone);DMEM 培养基(Gibco);青霉素—链霉素溶液(碧云天生物技术有限公司);PBS(索莱宝生物科技有限公司);胰酶(碧云天生物技术有限公司);LPS(Biosharp);切片用石蜡(山东宝丽来有限公司);苏木精染色素(上海蓝季科技发展有限公司);伊红染色素(上海蓝季科技发展有限公司);乳酸脱氢酶测定试剂盒(南京建成生物工程研究所);酸性磷酸酶测定试剂盒(南京建成生物工程研究所);无水碳酸钠(汕头市西陇化工厂有限公司);亚硝酸钠(衡阳市凯信化工试剂有限公司);钠石灰(上海纳辉干燥试剂厂);小鼠 IL-1α、IL-6、IFN-γ、IgG、IgM ELISA 试剂盒(上海酶联生物科技有限公司)。

(三)实验设备

实验所用主要仪器设备见表 6-11。

表 6-11　试验用仪器设备

仪器名称	生产厂家
HF-90 CO_2 恒温培养箱	上海力申科学仪器有限公司
AE31 倒置显微镜	麦克奥迪实业集团有限公司

续表

仪器名称	生产厂家
SW-CJ-IF 型超净工作台	北京东联哈尔仪器制造有限公司
MEK-7222 血细胞分析仪	上海恺梵实业有限公司
MULTISKAN MK3 型酶标仪	美国 Thermo 公司
LEICA RM2235 石蜡切片机	德国徕卡有限公司
101-1 型电热鼓风恒温干燥箱	上海东星建材实验设备有限公司
BD-326 型卧式冷冻冰柜	青岛海尔冷冻总公司

二、实验方法

（一）负重游泳实验

末次给药 1h 后，在小鼠尾部束缚相当于 10% 小鼠体重的重物，然后将其放入玻璃水缸中（水深 40cm，水温 37℃±1℃）游泳，以头部沉入水中 10s 不能游出水面为体力耗竭，记录从开始放入水中至体力耗竭的时间为游泳时间。

（二）耐高温实验

末次给药 1h 后，分别将小鼠放置于 55℃±1℃ 的恒温烘箱中，记录小鼠在高温条件下的存活时间。

（三）耐低温试验

末次给药 1h 后，分别将小鼠放置于 -20℃±1℃ 的冰柜中，记录小鼠在低温条件下的存活时间。

（四）常压耐缺氧实验

末次给药 1h 后，分别将小鼠放置于底部有 15g 钠石灰的 250mL 广口瓶中，并以凡士林密封瓶口，记录小鼠在正常气压下缺氧的生存时间。

（五）亚硝酸盐中毒性缺氧耐受性实验

末次给药 1h 后，给各组小鼠进行腹腔注射 5% 亚硝酸钠（0.1mL/10g），记录小鼠注射亚硝酸钠后呼吸骤停的时间。

三、实验结果与分析

(一)对免疫能力低下小鼠负重游泳时间的影响

绿豆肽对免疫能力低下小鼠负重游泳时间的影响见图 6-21。

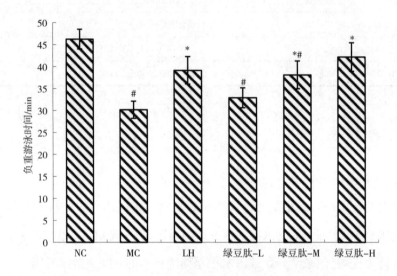

图 6-21　绿豆肽对免疫能力低下小鼠负重游泳时间的影响

(#为与正常对照组差异显著,且 $P<0.05$;* 为与阴性对照组差异显著,且 $P<0.05$)

NC—正常对照组　MC—阴性对照组　LH—阳性对照组　绿豆肽-L—绿豆肽低剂量组

绿豆肽-M—绿豆肽中剂量组　绿豆肽-H—绿豆肽高剂量组

运动性疲劳是机体运动能力下降的重要诱因,而力竭是运动性疲劳发展的最后阶段。通过耐力学实验可以反映动物抗运动疲劳的程度,也是评价生物活性物质是否具有抗疲劳的客观指标。抗疲劳能力的重要表现形式是机体运动耐力时间的延长。机体在负重情况下的运动性力竭时间是衡量机体抗疲劳能力和运动能力的重要指标。当机体免疫能力低下时,机体的抗疲劳能力明显下降,运动耐力降低,运动性力竭的时间显著缩短。负重游泳是一种典型的耐力学实验,负重游泳的时间长短可以直接反映机体的运动疲劳程度。由图 6-21可知,与正常组相比,CY 阴性对照组的负重游泳时间显著下降($P<0.05$);与

CY 阴性对照组相比,绿豆肽中、高剂量组可以显著提升免疫能力低下小鼠的负重游泳时间($P<0.05$)。结果表明,绿豆肽可以显著延长环磷酰胺导致的免疫能力低下小鼠负重游泳时间。

(二)对免疫力低下小鼠耐高温时间的影响

绿豆肽对免疫能力低下小鼠耐高温时间的影响见图6-22。

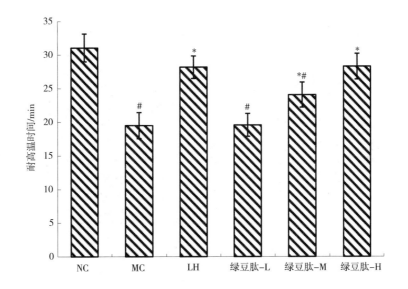

图 6-22　绿豆肽对免疫能力低下小鼠耐高温时间的影响

(#为与正常对照组差异显著,且 $P<0.05$; * 为与阴性对照组差异显著,且 $P<0.05$)

NC—正常对照组　MC—阴性对照组　LH—阳性对照组　绿豆肽-L—绿豆肽低剂量组

绿豆肽-M—绿豆肽中剂量组　绿豆肽-H—绿豆肽高剂量组

外界环境温度过高会导致机体的代谢系统持续亢奋,引起机体温度升高,组织脱水。当机体温度升高至45℃以上时,会引起体内酶失活,器官发生衰竭,细胞脱水失去原有功能,导致脱水和循环系统衰竭而发生死亡。小鼠在高温环境下的存活时间可以直接反映出小鼠耐高温能力。由图6-22可知,与正常组相比,CY 阴性对照组的耐高温存活时间显著下降($P<0.05$);与 CY 阴性对照组相比,绿豆肽中、高剂量组可以显著提升免疫能力低下小鼠的耐高温存活时间($P<0.05$),且绿豆肽高剂量组和正常组的耐高温存活时间无显著性差异($P>$

0.05）。结果表明,绿豆肽可以显著延长环磷酰胺导致的免疫能力低下耐高温存活时间。

(三)对免疫力低下小鼠耐低温时间的影响

绿豆肽对免疫能力低下小鼠耐低温时间的影响见图 6-23。

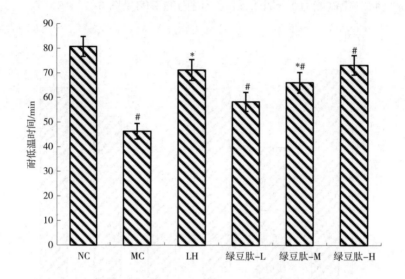

图 6-23　绿豆肽对免疫能力低下小鼠耐低温时间的影响

(#为与正常对照组差异显著,且 $P<0.05$;*为与阴性对照组差异显著,且 $P<0.05$)

NC—正常对照组　　MC—阴性对照组　　LH—阳性对照组　　绿豆肽-L—绿豆肽低剂量组

绿豆肽-M—绿豆肽中剂量组　　绿豆肽-H—绿豆肽高剂量组

冷应激是一种非特异性致病因素,能打破机体内分泌环境和生理环境的平衡,导致机体的防御能力下降,能引起一些亚临床疾病的发作。在适度的冷应激环境中,动物体能够通过自身的调节适应环境,并增强机体的免疫防御能力和对其他应激原的抵抗能力。当冷应激过度时,不仅会引起机体组织的冻伤,还会对神经内分泌系统、免疫系统和关节等产生不可逆转的损伤,而持续高强度冷应激会导致神经内分泌系统发生衰竭,引起机体代谢停止导致死亡。小鼠在低温下存活的时间可以直接反映出小鼠耐低温能力。由图 6-23 可知,与正常组相比,CY 阴性对照组的耐低温存活时间显著下降($P<0.05$);与 CY 阴性对照组

相比,绿豆肽低、中、高剂量组可以显著提升免疫能力低下小鼠的耐低温存活时间($P<0.05$),且绿豆肽高剂量组和正常组的耐低温存活时间无显著性差异($P>0.05$)。结果表明,绿豆肽可以显著延长环磷酰胺导致的免疫能力低下耐低温存活时间。

(四)对免疫能力低下小鼠常压性缺氧耐受性的影响

绿豆肽对免疫能力低下小鼠常压缺氧存活时间的影响见图6-24。

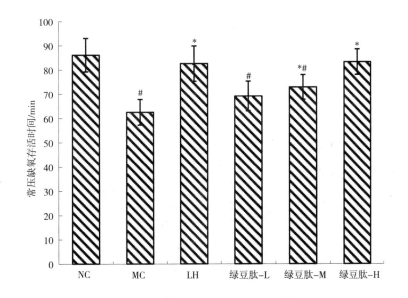

图6-24　绿豆肽对免疫能力低下小鼠常压缺氧存活时间的影响

(#为与正常对照组差异显著,且$P<0.05$; * 为与阴性对照组差异显著,且$P<0.05$)

NC—正常对照组　MC—阴性对照　LH—阳性对照　绿豆肽-L—绿豆肽低剂量组

绿豆肽-M—绿豆肽中剂量组　绿豆肽-H—绿豆肽高剂量组

氧是维持机体能力代谢和生命活动所必需的物质。缺氧性应激原能使机体一些重要器官特别是脑、心等产生严重的损伤。脑重量虽然仅为人体体重的2%,但脑耗氧量却占总耗氧量的20%以上,因此,脑组织极易受到缺氧应激原的损伤,且耐受力较差。当心肌细胞出现供氧障碍时,心肌细胞的有氧代谢活动减弱,且无氧代谢活动加强,进而导致心绞痛、心律失常及心功能降低等一系列临床症状。急性缺氧性应激可导致机体的心、脑组织发生器官衰竭,从而引发心脏和呼吸骤停而诱发死亡。免疫能力低下者对缺氧性应激更为敏感。由图6-25可知,与正常组相比,CY阴性对照组的常压缺氧性存活时间显著降低($P<0.05$);与CY阴性对照组相比,绿豆肽中、高剂量组的存活时间显著增强($P<0.05$),且高剂量组的常压缺氧存活时间和正常组无显著性差异($P>0.05$)。结果表明,绿豆肽可以显著延长环磷酰胺导致的免疫能力低下小鼠的常压耐缺氧的存活时间。

(五)对免疫能力低下小鼠中毒性缺氧耐受性的影响

绿豆肽对免疫能力低下小鼠中毒性缺氧存活时间的影响见图6-25。

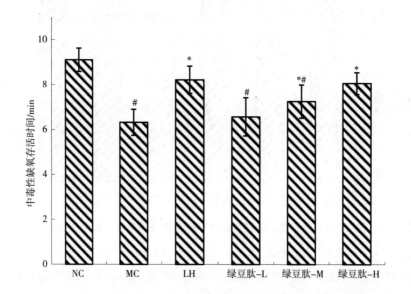

图6-25 绿豆肽对免疫能力低下小鼠中毒性缺氧存活时间的影响

(#为与正常对照组差异显著,且$P<0.05$;*为与阴性对照组差异显著,且$P<0.05$)

NC—正常对照组 MC—阴性对照组 LH—阳性对照组 绿豆肽-L—绿豆肽低剂量组

绿豆肽-M—绿豆肽中剂量组 绿豆肽-H—绿豆肽高剂量组

缺氧是许多如心力衰竭、休克、化学品中毒等临床疾病所共有的病理过程,是很多疾病引起死亡的重要原因。而亚硝酸盐中毒性缺氧是化学品缺氧的典型代表之一。亚硝酸盐能使血红蛋白中的二价铁氧化成三价铁,三价铁的血红蛋白极易与羟基结合而导致丧失运输氧的能力,而且还会引起剩余血红蛋白内二价铁与氧分子的亲和能力大幅度增强,导致氧解离曲线左移,血红蛋白向细胞中释放氧能力降低,从而引起组织缺氧性损伤。由图 6-25 可知,与正常组相比,CY 阴性对照组的中毒性耐缺氧存活时间显著降低($P<0.05$);与 CY 阴性对照组相比,绿豆肽高剂量组的存活时间显著增强($P<0.05$),绿豆肽低剂量组的存活时间和阴性对照组无显著性差异($P>0.05$),绿豆肽中剂量组虽然有上升趋势但是无显著性差异($P>0.05$)。结果表明,绿豆肽可以显著延长环磷酰胺导致的免疫能力低下小鼠的中毒性耐缺氧的存活时间。

四、讨论

应激反应是指当机体受到外界刺激后,为维持内环境稳态平衡所发生的非特异适应性反应,是机体保护机制的重要组成部分。抗应激能力是指机体对不良环境适应的能力。目前,国内外大量文献表明,抗应激能力和免疫能力两者之间有关联。许多学者也在研究免疫系统与抗应激能力两者相互作用的相关机制,并概括为下丘脑—垂体—肾上腺轴、交感和副交感神经系统、细胞因子以及其他激素等方面的相互作用。应激原能通过非特异性的生理作用影响特异性免疫功能,同时免疫系统在应激反应中也是不可或缺的组成部分。机体发生应激反应时,神经内分泌系统通过分泌信号因子调控免疫系统,与此同时,免疫系统做出的应答对神经内分泌系统也有反馈调节作用。当受到外界刺激时,机体会通过神经内分泌系统对应激信息进行整合分析并做出指令,调控免疫系统分泌产生激素、细胞因子和抗体等防御反应缓解有害刺激,同时激素和信号因子反馈给神经内分泌系统进行识别应答刺激而做出持续反应。当机体的免疫能力低下时,会导致应激所引起的神经内分泌的调控作用减弱和免疫系统对应激的反馈调节能力减弱,从而降低机体的抗应激能力。现在药理学实验方法中,小鼠负重游泳时间、高温和低温环境下的存活时间、常压缺氧和亚硝酸盐中毒性缺氧耐受性是衡量药物抗应激能力的常用指标,间接反映出机体的健康状况和免疫能力。本实验采用环磷酰胺诱导免疫能力低下小鼠模型,采用小鼠负重游泳、高温刺激、寒冷刺激、常压耐缺氧和中毒性耐缺氧五种方法观察小鼠抗应激能力,以考察绿豆肽的抗应激作用,进一步探讨绿豆肽对免疫能力低下小鼠的免疫调节作用的影响。

结果表明,CY诱导的免疫能力低下小鼠的抗应激能力显著降低,具体表现在小鼠负重游泳时间缩短、高温和低温的存活时间显著降低、常压缺氧耐受力和中毒性缺氧耐受力显著下降,而绿豆肽能显著提高CY所引起的免疫能力低下小鼠的抗应激能力。在本实验所设定的条件下,试验结果显示,绿豆肽能显著延长小鼠负重游泳的时间,能提高免疫能力低下小鼠的体力并延长耐受力。高温环境能引起机体代谢加快、温度升高,进而引起脏器衰竭,最后导致呼吸循环系统功能不足而发生死亡,绿豆肽能显著提高免疫能力低下小鼠耐高温存活时间,减轻持续高温对机体造成的损害。持续寒冷状态能导致神经内分泌系统衰竭,绿豆肽能显著提高免疫能力低下小鼠的耐低温存活时间,缓解寒冷刺激对小鼠的不良应激。缺氧对机体器官的影响取决于缺氧发生的程度、时间和机体的功能代谢状态,当出现慢性缺氧会引起器官代偿性反应,而急性缺氧则会出现器官代偿不全和功能障碍,甚至引发器官衰竭导致死亡,绿豆肽能显著延长免疫能力低下小鼠常压缺氧和中毒性缺氧的存活时间,延缓缺氧所引起器官衰竭。这和之前的报道相一致。以上结果表明,绿豆肽能显著增强CY所致的免疫能力低下小鼠的抗应激能力,增强机体适应外界环境突发的能力。

通过前部分实验可知,绿豆肽可以通过改善环磷酰胺所引起的小鼠免疫器官萎缩病变、血液屏障及细胞因子和免疫球蛋白等的表达,达到增强免疫能力的作用。绿豆肽能增强环磷酰胺所诱导的免疫能力低下小鼠的抗应激能力的作用机制可能就是通过绿豆肽提高机体免疫能力,从而达到对外界抵抗能力来实现的,这也从另一个角度反映出绿豆肽对免疫能力低下小鼠的免疫调节作用。

研究表明,食源性蛋白肽能对机体非特异性免疫和特异性免疫发挥调节作用,包括促进免疫器官发育,刺激淋巴细胞增殖,诱导和调节细胞因子和免疫球蛋白的产生,改善机体对入侵病原体的防御能力和促炎性反应。这和本实验的实验结果相一致。食源性肽的免疫活性主要取决于肽的氨基酸组成、序列、长度、电荷和结构(Chalamaiah,2018)。Ahn(2015)和He(2015)等发现一些肽的免疫学活性与其包含丰富的疏水性氨基酸有关,由于疏水基团可以与细胞膜相互作用,从而能够促使其免疫活性增强,并且具有免疫活性的肽末端多是碱性的氨基酸。同时VO等(2013)发现当肽链的氨基酸残基上具有一个或多个谷氨酰胺、谷氨酸、酪氨酸、色氨酸、半胱氨酸和天冬氨酸等时,能促进食源性肽的免疫调节活性。Arnaud等(2010)报道,以β-乳球蛋白和α-乳清蛋白为原料得到的带有2~3个正电荷疏水性长链肽能更有效地促进小鼠脾细胞的增殖。Kong等(2008)报道,具有较低分子量和更多正电荷的大豆肽能更有效地刺激淋巴细胞增殖。Saintsauveur D等(2008)发现,来自乳清蛋白分离物的酸性或中性蛋白肽对脾细胞增殖和细胞因子分泌更具有效果。Vogel等(2002)证实乳铁蛋白肽的免疫调节和抗炎特性与肽的带正电荷的区域具有密切联系。因此,食源性肽的氨基酸组成、序列和长度对其免疫调节活性是非常重要的。然而,目前对食源性肽的免疫调节作用的确切机制尚不完全清楚,但研究已经确定肽的免疫调节作用是肽与免疫细胞表面的受体进行结合介导的,免疫活性肽并不直接与病原体相互作用,而是通过促进宿主的防御反应发挥生理学作用。免疫调节肽具有多种免疫细胞的调控靶点,包括巨噬细胞、淋巴细胞、肥大细胞、CD_4^+和CD_8^+T细胞等,其免疫调控机制主要通过TLR信号传导通路激活免疫器官、各种类型的免疫细胞和酶,调节血液指标、血清细胞因子和免疫球蛋白的表达。本课题组前期对绿豆肽结构表征发现,绿豆肽具有极其丰富的疏水性氨基酸,结构存在α-螺旋和不规则卷曲,分子量较小,为1kDa以下,且N末端及C末端氨基酸中非极性氨基酸的比例较高,这可能是绿豆肽具有极佳免疫活性的构效原因。并且证实绿豆肽的免疫调节作用具有多靶点的特性,能通过多种免疫调节途径对整个机体的免疫系统进行激活,但绿豆肽对免疫系统的分子调控机制还尚未明确,有待进一步深入探讨。

五、小结

CY 诱导免疫力低下小鼠的负重游泳时间、耐高温存活时间、耐低温存活时间、常压缺氧存活时间和中毒性缺氧存活时间均显著减少；而中、高剂量的绿豆肽能显著延长小鼠负重游泳时间、耐高温存活时间、常压缺氧存活时间；低、中、高剂量的绿豆肽均能显著延长小鼠的耐低温存活时间；高剂量的绿豆肽能显著延长中毒缺氧存活时间。这表明绿豆肽能提高免疫能力低下小鼠的抗应激能力，其作用机制可能是通过绿豆肽提高机体免疫能力，从而增强小鼠抗应激能力。

第四节　绿豆肽对免疫力低下小鼠免疫应答反应的影响

很多研究已表明，蛋白肽具有一定的免疫调节作用，但多数研究免疫调节作用的功能肽是建立在体外检测和细胞水平上，或者是动物模型和临床试验，这些结果仍不能完全揭示出蛋白肽的真实免疫调节作用。本课题组前期研究发现，绿豆肽更具有良好的免疫调节作用，且已初步探索其可能的免疫调节机制。但是绿豆肽在经过口服之后，其免疫调节效果如何？其免疫应答反应又是怎么样的？还不甚清楚。因此本章节研究了绿豆肽对免疫低下小鼠的免疫应答反应，以及对于免疫应答小鼠受到应激源刺激后其机体的应答反应，以确定绿豆肽在机体中的免疫调节作用，对今后深度开发利用绿豆蛋白，开发利用淀粉副产物，为畜牧行业应用免疫调节蛋白肽预防动物疾病、提高动物机体免疫力提供技术和理论依据具有重大意义。

一、实验材料与设备

（一）实验材料

6 周龄 SPF 级 C57BL/6 雄性小鼠（18~22g）购于北京维通利华实验动物中

266

心。主要实验材料及试剂见表6-12。

表6-12　主要实验材料及试剂及其生产公司

试剂名称	货号	生产公司	产地
DMEM 培养基	12100-46	Gibco	美国
胎牛血清	SH30084.03	Hyclone	美国
PBS	P10033	双螺旋	中国
胰酶	C0203	碧云天	中国
LPS	L-2880	Biosharp	美国
MTT	M-2128	Sigma	美国
全蛋白提取试剂盒	wanleibio	WLA019	中国
BCA 蛋白浓度测定试剂盒	wanleibio	WLA004	中国
一抗二抗除液	wanleibio	WLA007	中国
SDS—PAGE 凝胶快速制备试剂盒	wanleibio	WLA013	中国
Western 洗涤液	wanleibio	WLA025	中国
SDS—PAGE 电泳液(干粉)	wanleibio	WLA026	中国
SDS—PAGE 蛋白上样缓冲液	wanleibio	WLA005	美国
ECL 发光液	wanleibio	WLA003	中国
预染蛋白分子量标准	Fermentas	96616	加拿大
PVDF 膜	Millipore	IPVH00010	美国
脱脂奶粉	伊利	Q/NYLB 0039S	中国
LC3 antibody	wanleibio	WLA023	中国
P62 antibody	BOSTER	BA2849	中国
羊抗兔 IgG-HRP	wanleibio	WLA023	中国
内参抗体 β-actin	wanleibio	WL01845	中国
Super M-MLV 反转录酶	PR6502	BioTeke	中国
高纯总 RNA 快速提取试剂盒	RP1201	BioTeke	中国
RNase 固相清除剂	3090-250	天恩泽	中国
Powder 琼脂糖	111860	Biowest	法国
50×TAE	N10053	Amresco	美国
2×Power Taq PCR MasterMix	PR1702	BioTeke	中国
SYBR Green	SY1020	Solarbio	中国
DMSO	D-5879	Sigma	美国

(二) 实验仪器设备

实验所用主要仪器设备见表6-13。

表6-13 试验用仪器设备

仪器名称	生产厂家
紫外凝胶成像系统	美国 Bio-Rad 公司
酶标仪	美国 BIOTEK 公司
基因定量仪	美国 Amersham 公司
超声波破碎仪	美国 Sonics & Materials Inc. 公司
全自动氨基酸分析仪	日本日立
高效液相色谱分析仪	美国 Agilent 公司
近红外变换光谱分析仪	美国 PE 公司
倒置相差显微镜	麦克奥迪
超纯水系统	Heal Force
电泳仪	北京六一
转移槽	北京六一
双垂直蛋白电泳仪	北京六一
凝胶成像系统	北京六一
超速冷冻离心机	湖南湘仪
酶标仪	BIOTEK
紫外分光亮度计	美国 Thermo 公司
荧光定量 PCR 仪	韩国 Bioneer 公司
电热恒温培养箱	天津泰斯特

二、实验方法

(一) 实验动物

参照王洪武等(2010)的研究方法。BALB/C 小鼠40只,雌雄各半,体重18~22g,饲养在20℃,湿度50%的环境。将小鼠随机分为4组,每组10只,分别为空白对照组、环磷酰胺模型组、阳性对照组(盐酸左旋咪唑,20mg/kg)和绿豆肽组(200mg/kg 体重),除空白对照组外,剩余小鼠隔天腹腔注射环磷酰胺40mg/kg。绿豆肽组连续灌胃10天;阳性对照组连续灌胃10天盐酸左旋咪唑;正常组和模型组连续 10 天灌胃等量的生理盐水。

(二)中性红吞噬试验

小鼠腹腔巨噬细胞分离遵照杜莉莉(2015)等的研究方法进行。取对数生长期的 1×10^5 个腹腔巨噬细胞加入含有培养液的 96 孔板中,置于 37℃、5%CO$_2$ 的培养箱中培养 24h。培养结束后,移除培养液并加入 1mg/mL 的中性红生理盐水溶液,继续培养 30min。移除上清液,并采用 PBS 溶液清洗 2 次,每孔加入 100μL 细胞裂解液,2h 后,采用酶标仪在 540nm 处测定吸光度值 A。

$$吞噬率=\frac{实验组\ A\ 值-空白组\ A\ 值}{对照组\ A\ 值-空白组\ A\ 值}\times100\%$$

(三)AcPase 和 LDH 活力的测定

取无菌条件下处死的小鼠脾脏,匀浆,−80℃保存。根据南京建城生物工程学院提供的试剂盒说明书检测 AcPase 和 LDH 脾脏活性的变化。

(四)Western Blotting 法检测细胞 TLR1 受体以及相关信号通路蛋白的表达

提取小鼠腹腔巨噬细胞总蛋白,用 Western Blotting 法检测 TLR1、ERK、JNK 和 p38 蛋白磷酸化水平以及腹腔巨噬细胞核蛋白 p65 蛋白的表达。

(五)细胞因子的检测

取分离后的不同处理组对数生长期的 1×10^5 个小鼠腹腔巨噬细胞加入细胞培养板中,培养 24h,取上清液,按 ELISA 试剂盒说明书测定 IL-6、TNF-α 表达量。

(六)绿豆肽对免疫低下小鼠脾脏的影响

取每只小鼠的脾脏,立即称重,用 4%多聚甲醛固定。记录脾脏组织形态学的病理变化。

(七)热应激试验

BALB/c 小鼠 40 只,经一周适应饲养后,将 40 只小鼠随机分成 4 组,每组 10 只,分组方式参考本章第一节中动物分组方式。将各组小鼠分别在生化培养箱内 50℃条件下热处理 15min,连续 3 日。热应激实验结束后,用注射器从处理后的小鼠尾巴中抽出 5.0mL 血液。取全血 3000g/min 离心 10min,收集血清。

采用酶联免疫吸附法(ELISA)测定 MBPs 对血清葡萄糖、超氧化物歧化酶(SOD)和 GOT 活性的影响。

(八)数据统计

所得数据均为三次重复的平均值,用 Statistix 8(分析软件,St Paul,MN)进行数据分析,平均数之间显著性差异($P<0.05$)通过 Turkey HSD 进行多重比较分析。并采用 SigmaPlot 13.0 和 Excel6.0 作图。

三、实验结果与分析

(一)绿豆肽对免疫能力低下小鼠免疫活性物质的影响

图 6-26 所示为绿豆肽对免疫能力低下小鼠脾脏 AcPase 活力的影响。由图 6-26 试验结果可以看出,模型组的 AcPase 活力显著低于正常组小鼠,在绿豆肽处理后,脾脏的 AcPase 活力显著增加,且与阳性对照组的差异不显著。目前的研究发现,AcPase 活力与机体的非特异性免疫反应密切相关(Salva,2014),由此结果可以推断出,绿豆肽可提高机体对外源性抗原的吞噬作用,增强细胞内的降解能力。绿豆肽对免疫低下小鼠 LDH 活性的影响如图 6-26(b)所示,由实验结果可知,模型组小鼠脾脏中 LDH 含量显著低于正常对照组,而绿豆肽可明显提高脾脏的 LDH 水平。有研究发现,环磷酰胺能增加巨噬细胞的凋亡,减少巨噬细胞的生存能力,抑制巨噬细胞分泌功能,因此导致模型组 LDH 和 AcPase 活性物质的减少。绿豆肽可显著改善免疫低下小鼠的免疫活性物质分泌水平,这些研究结果与 Chen(2012)和 Saintsauveur(2008)的研究结果一致。Chalamaiah 等(2014)的研究也已发现肽能通过提高机体的 LDH 和 AcPases 水平改善机体的免疫反应。且生物活性肽改善机体的免疫活性与其结构、分子序列以及疏水性相关。Hoelz 等(2005)的研究发现,低分子量蛋白肽的营养价值显著高于游离氨基酸和蛋白质。

(二)绿豆肽对免疫能力低下小鼠腹腔巨噬细胞吞噬能力的影响

图 6-27 反映的是绿豆肽对免疫能力低下小鼠腹腔巨噬细胞吞噬中性红的能力。

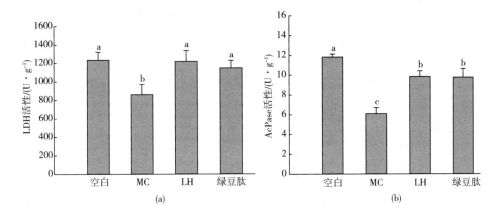

图 6-26 绿豆肽对 BALB/c 免疫低下小鼠 AcPase 和 LDH 的影响

(a~d 表示同一处理条件下,各处理组的差异显著,即 $P<0.05$)

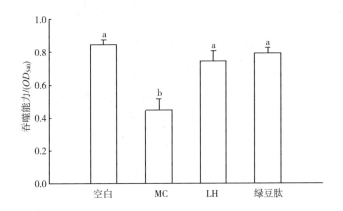

图 6-27 绿豆肽对 BALB/c 免疫低下小鼠腹腔巨噬细胞吞噬中性红能力的影响

(a~d 表示同一处理条件下,各处理组差异显著,即 $P<0.05$)

由图可知,正常组小鼠腹腔巨噬细胞吞噬中性红能力高于其他处理组,且显著高于免疫低下模型组(MC)($P<0.05$);阳性对照组(LH)和绿豆肽组(MB-PH)显著提高了腹腔巨噬细胞的吞噬能力,这就说明绿豆肽可显著改善免疫能力低下小鼠腹腔巨噬细胞吞噬能力,也可以说绿豆肽对免疫能力低下小鼠的非特异性免疫具有一定的作用。

(三)绿豆肽对免疫能力低下小鼠腹腔巨噬细胞细胞因子的影响

图 6-28 所示为绿豆肽对免疫能力低下小鼠腹腔巨噬细胞分泌因子分泌能

力的影响。由图6-28可以看出,不同处理组的细胞因子分泌量不同,与正常组相比,模型组的TNF-α和IL-6分泌量显著降低($P<0.05$),阳性组和绿豆肽组的TNF-α差异不显著($P>0.05$),不同处理组的IL-6分泌量差异显著($P<0.05$)。与模型组相比,阳性对照组和绿豆肽组显著改善了小鼠腹腔巨噬细胞分泌TNF-α和IL-6的能力,这说明绿豆肽可提高免疫低下小鼠的非特异性免疫能力。

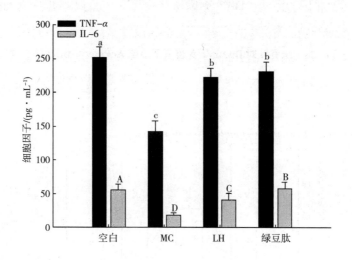

图6-28 绿豆肽对BALB/c免疫能力低下小鼠腹腔巨噬细胞TNF-α和IL-6的影响

(a~c表示与正常对照组相比,不同处理组TNF-α指标的差异显著性;

A~D表示与正常对照组相比,不同处理组IL-6指标的差异显著性)

(四)绿豆肽对免疫能力低下小鼠脾脏的影响

脾发挥免疫功能需要一个完整而正常的组织结构。脾内白髓是淋巴细胞聚集的场所,其主要功能是抵御入侵微生物。脾内红色髓包绕白色髓,由脾索和脾窦组成。脾索是网状结缔组织的带状分支,脾窦由脾索构成,充满血细胞。脾索和脾窦在吞噬、清除有害物质和凋亡血细胞方面发挥作用。当细菌、疟原虫或者血吸虫等病原体侵入血液中,即可引起脾脏免疫应答的发生以及脾脏体积和内部结构的改变。早期的研究发现,从动物中提取的脾脏肽和胸腺肽可调节动物的免疫机能,但是由于受到Dogman等的研究观点即蛋白质必须被消化成氨基酸才能被吸收的限制,小分子肽的功能研究受到限制。而最新的研究发现,小分子能被机体完整的吸收进入血液,从而发挥其功能活性。但是对生物活性肽对动物免疫机能的影响还不清楚。

图 6-29 是 MBPH 作用于免疫低下小鼠后其脾脏病理变化的切片。病理检查显示,正常对照组小鼠脾脏红、白髓边缘坚实、界限清楚,光镜下未见明显病变。脾索网络结构匹配良好,由脾索形成的脾窦分布均匀。但模型组小鼠脾脏的脾索网络结构几乎完全被破坏。红髓与白髓边界消失,各视野组织几乎变成单细胞,组织结构明显破坏。研究发现,环磷酰胺抑制细胞的增殖,尤其是淋巴细胞和巨噬细胞的增殖,从而影响脾脏和胸腺的发育,降低器官指标,引发病变。由图 6-29 可以看出,与模型对照组相比,MBPH 组和对照组 LH 组病理检查显示其红髓和白髓边界清晰,脾索网络结构良好,脾索同质窦腔周围,这是一个显著的改善条件的模型对照组。这些数据表明,MBPs 明显减轻了环磷酰胺致免疫低下小鼠引起的脾脏病变。Chen 等(2012)和 Saintsauveur 等(2008)报道,免疫活性肽可以改善免疫系统器官指数,修复脾脏病理组织。免疫营养领域的一些报道表明,蛋白水解物在作为营养干预时可以调节免疫系统,因此MBPH 可以通过免疫相关营养改善免疫病理。

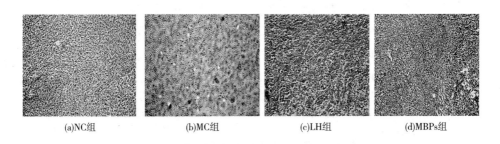

(a)NC组　　　　　(b)MC组　　　　　(c)LH组　　　　　(d)MBPs组

图 6-29　绿豆肽对 BALB/c 免疫低下小鼠脾脏的病理切片图

NC—对照组　MC—模型组　LH—阳性对照组(盐酸左旋咪唑)　MBPs—绿豆肽处理组

(五)绿豆肽诱导免疫能力低下小鼠腹腔巨噬细胞的免疫应答

巨噬细胞是重要的抗原提呈细胞,是连接天然免疫和获得性免疫应答的桥

273

梁。天然免疫在抵抗外界感染因素及疾病方面发挥很关键的作用,当刺激物进入机体后,被抗原提呈细胞(如巨噬细胞)的模式识别受体,与胞质内不同的受体接头蛋白结合,激活 MAPK 和 NF-κB 等信号转导通路,这些通路的激活促进了抗原提呈细胞的活化,然后将呈递给 T 细胞,从而启动获得性免疫。为了进一步研究绿豆肽对免疫抑制小鼠腹腔巨噬细胞免疫调节活性的作用机制,本研究考察了绿豆肽对小鼠腹腔巨噬细胞 MAPK 和 NF-κB 信号转导通路中 p38、ERK1/2、JNK1/2 和 p65 等亚基蛋白的磷酸化水平。

图 6-30 所示为绿豆肽刺激免疫低下小鼠细胞因子的分泌是否通过激活 MAPK 和 NF-κB 信号通路。由图 6-31 可以看出,与正常组相比,模型组小鼠腹腔巨噬细胞内的 p38、ERK1/2、JNK1/2 和 p65 等蛋白的磷酸化水平降低。与模型组相比,绿豆肽组的 p38、ERK1/2、JNK1/2 和核内 p65 等蛋白的磷酸化水平增加,且呈剂量依赖性。由图 6-30 还可以看出,不同剂量绿豆肽处理组的 ERK1/2 蛋白磷酸化水平差异不显著,但显著高于模型组,与正常组差异不显著,这与体外细胞试验结果一致。

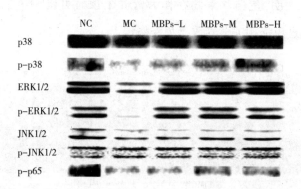

图 6-30   绿豆肽对免疫抑制小鼠腹腔巨噬细胞 MAPK 和 NF-κB 信号转导通路的影响

NC—对照组   MC—模型组   MBPH-L—绿豆肽低剂量处理组

MBPH-M—绿豆肽中剂量处理组   MBPH-H—绿豆肽高剂量处理组

(六)绿豆肽对免疫能力低下小鼠血清葡萄糖和皮质醇的影响

应激会引起机体的内分泌功能变化。许多研究表明,应激刺激会增加垂体促肾上腺皮质激素的释放,增加血皮质醇激素的分泌,交感—肾上腺髓质系统的活动增强,血液中的儿茶酚胺分泌水平增加,以及其他激素的分泌增加,如生长激素、催乳素和糖皮质激素等。在国际上,血清皮质醇和葡萄糖浓度是应激反应程度的重要指标(Yokoyama,2005)。大量研究也发现,活性多肽具有类吗啡活性以及调节激素的作用,因此为了考察绿豆肽是否对免疫抑制小鼠的激素分泌水平有影响,本研究以环磷酰胺致免疫能力低下小鼠为模型,分别对不同处理组小鼠进行热应激处理,考察口服 MBPH 对热应激小鼠皮质醇和葡萄糖血清浓度的影响。

图 6-31(a)和图 6-31(b)分别反映的是绿豆肽对环磷酰胺致免疫抑制小鼠血清葡萄糖和皮质醇的影响。模型中的皮质醇浓度组高于治疗组和对照组($P<0.05$),绿豆肽组皮质醇浓度减少,MBPH 与对照组和 LH 组相比没有显著差异。结果表明,应激可使免疫缺陷小鼠的皮质醇浓度升高,MBPH 可改善应激反应,降低皮质醇浓度。这一结论与 Piccolomini(2012)的研究一致,该研究表明,应激增加皮质醇浓度,降低免疫水平,甚至降低生存能力。已经有研究发现,生物活性肽的抗应激活性,如棉籽肽、乳清蛋白肽(Shimizu,2004)和其他食物来源肽(Watanabe,2008)。这是因为从食源性蛋白质中提取的肽含有大量的低分子量肽和游离氨基酸,由于它们的高吸收率,可以为机体提供营养和能量,从而抵消应激损伤。

MBPH 对热应激免疫缺陷小鼠葡萄糖浓度的影响如图 6-31(b)所示。模型组和绿豆肽组血糖浓度明显高于对照组和 LH 治疗组($P<0.05$);但绿豆肽组血糖低于模型组($P<0.05$),且呈剂量依赖性下降,血糖浓度与对照组相比无显著差异($P>0.05$)。研究结果与以往的研究结果一致。有研究报道,当啮齿类动物受到应激时,血液中的葡萄糖浓度会升高(Heinrichs,2003),因为需要增强葡萄糖代谢来满足身体的能量消耗需求(Nakagomi,2015)。另一个原因是应激刺激交感神经系统从肾上腺髓质细胞分泌肾上腺素,然后肾上腺素抑制胰岛素分泌,从而增加了血液中的葡萄糖浓度(Pundir,2013)。结果表明,MBPH 能增强小鼠对热应激活动的抵抗力,改善免疫功能低下小鼠的生理反应。

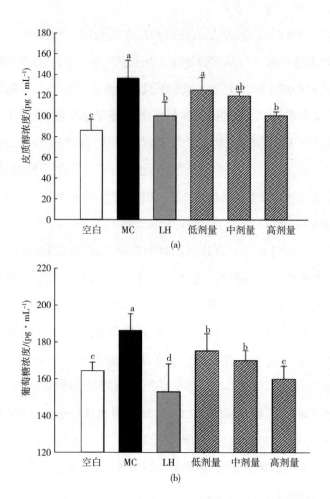

图 6-31　绿豆肽对免疫能力低下小鼠血清皮质醇和葡萄糖浓度的影响

（a~d 表示同一处理条件下,各处理组差异显著,即 $P<0.05$）

（七）绿豆肽对免疫能力低下小鼠血清 SOD 和 GOT 的影响

图 6-32(a)所示为 MBPH 对免疫抑制小鼠在热应激反应后 SOD 活性变化情况。据研究发现,机体受到应激时还会产生过多的自由基,从而导致机体氧化损伤。自由基是在正常的有氧代谢过程中产生的,包括超氧阴离子、过氧化氢、羟基自由基和单线态氧等活性氧。SOD 对机体内自由基,尤其是氧自由基具有清除作用,可防止氧自由基对细胞的损伤,并能迅速修复受损细胞。有研究报道,当身体受到压力、环境污染和过度运动影响时,会产生大量的氧自由基

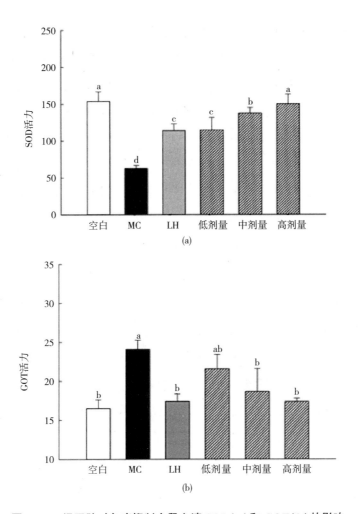

图 6-32　绿豆肽对免疫抑制小鼠血清 SOD(a)和 GOT(b)的影响

(a~b 不同表示同一处理条件下,各处理组差异显著,即 $P<0.05$)

(李禄生,2007)。因此,SOD 水平可以作为正常组织损伤的重要指标。由图 6-32(a)可知,MBPH 处理后小鼠 SOD 水平呈剂量依赖性增加,且明显强于模型组($P<0.05$)。低剂量 MBPH 治疗组与阳性组比较无显著性差异($P>0.05$),高剂量 MBPH 治疗组与对照组比较无显著性差异($P>0.05$)。上述结果与前期免疫活性研究结论一致,且与李禄生的研究结果一致(邢艳芳,2019),其研究报告表明,当免疫缺陷小鼠受到应激刺激时,机体产生过量的氧自由基和甲烷二羧酸醛,可能导致小鼠代谢紊乱。因此,模型组的 SOD 由于清除过量的氧自由基而降低。Li 等(2012)的研究发现,应激状态下小鼠体内皮质激素分泌增加,导致 SOD 下降,促进分解代谢,阻断 SOD 合成。换而言之,SOD 水平与组织损伤呈负相关,这与其他研究一致,这些研究也发现,植物提取物和蛋白水解物可以增强应激小鼠的 SOD 活性。结果表明,MBPH 对应激性免疫功能低下小鼠具有保护作用,可促进 SOD 的表达。

GOT 活性是正常组织损伤的另一个指标。图 6-33(b)所示为口服 MBPH 对免疫抑制小鼠热应激反应后血清中 GOT 活性的变化情况。前面的研究已经提到,在一个正常的机体中,GOT 含量是非常低的。当机体器官或细胞含有 GOT 时表示其已受损,且 GOT 会进入血液,从而增加血液中 GOT 的含量。由本研究结果可以看出,免疫抑制组血清 GOT 水平明显高于对照组及其他组($P<0.05$)。MBPH 治疗组与模型组相比呈逐渐下降趋势,与高剂量 MBPH 治疗组比较其差异无统计学意义($P>0.05$)。高剂量 MBPH 治疗组的水平略低于阳性对照组。表明 MBPH 能提高小鼠的免疫活性,增强抗应激活性。这一结果与张兴夫(2009)的研究结果一致,其研究结果表明,当机体受到的应激反应过大时,GOT 水平会升高,而具有抗氧化活性的药物会影响 GOT 水平,这说明 MBPH 具有提高机体的抗应激能力与其免疫活性以及抗氧化能力有直接关系,本课题组前期的研究也已发现绿豆肽具有抗氧化的功效,且抗氧化功能的肽分子量集中在 400~600Da。结合小分子肽可在机体被直接吸收的观点可以推断出,绿豆肽可被机体直接吸收从而发挥其功效。

四、讨论

最近的研究表明,食物来源的肽对先天免疫和适应性免疫应答都有不同的免疫调节作用,包括诱导或调节细胞因子和抗体的产生、刺激淋巴细胞增殖、增强巨噬细胞吞噬能力、提高机体对入侵病原体的防御能力,抑制宿主细胞对 LPS 等细菌成分的促炎应答(Amaya,2007;Li,2006;Valledor,2010)。本文通过体外细胞实验及免疫能力低下小鼠模型实验,探讨绿豆肽对小鼠腹腔巨噬细胞吞噬功能、细胞因子以及信号传导通路等的影响。结果证实,体内的研究结果与细胞水平的研究结果一致。巨噬细胞是先天免疫系统中的重要成员,其能够吞噬病原体,本文的研究结果表明,绿豆肽处理组的巨噬细胞吞噬能力、细胞因子等指标都显著高于模型组,且与阳性对照组差异不显著。模型组的 TNF-α 和 IL-6 显著低于正常组,经绿豆肽处理后,免疫抑制小鼠的 TNF-α 和 IL-6 显著升高,也可以说绿豆肽可显著恢复免疫能力低下小鼠的细胞因子分泌,而且该研究结果与 Singh(2014)和 Lee(2006)等的研究结果一致。同时我们还分析了绿豆肽对小鼠腹腔巨噬细胞 MAPK 和 NF-κB 通路相关基因的表达,结果表明,绿豆肽组的 ERK1/2、JNK1/2、p38 和核内 NF-κB 蛋白的表达水平显著高于模型组,基本可恢复到正常组水平,且与阳性对照组差异不显著,结合体外抑制剂阻断试验结果发现,绿豆肽诱导的细胞因子 TNF-α 和 IL-6 的表达能够被 ERK1/2、p38MAPK 和 NF-κB 等亚基蛋白抑制剂所抑制,且与绿豆肽组相比,差异显著,这与 Reiling 等(2013)的研究结果一致。这些结果都表明,绿豆肽可恢复免疫低下小鼠的免疫功能,且证实绿豆肽对巨噬细胞免疫功能的调控主要是依赖 ERK1/2、p38MAPK 和 NF-κB 通路。

应激会引起机体内分泌功能的不同变化。许多研究表明,应激刺激会增加垂体促肾上腺皮质激素的释放,导致增加血清皮质醇激素的分泌,增强的交感肾上腺髓质系统的活动,导致血液中的儿茶酚胺水平增加和其他激素的分泌增加,如生长激素、催乳素和胰高糖素。在国际上,血清皮质醇和葡萄糖浓度是应激反应程度的重要指标。应激还会在机体中产生过多的自由基,从而导致机体氧化损伤。自由基是在正常的有氧代谢过程中产生的,包括超氧阴离子、过氧化氢、羟基自由基和单线态氧等活性氧。超氧化物歧化酶(SOD)对机体内自由基,尤其是氧自由基具有清除作用,可防止氧自由基对细胞的损伤,并能迅速修复受损细胞。研究表明,当人体受到压力、环境污染和过度运动影响时,会产生大量的氧自由基。本研究对免疫能力低下小鼠进行热应激试验,结果发现绿豆肽可显著改善免疫能力低下小鼠的血清皮质醇和葡萄糖浓度,使其恢复到正常水平;且热应激后绿豆肽组的超氧化物歧化酶(SOD)和 GOT 活性与血清皮质醇和葡萄糖浓度的变化趋势一致,MBPH 组提高了 SOD 活性,调节了 GOT 活性。以上结果均显示,MBPH 能提高免疫抑制小鼠的抗应激活性。

五、小结

绿豆肽可改善环磷酰胺致免疫能力低下小鼠的脾脏状态,增加小鼠腹腔巨噬细胞的吞噬能力,提高 TNF-α 和 IL-6 等细胞因子的分泌,且绿豆肽可显著提高免疫能力低下小鼠腹腔巨噬细胞的 MAPK 和 NF-κB 通路相关蛋白表达,证实绿豆肽是经由 MAPK 和 NF-κB 信号通路激活巨噬细胞,发挥先天免疫作用。在此基础上对免疫能力低下的小鼠进行热应激处理,结果表明,绿豆肽能很好地改善免疫低下小鼠血清的皮质醇和葡萄糖浓度以及 SOD 和 GOT 活性,这也说明绿豆肽可提高免疫能力低下小鼠的机体活力,即提高了免疫能力低下小鼠的免疫能力。

参考文献

[1]肖晓玲. 有氧运动联合补充 MT 对被动吸烟大鼠抗氧化能力和 ATP 酶活性的影响研究[D]. 南昌:江西师范大学,2014.

[2]张文. 牛磺鹅去氧胆酸对小鼠免疫器官居及 RAW264.7 细胞系的增殖和凋亡作用研究[D]. 泰安:山东农业大学,2012.

[3]王雪,张欣蕊,安升淑,等. 人参玛咖片对运动小鼠抗疲劳活性的实验研究[J]. 食品研究与开发,2017,38(18):190-197.

[4]CHEN D D,Peng C. Study on anti-fatigue and anti-oxidant effects of Chuanminshen violaceum[J]. Res Pract Chin Med,2011,25(1):28-30.

[5]HA Y M,CHUN S H,HONG S T,et al. Immune enhancing effect of a Maillard-type lysozyme-galactomannan conjugate via signaling pathways[J]. International Journal of Biological Macromolecules,2013,60(6):399.

[6]PARK H Y,YU A R,CHOI I W,et al. Immunostimulatory effects and characterization of a glycoprotein fraction from rice bran[J]. International Immunop-

harmacology,2013,17(2):191-197.

[7] SALVA S, MARRANZINO G, VILLENA J, et al. Probiotic Lactobacillus strains protect against myelosuppression and immunosuppression in cyclophosphamide-treated mice. [J]. International Immunopharmacology,2014,22(1):209.

[8] LIANG M,ZHAO Q,LIU G,et al. Pathogenicity of Bordetella avium,under immunosuppression induced by Reticuloendotheliosis,virus in specific-pathogen-free chickens[J]. Microbial Pathogenesis,2013,54(1):40-45.

[9] ZHE R,CHENGHUA H,YANHONG F,et al. Immuno-enhancement effects of ethanol extract from Cyrtomium macrophyllum(Makino)Tagawa on cyclophosphamide-induced immunosuppression in BALB/c mice[J]. Journal of Ethnopharmacology,2014,155(1):769.

[10] WU M,ZHU Y,JING Z,et al. Soluble costimulatory molecule sTim3 regulates the differentiation of Th1 and Th2 in patients with unexplained recurrent spontaneous abortion[J]. International Journal of Clinical & Experimental Medicine,2015,8(6):8812.

[11] CHEN X,NIE W,FAN S,et al. A polysaccharide from Sargassum fusiforme protects against immunosuppression in cyclophosphamide-treated mice[J]. Carbohydrate Polymers,2012,90(2):1114-1119.

[12] MENG F,XU P,WANG X,et al. Investigation on the immunomodulatory activities of Sarcodon imbricatus extracts in a cyclophosphamide(CTX)-induced immunosuppressanted mouse model[J]. Saudi Pharmaceutical Journal,2017,25(4):460-463.

[13] CHALAMAIAH M, HEMALATHA R, JYOTHIRMAYI T, et al. Immunomodulatory effects of protein hydrolysates from rohu(Labeo rohita)egg (roe)in BALB/c mice[J]. Food Research International,2014,62(8):1054-1061.

[14] NURROCHMAD A,IKAWATI M,SARI I P, et al. Immunomodulatory Effects of Ethanolic Extract of Thyphonium flagelliforme(Lodd)Blume in Rats In-

duced by Cyclophosphamide[J]. Journal of evidence-based complementary & alternative medicine,2015,20(3):167.

[15]MA X L,MENG M,HAN L R,et al. Immunomodulatory activity of macromolecular polysaccharide isolated from Grifola frondosa[J]. Chinese Journal of Natural Medicines,2015,13(12):906-914.

[16]张香敏,张展,程秀永,等. 肌肽对缺氧缺血后大鼠脑组织氧化应激生化指标的影响[J]. 中国妇幼保健,2014,29(1):130-133.

[17]CHALAMAIAH M,YU W,WU J. Immunomodulatory and anticancer protein hydrolysates(peptides)from food proteins:A review. [J]. Food Chemistry,2018,245:205.

[18]AHN C B,CHO Y S,JE J Y. Purification and anti-inflammatory action of tripeptide from salmon pectoral fin byproduct protein hydrolysate. [J]. Food Chemistry,2015,168:151.

[19]HE X Q,CAO W H,PAN G K,et al. Enzymatic hydrolysis optimization of Paphia undulata and lymphocyte proliferation activity of the isolated peptide fractions [J]. Journal of the Science of Food & Agriculture,2015,95(7):1544-1553.

[20]VO T S,RYU B M,KIM S K. Purification of novel anti-inflammatory peptides from enzymatic hydrolysate of the edible microalgal Spirulina maxima[J]. Journal of Functional Foods,2013,5(3):1336-1346.

[21]施展,刘颖颖,武荣. 不同剂量脂多糖对新生 SD 大鼠的影响[J]. 中国医药导报,2016,13(25):34-37.

[22]BUTT Y,KURDOWSKA A,ALLEN T C. Acute lung injury:A clinical and molecular review[J]. Archives of Pathology and Laboratory Medicine, 2016, 140 (4):345-350.

[23]WARE L,MATTHAY M. The acute respiratory distress syndrome[J]. New England Journal of Medicine,2012,332(14):27-37.

[24]AMAN J,MELANIE V D H,VAN LINGEN A,et al. Plasma protein levels

are markers of pulmonary vascular permeability and degree of lung injury in critically ill patients with or at risk for acute lung injury/acute respiratory distress syndrome [J]. Critical Care Medicine,2011,39(1):89-97.

[25]HAOYU M,YING S,JUN L,et al. Exogenous surfactant may improve oxygenation but not mortality in adult patients with acute lung injury/acute respiratory distress syndrome:A meta-analysis of 9 clinical trials[J]. Journal of Cardiothoracic and Vascular Anesthesia,2012,26(5):849-856.

[26]ORTOLANI O,CONTI A,DE GAUDIO A R,et al. Protective effcts of n-acetylcysteine and rutin on the lipid peroxidation of the lung epithelium during the adult respiratory distress syndrome[J]. Shock,2000,13(1):14-18.

[27]PINHEIRO N M,SANTANA F P,ALMEIDA R R,et al. Acute lung injury is reduced by the α7nAChR agonist PNU-282987 through changes in the macrophage profile[J]. Faseb Journal Official Publication of the Federation of American Societies for Experimental Biology,2016,31(1):320.

[28]付雪,刘国攀,张玉洁,等. 人胎盘胎儿侧间充质干细胞无血清培养上清对肺脏上皮细胞氧化应激的保护作用[J]. 中国组织工程研究,2017,21(33):5369-5374.

[29]LEE J W,KRASNODEMBSKAYA A,Mckenna D H,et al. Therapeutic effects of human mesenchymal stem cells in Ex Vivo human lungs injured with live bacteria[J]. American Journal of Respiratory and Critical Care Medicine,2013,187(7):751-760.

[30]马李杰,李王平,金发光. 急性肺损伤/急性呼吸窘迫综合征发病机制的研究进展[J/OL]. 中华肺部疾病杂志,2013,6(1):49-52.

[31]凌亚豪,魏金锋,王爱平,等. 急性肺损伤和急性呼吸窘迫综合征发病机制的研究进展[J]. 癌变·畸变·突变,2017,29(2):151-154.

[32]陈娇,钱晓明,聂时南. 急性肺损伤动物模型的研究现状[J]. 医学研究生学报,2013,26(8):851-854.

［33］陈勇,周继红,欧阳瑶.急性肺损伤实验动物模型［J］.创伤外科杂志,2013(5):466-469.

［34］张祺嘉钰,孙毅,胡锐,等.内毒素不同给药途径致急性肺损伤模型的研究［J］.现代中医药,2013,33(1):79-81.

［35］曹志敏,唐明美,文强,等.内毒素所致急性肺损伤动物模型的研究进展［J］.实验动物科学,2017,34(01):62-65,70.

［36］TANG J,ZHANG J,Li X,et al.The effect of partial liquid ventilation on inflammatory response in piglets with acute lung injury induced by lipopolysaccharide［J］.Zhonghua Wei Zhong Bing Ji Jiu Yi Xue,2014,26(2):74-79.

［37］HEROLD S,MAYER K,LOHMEYER J.Acute lung injury:How macrophages orchestrate resolution of inflammation and tissue repair［J］.Frontiers in Immunology,2011,2:65.

［38］WILHELMSEN K,MESA K R,PRAKASH A,et al.Activation of endothelial TLR2 by bacterial lipoprotein upregulates proteins specific for the neutrophil response［J］.Innate Immunity,2011,18(4):602-616.

［39］KAWABATA K,HAGIO T,MATSUMOTO S,et al.Delayed neutrophil elastase inhibition prevents subsequent progression of acute lung injury induced by endotoxin inhalation in hamsters［J］.American Journal of Respiratory and Critical Care Medicine,2000,161(6):2013-2018.

［40］王婧超.6-姜烯通过 NF-KB 途径对脂多糖诱导的急性肺损伤小鼠的保护作用机制研［D］.广州:南方医科大学,2016.

［41］MCCLINTOCK D E.Higher urine desmosine levels are associated with mortality in patients with acute lung injury［J］.AJP:Lung Cellular and Molecular Physiology,2006,291(4):L566-L571.

［42］HÄSTBACKA,JOHANNA,LINKO,et al.Serum MMP-8 and TIMP-1 in Critically Ill Patients with Acute Respiratory Failure:TIMP-1 is associated with increased 90 day mortality［J］.Anesthesia and Analgesia,2014,118(4):790.

［43］FIALKOW L,FOCHESATTO－Fiho L,BOZZETTI MC,et al. Neutrophil apotposis：A maker of disease severity in sepsis and sepsis－induced acuterespiratory distress syndrome［J］. Critical Care,2006,10(6)：R155.

［44］KUNKEL S L,STANDIFORD T,Kasahara K,et al. Interleukin－8(IL－8)：The major neutrophil chemotactic factor in the lung［J］. Experimental Lung Research,1991,17(1)：17－23.

［45］MORAES T J,ZURAWSKA J H,DOWNEY G P . Neutrophil granule contents in the pathogenesis of lung injury［J］. Current Opinion in Hematology,2006,13(1)：21－27.

［46］GUO R F,WARD P A. Role of Oxidants in Lung Injury During Sepsis［J］. Antioxidants and Redox Signaling,2007,9(11)：1991－2002.

［47］CHIGNARD M,BALLOY V. Neutrophil recruitment and increased permeability during acute lung injury induced by lipopolysaccharide［J］. American Journal of Physiology Lung Cellular and Molecular Physiology,2000,279(6)：L1083.

［48］ABRAHAM E,CARMODY A,SHENKAR R,et al. Neutrophils as early immunologic effectors in hemorrhage－or endotoxemia－induced acute lung injury［J］. American Journal of Physiology Lung Cellular and Molecular Physiology,2000,279(6)：1137－45.

［49］BORREGAARD N,SØRENSEN O E,Theilgaard－Mönch K. Neutrophil granules：A library of innate immunity proteins［J］. Trends in Immunology,2007,28(8)：30－34.